21世纪高等学校规划教材 | 计算机科学与技术

路由和交换技术实验及实训

沈鑫剡　编著

清华大学出版社
北京

内 容 简 介

本书是与《路由和交换技术》教材配套的实验指导书，详细介绍了在 Cisco Packet Tracer 软件实验平台上完成交换式以太网、虚拟局域网、链路聚合、生成树、互连网络、路由协议、网络地址转换、三层交换机和 IPv6 等相关实验的方法和步骤。

本书详细介绍了 Cisco Packet Tracer 软件实验平台的功能和使用方法，从实验原理、实验过程中使用的 Cisco IOS 命令和实验步骤三个方面对每一个实验进行了深入讨论，不仅使读者掌握用 Cisco 设备完成交换式以太网和互连网络设计、实施的方法和步骤，更能使读者进一步理解实验所涉及的原理和技术。

本书既是一本与《路由和交换技术》教材配套的实验指导书，又是一本指导读者用 Cisco 设备完成交换式以太网和互连网络设计、实施的网络工程手册，同时还是一本很好的 CCNA 路由和交换的实验辅导教材。

本书封面贴有清华大学出版社防伪标签，无标签者不得销售。
版权所有，侵权必究。侵权举报电话: 010-62782989　13701121933

图书在版编目(CIP)数据

路由和交换技术实验及实训/沈鑫剡编著. —北京: 清华大学出版社，2013(2016.2 重印)
21 世纪高等学校规划教材·计算机科学与技术
ISBN 978-7-302-30574-3

Ⅰ. ①路…　Ⅱ. ①沈…　Ⅲ. ①计算机网络－路由选择－高等学校－教材 ②计算机网络－信息交换机－高等学校－教材　Ⅳ. ①TN915.05

中国版本图书馆 CIP 数据核字(2012)第 262078 号

责任编辑：梁　颖　薛　阳
封面设计：傅瑞学
责任校对：李建庄
责任印制：何　芹

出版发行：清华大学出版社
　　　　　网　　　址：http://www.tup.com.cn, http://www.wqbook.com
　　　　　地　　　址：北京清华大学学研大厦 A 座　　　邮　　编：100084
　　　　　社 总 机：010-62770175　　　　　　　　　　邮　　购：010-62786544
　　　　　投稿与读者服务：010-62776969，c-service@tup.tsinghua.edu.cn
　　　　　质 量 反 馈：010-62772015，zhiliang@tup.tsinghua.edu.cn
印 装 者：三河市少明印务有限公司
经　　销：全国新华书店
开　　本：185mm×260mm　　　印　张：18.25　　　字　数：456 千字
版　　次：2013 年 6 月第 1 版　　　　　　　　　　印　次：2016 年 2 月第 3 次印刷
印　　数：3001～4000
定　　价：29.50 元

产品编号：046710-01

出版说明

随着我国改革开放的进一步深化,高等教育也得到了快速发展,各地高校紧密结合地方经济建设发展需要,科学运用市场调节机制,加大了使用信息科学等现代科学技术提升、改造传统学科专业的投入力度,通过教育改革合理调整和配置了教育资源,优化了传统学科专业,积极为地方经济建设输送人才,为我国经济社会的快速、健康和可持续发展以及高等教育自身的改革发展做出了巨大贡献。但是,高等教育质量还需要进一步提高以适应经济社会发展的需要,不少高校的专业设置和结构不尽合理,教师队伍整体素质亟待提高,人才培养模式、教学内容和方法需要进一步转变,学生的实践能力和创新精神亟待加强。

教育部一直十分重视高等教育质量工作。2007年1月,教育部下发了《关于实施高等学校本科教学质量与教学改革工程的意见》,计划实施"高等学校本科教学质量与教学改革工程"(简称"质量工程"),通过专业结构调整、课程教材建设、实践教学改革、教学团队建设等多项内容,进一步深化高等学校教学改革,提高人才培养的能力和水平,更好地满足经济社会发展对高素质人才的需要。在贯彻和落实教育部"质量工程"的过程中,各地高校发挥师资力量强、办学经验丰富、教学资源充裕等优势,对其特色专业及特色课程(群)加以规划、整理和总结,更新教学内容、改革课程体系,建设了一大批内容新、体系新、方法新、手段新的特色课程。在此基础上,经教育部相关教学指导委员会专家的指导和建议,清华大学出版社在多个领域精选各高校的特色课程,分别规划出版系列教材,以配合"质量工程"的实施,满足各高校教学质量和教学改革的需要。

为了深入贯彻落实教育部《关于加强高等学校本科教学工作,提高教学质量的若干意见》精神,紧密配合教育部已经启动的"高等学校教学质量与教学改革工程精品课程建设工作",在有关专家、教授的倡议和有关部门的大力支持下,我们组织并成立了"清华大学出版社教材编审委员会"(以下简称"编委会"),旨在配合教育部制定精品课程教材的出版规划,讨论并实施精品课程教材的编写与出版工作。"编委会"成员皆来自全国各类高等学校教学与科研第一线的骨干教师,其中许多教师为各校相关院、系主管教学的院长或系主任。

按照教育部的要求,"编委会"一致认为,精品课程的建设工作从开始就要坚持高标准、严要求,处于一个比较高的起点上。精品课程教材应该能够反映各高校教学改革与课程建设的需要,要有特色风格、有创新性(新体系、新内容、新手段、新思路,教材的内容体系有较高的科学创新、技术创新和理念创新的含量)、先进性(对原有的学科体系有实质性的改革和发展,顺应并符合21世纪教学发展的规律,代表并引领课程发展的趋势和方向)、示范性(教材所体现的课程体系具有较广泛的辐射性和示范性)和一定的前瞻性。教材由个人申报或各校推荐(通过所在高校的"编委会"成员推荐),经"编委会"认真评审,最后由清华大学出版社审定出版。

目前,针对计算机类和电子信息类相关专业成立了两个"编委会",即"清华大学出版社计算机教材编审委员会"和"清华大学出版社电子信息教材编审委员会"。推出的特色精品教材包括:

(1) 21世纪高等学校规划教材·计算机应用——高等学校各类专业,特别是非计算机专业的计算机应用类教材。

(2) 21世纪高等学校规划教材·计算机科学与技术——高等学校计算机相关专业的教材。

(3) 21世纪高等学校规划教材·电子信息——高等学校电子信息相关专业的教材。

(4) 21世纪高等学校规划教材·软件工程——高等学校软件工程相关专业的教材。

(5) 21世纪高等学校规划教材·信息管理与信息系统。

(6) 21世纪高等学校规划教材·财经管理与应用。

(7) 21世纪高等学校规划教材·电子商务。

(8) 21世纪高等学校规划教材·物联网。

清华大学出版社经过三十多年的努力,在教材尤其是计算机和电子信息类专业教材出版方面树立了权威品牌,为我国的高等教育事业做出了重要贡献。清华版教材形成了技术准确、内容严谨的独特风格,这种风格将延续并反映在特色精品教材的建设中。

清华大学出版社教材编审委员会

联系人:魏江江

E-mail:weijj@tup.tsinghua.edu.cn

前言

本书是与《路由和交换技术》教材配套的实验教材,详细介绍了在 Cisco Packet Tracer 软件实验平台上完成交换式以太网、虚拟局域网、链路聚合、生成树、互连网络、路由协议、网络地址转换、三层交换机和 IPv6 等相关实验的方法和步骤。

本书详细介绍了 Cisco Packet Tracer 软件实验平台的功能和使用方法,基于 Cisco Packet Tracer 软件实验平台,针对教材的每一章内容设计了大量的实验,这些实验一部分是教材中的案例和实例的具体实现,用于验证教材内容,帮助读者更好地理解、掌握教材内容。另一部分是实际问题的解决方案,给出用 Cisco 网络设备设计具体网络的方法和步骤。每一个实验从实验原理、实验过程中使用的 Cisco IOS 命令和实验步骤三个方面进行了深入讨论,不仅使读者掌握用 Cisco 设备完成交换式以太网和互连网络设计、实施的方法和步骤,更能使读者进一步理解实验所涉及的原理和技术。

Cisco Packet Tracer 软件实验平台的人机界面非常接近实际设备的配置过程,除了连接线缆等物理动作外,读者通过 Cisco Packet Tracer 软件实验平台完成实验与通过实际 Cisco 网络设备完成实验几乎没有差别;通过 Cisco Packet Tracer 软件实验平台,读者完全可以完成复杂的交换式以太网和互连网络的设计、配置和验证过程。更为难得的是,Cisco Packet Tracer 软件实验平台可以模拟 IP 分组端到端传输过程中交换机、路由器等网络设备处理 IP 分组的每一个步骤,显示各个阶段应用层报文、传输层报文、IP 分组、封装 IP 分组的链路层帧的结构、内容和首部中每一个字段的值,使得读者可以直观了解 IP 分组的端到端传输过程及 IP 分组端到端传输过程中各层 PDU 的细节和变换过程。

"路由和交换技术"课程本身是一门实验性很强的课程,需要通过实际网络设计过程来加深对教学内容的理解,培养学生分析、解决问题的能力,但实验又是一大难题,因为很少有学校可以提供设计、实施复杂交换式以太网和互连网络的网络实验室,Cisco Packet Tracer 软件实验平台和本书很好地解决了这一难题。

作为与《路由和交换技术》教材配套的实验教材,本书和《路由和交换技术》教材相得益彰,教材内容为读者提供了复杂交换式以太网和互连网络设计原理及技术,本书提供了在 Cisco Packet Tracer 软件实验平台上运用教材内容提供的理论和技术设计、配置和调试各种规模的交换式以太网和互连网络的步骤及方法,读者用教材提供的网络设计原理和技术指导实验,反过来又通过实验来加深理解教材内容,课堂教学和实验形成良性互动。

本书既是一本与《路由和交换技术》教材配套的实验指导书,又是一本指导读者用 Cisco 设备完成交换式以太网和互连网络设计、实施的网络工程手册,同时还是一本很好的 CCNA 路由和交换的实验辅导教材。限于作者的水平,书中错误和不足之处在所难免,殷切希望使用本书的老师和学生批评指正,也殷切希望读者能够就本书内容和叙述方式提出宝贵建议和意见,以便进一步完善本书内容。作者 E-mail 地址为:shenxinshan@163.com。

作　者
2013 年 3 月

目 录

第1章 路由和交换实验基础 ··· 1
　1.1 Packet Tracer 5.3 使用说明 ··· 1
　　　1.1.1 功能介绍 ··· 1
　　　1.1.2 用户界面 ··· 2
　　　1.1.3 工作区分类 ·· 3
　　　1.1.4 操作模式 ··· 4
　　　1.1.5 设备类型和配置方式 ·· 5
　1.2 IOS 命令模式 ··· 8
　　　1.2.1 用户模式 ··· 8
　　　1.2.2 特权模式 ··· 9
　　　1.2.3 全局模式 ··· 9
　　　1.2.4 IOS 帮助工具 ··· 10
　1.3 网络设备配置方式 ··· 11
　　　1.3.1 控制台端口配置方式 ·· 12
　　　1.3.2 Telnet 配置方式 ·· 14

第2章 交换机和交换式以太网实验 ·· 16
　2.1 交换机实验基础 ·· 16
　　　2.1.1 直通线和交叉线 ·· 16
　　　2.1.2 交换机实验中需要注意的几个问题 ·· 17
　2.2 单交换机实验 ··· 18
　　　2.2.1 实验目的 ··· 18
　　　2.2.2 实验原理 ··· 18
　　　2.2.3 关键命令说明 ··· 18
　　　2.2.4 实验步骤 ··· 19
　　　2.2.5 命令行配置过程 ·· 23
　2.3 交换式以太网实验 ··· 24
　　　2.3.1 实验目的 ··· 24
　　　2.3.2 实验原理 ··· 24
　　　2.3.3 实验步骤 ··· 25
　2.4 交换机配置实验 ·· 28
　　　2.4.1 实验目的 ··· 28

2.4.2 实验原理 ………………………………………………………………… 29
   2.4.3 关键命令说明 …………………………………………………………… 29
   2.4.4 实验步骤 ………………………………………………………………… 30
   2.4.5 命令行配置过程 ………………………………………………………… 30

第 3 章 虚拟局域网实验 ………………………………………………………………… 34

3.1 单交换机 VLAN 配置实验 ……………………………………………………… 34
   3.1.1 实验目的 ………………………………………………………………… 34
   3.1.2 实验原理 ………………………………………………………………… 34
   3.1.3 关键命令说明 …………………………………………………………… 35
   3.1.4 实验步骤 ………………………………………………………………… 36
   3.1.5 命令行配置过程 ………………………………………………………… 39
3.2 跨交换机 VLAN 配置实验 ……………………………………………………… 42
   3.2.1 实验目的 ………………………………………………………………… 42
   3.2.2 实验原理 ………………………………………………………………… 42
   3.2.3 实验步骤 ………………………………………………………………… 43
   3.2.4 命令行配置过程 ………………………………………………………… 47
3.3 交换机配置实验 …………………………………………………………………… 49
   3.3.1 实验目的 ………………………………………………………………… 49
   3.3.2 实验原理 ………………………………………………………………… 49
   3.3.3 实验步骤 ………………………………………………………………… 49
   3.3.4 命令行配置过程 ………………………………………………………… 50
3.4 VTP 配置实验 ……………………………………………………………………… 52
   3.4.1 实验目的 ………………………………………………………………… 52
   3.4.2 实验原理 ………………………………………………………………… 52
   3.4.3 关键命令说明 …………………………………………………………… 53
   3.4.4 实验步骤 ………………………………………………………………… 54
   3.4.5 命令行配置过程 ………………………………………………………… 57

第 4 章 生成树实验 ……………………………………………………………………… 60

4.1 容错实验 …………………………………………………………………………… 60
   4.1.1 实验目的 ………………………………………………………………… 60
   4.1.2 实验原理 ………………………………………………………………… 60
   4.1.3 关键命令说明 …………………………………………………………… 60
   4.1.4 实验步骤 ………………………………………………………………… 62
   4.1.5 命令行配置过程 ………………………………………………………… 64
4.2 负载均衡实验 ……………………………………………………………………… 65
   4.2.1 实验目的 ………………………………………………………………… 65
   4.2.2 实验原理 ………………………………………………………………… 65

    4.2.3 实验步骤 ·· 67
    4.2.4 命令行配置过程 ·· 70
    4.2.5 端口状态快速转换过程 ··· 72

第 5 章 以太网链路聚合实验 ·· 73

  5.1 链路聚合配置实验 ··· 73
    5.1.1 实验目的 ·· 73
    5.1.2 实验原理 ·· 73
    5.1.3 关键命令说明 ··· 74
    5.1.4 实验步骤 ·· 75
    5.1.5 命令行配置过程 ·· 76
  5.2 链路聚合与 VLAN 配置实验 ··· 77
    5.2.1 实验目的 ·· 77
    5.2.2 实验原理 ·· 77
    5.2.3 实验步骤 ·· 78
    5.2.4 命令行配置过程 ·· 79
  5.3 链路聚合与生成树配置实验 ·· 81
    5.3.1 实验目的 ·· 81
    5.3.2 实验原理 ·· 81
    5.3.3 实验步骤 ·· 83
    5.3.4 命令行配置过程 ·· 84

第 6 章 路由器和网络互连实验 ·· 86

  6.1 直连路由项配置实验 ·· 86
    6.1.1 实验目的 ·· 86
    6.1.2 实验原理 ·· 86
    6.1.3 关键命令说明 ··· 87
    6.1.4 实验步骤 ·· 87
    6.1.5 命令行配置过程 ·· 92
  6.2 以太网与 PSTN 互连实验 ··· 93
    6.2.1 实验目的 ·· 93
    6.2.2 实验原理 ·· 93
    6.2.3 实验步骤 ·· 94
    6.2.4 命令行配置过程 ·· 98
  6.3 静态路由项配置实验 ·· 98
    6.3.1 实验目的 ·· 98
    6.3.2 实验原理 ·· 99
    6.3.3 关键命令说明 ··· 100
    6.3.4 实验步骤 ·· 100

6.3.5　命令行配置过程……………………………………………………………… 105
　6.4　默认路由项配置实验……………………………………………………………… 106
　　　6.4.1　实验目的……………………………………………………………………… 106
　　　6.4.2　实验原理……………………………………………………………………… 106
　　　6.4.3　实验步骤……………………………………………………………………… 107
　　　6.4.4　命令行配置过程……………………………………………………………… 110
　6.5　路由项聚合实验…………………………………………………………………… 112
　　　6.5.1　实验目的……………………………………………………………………… 112
　　　6.5.2　实验原理……………………………………………………………………… 112
　　　6.5.3　实验步骤……………………………………………………………………… 114
　　　6.5.4　命令行配置过程……………………………………………………………… 116
　6.6　网络设备配置实验………………………………………………………………… 117
　　　6.6.1　实验目的……………………………………………………………………… 117
　　　6.6.2　实验原理……………………………………………………………………… 117
　　　6.6.3　关键命令说明………………………………………………………………… 117
　　　6.6.4　实验步骤……………………………………………………………………… 118
　　　6.6.5　命令行配置过程……………………………………………………………… 119

第 7 章　路由协议实验……………………………………………………………………… 121

　7.1　RIP 配置实验……………………………………………………………………… 121
　　　7.1.1　实验目的……………………………………………………………………… 121
　　　7.1.2　实验原理……………………………………………………………………… 121
　　　7.1.3　关键命令说明………………………………………………………………… 121
　　　7.1.4　实验步骤……………………………………………………………………… 123
　　　7.1.5　命令行配置过程……………………………………………………………… 129
　7.2　RIP 计数到无穷大实验…………………………………………………………… 131
　　　7.2.1　实验目的……………………………………………………………………… 131
　　　7.2.2　实验原理……………………………………………………………………… 131
　　　7.2.3　关键命令说明………………………………………………………………… 132
　　　7.2.4　实验步骤……………………………………………………………………… 133
　　　7.2.5　命令行配置过程……………………………………………………………… 136
　7.3　单区域 OSPF 配置实验…………………………………………………………… 137
　　　7.3.1　实验目的……………………………………………………………………… 137
　　　7.3.2　实验原理……………………………………………………………………… 137
　　　7.3.3　关键命令说明………………………………………………………………… 138
　　　7.3.4　实验步骤……………………………………………………………………… 139
　　　7.3.5　命令行配置过程……………………………………………………………… 142
　7.4　多区域 OSPF 配置实验…………………………………………………………… 144
　　　7.4.1　实验目的……………………………………………………………………… 144

  7.4.2 实验原理 ································· 144
  7.4.3 实验步骤 ································· 145
  7.4.4 命令行配置过程 ························· 148
 7.5 BGP 配置实验 ································· 150
  7.5.1 实验目的 ································· 150
  7.5.2 实验原理 ································· 150
  7.5.3 关键命令说明 ·························· 152
  7.5.4 实验步骤 ································· 153
  7.5.5 命令行配置过程 ························· 158

第 8 章　网络地址转换实验 ······················ 163

 8.1 PAT 配置实验 ································· 163
  8.1.1 实验目的 ································· 163
  8.1.2 实验原理 ································· 163
  8.1.3 关键命令说明 ·························· 164
  8.1.4 实验步骤 ································· 166
  8.1.5 命令行配置过程 ························· 171
 8.2 动态 NAT 配置实验 ·························· 173
  8.2.1 实验目的 ································· 173
  8.2.2 实验原理 ································· 173
  8.2.3 关键命令说明 ·························· 174
  8.2.4 实验步骤 ································· 175
  8.2.5 命令行配置过程 ························· 178
 8.3 静态 NAT 配置实验 ·························· 180
  8.3.1 实验目的 ································· 180
  8.3.2 实验原理 ································· 180
  8.3.3 实验步骤 ································· 181
  8.3.4 命令行配置过程 ························· 186
 8.4 综合 NAT 配置实验 ·························· 187
  8.4.1 实验目的 ································· 187
  8.4.2 实验原理 ································· 187
  8.4.3 关键命令说明 ·························· 188
  8.4.4 实验步骤 ································· 189
  8.4.5 命令行配置过程 ························· 193

第 9 章　三层交换机和三层交换实验 ············ 195

 9.1 多端口路由器互连 VLAN 实验 ············ 195
  9.1.1 实验目的 ································· 195
  9.1.2 实验原理 ································· 195

- 9.1.3 实验步骤 …… 196
- 9.1.4 命令行配置过程 …… 200
- 9.2 三层交换机三层接口实验 …… 201
  - 9.2.1 实验目的 …… 201
  - 9.2.2 实验原理 …… 202
  - 9.2.3 关键命令说明 …… 202
  - 9.2.4 实验步骤 …… 203
  - 9.2.5 命令行配置过程 …… 204
- 9.3 单臂路由器互连 VLAN 实验 …… 204
  - 9.3.1 实验目的 …… 204
  - 9.3.2 实验原理 …… 204
  - 9.3.3 关键命令说明 …… 205
  - 9.3.4 实验步骤 …… 206
  - 9.3.5 命令行配置过程 …… 209
- 9.4 三层交换机 IP 接口实验 …… 210
  - 9.4.1 实验目的 …… 210
  - 9.4.2 实验原理 …… 210
  - 9.4.3 关键命令说明 …… 210
  - 9.4.4 实验步骤 …… 211
  - 9.4.5 命令行配置过程 …… 212
- 9.5 两个三层交换机互连实验一 …… 213
  - 9.5.1 实验目的 …… 213
  - 9.5.2 实验原理 …… 213
  - 9.5.3 关键命令说明 …… 214
  - 9.5.4 实验步骤 …… 214
  - 9.5.5 命令行配置过程 …… 216
- 9.6 两个三层交换机互连实验二 …… 218
  - 9.6.1 实验目的 …… 218
  - 9.6.2 实验原理 …… 218
  - 9.6.3 实验步骤 …… 219
  - 9.6.4 命令行配置过程 …… 222
- 9.7 两个三层交换机互连实验三 …… 222
  - 9.7.1 实验目的 …… 222
  - 9.7.2 实验原理 …… 223
  - 9.7.3 实验步骤 …… 224
  - 9.7.4 命令行配置过程 …… 228
- 9.8 三层交换机链路聚合实验 …… 229
  - 9.8.1 实验目的 …… 229
  - 9.8.2 实验原理 …… 229

		9.8.3 实验步骤	231
		9.8.4 命令行配置过程	234

第10章 IPv6实验 ... 237

10.1 基本配置实验 ... 237
- 10.1.1 实验目的 ... 237
- 10.1.2 实验原理 ... 237
- 10.1.3 关键命令说明 ... 237
- 10.1.4 实验步骤 ... 238
- 10.1.5 命令行配置过程 ... 240

10.2 静态路由项配置实验 ... 242
- 10.2.1 实验目的 ... 242
- 10.2.2 实验原理 ... 242
- 10.2.3 关键命令说明 ... 243
- 10.2.4 实验步骤 ... 243
- 10.2.5 命令行配置过程 ... 246

10.3 RIP配置实验 ... 247
- 10.3.1 实验目的 ... 247
- 10.3.2 实验原理 ... 247
- 10.3.3 关键命令说明 ... 247
- 10.3.4 实验步骤 ... 248
- 10.3.5 命令行配置过程 ... 250

10.4 单区域OSPF配置实验 ... 251
- 10.4.1 实验目的 ... 251
- 10.4.2 实验原理 ... 251
- 10.4.3 关键命令说明 ... 251
- 10.4.4 实验步骤 ... 252
- 10.4.5 命令行配置过程 ... 254

10.5 双协议栈配置实验 ... 255
- 10.5.1 实验目的 ... 255
- 10.5.2 实验原理 ... 255
- 10.5.3 实验步骤 ... 256
- 10.5.4 命令行配置过程 ... 258

10.6 IPv6网络与IPv4网络互连实验一 ... 260
- 10.6.1 实验目的 ... 260
- 10.6.2 实验原理 ... 260
- 10.6.3 关键命令说明 ... 261
- 10.6.4 实验步骤 ... 262
- 10.6.5 命令行配置过程 ... 266

10.7　IPv6 网络与 IPv4 网络互连实验二 ·· 268
　　10.7.1　实验目的 ··· 268
　　10.7.2　实验原理 ··· 268
　　10.7.3　关键命令说明 ··· 269
　　10.7.4　实验步骤 ··· 270
　　10.7.5　命令行配置过程 ·· 274

参考文献 ·· 276

第1章 路由和交换实验基础

Cisco Packet Tracer 是一个非常理想的软件实验平台,可以完成各种规模校园网和企业网的设计、配置和调试过程。虽然不能实现实际物理接触,但是 Cisco Packet Tracer 提供了和实际实验环境几乎一样的仿真环境。

1.1 Packet Tracer 5.3 使用说明

1.1.1 功能介绍

"路由和交换技术"课程的教学目标有三:一是使学生具备设计、实施校园网和企业网的能力,二是具备研发交换机和路由器的能力,三是具备分析、设计和实现 MAC 帧和 IP 分组端到端传输过程所涉及的算法和协议的能力。掌握交换机和路由器配置过程及交换式以太网和互连网络设计、实施过程对于深入了解交换式以太网和互连网络相关算法和协议的工作原理、实现过程非常有用,但目前很少有学校可以提供能够完成各种规模校园网和企业网设计、实施实验的网络实验室。另外,对于一个初学者而言,掌握设计、配置和调试网络的过程固然重要,而掌握 IP 分组端到端传输过程更加重要,而一般的实验环境无法让初学者观察、分析 IP 分组端到端传输过程中的每一个步骤。

Cisco Packet Tracer 5.3 是 Cisco(思科)为网络初学者提供的一个学习软件,初学者通过 Packet Tracer 可以用 Cisco 网络设备设计、配置和调试一个网络,而且可以模拟 IP 分组端到端传输过程中的每一个步骤,虽然不能实现实际物理接触,但是 Packet Tracer 提供了和实际实验环境几乎一样的仿真环境。

1. 网络设计、配置和调试过程

根据网络设计要求选择 Cisco 网络设备,如路由器、交换机等,用合适的传输媒体将这些网络设备互连在一起,进入设备配置界面对网络设备逐一进行配置,通过启动 IP 分组端到端传输过程检验网络任意两个终端之间的连通性,如果发现问题,通过检查网络拓扑结构、互连网络设备的传输媒体、设备配置、设备建立的控制信息(如交换机转发表、路由器路由表等)确定问题的起因,并加以解决。

2. 模拟协议操作过程

网络中 IP 分组端到端传输过程是各种协议、各种网络技术相互作用的结果,因此,只有了解网络环境下各种协议的工作流程、各种网络技术的工作机制及它们之间的相互作用过程,才能掌握完整的、系统的网络知识,对于初学者,掌握网络设备之间各种协议实现过程中相互传输的报文类型、报文格式、报文处理流程对理解网络工作原理至关重要,Packet Tracer 模拟操作模式给出了网络设备之间各种协议实现过程中每一个步骤涉及的报文类型、报文格式及报文处理流程,可以让初学者观察、分析协议实现的每一个细节。

3. 验证教材内容

《路由和交换技术》教材的主要特色是在讲述每一种路由交换技术前,先构建一个读者能够理解的网络环境,并在该网络环境下详细讨论该路由交换技术的工作机制、相关协议的工作流程及相互作用过程,而且,所提供的网络环境和人们实际应用中所遇到的实际网络十分相似,较好地解决了课程内容和实际应用的衔接问题。在教学过程中,可以用 Packet Tracer 完成教材中每一个网络环境的设计、配置和调试过程,同时,可以用 Packet Tracer 模拟操作模式给出协议实现过程中的每一个步骤,及每一个步骤涉及的报文类型、报文格式和报文处理流程,以此验证教材内容,并通过验证过程,更进一步加深读者对教材内容的理解,真正做到弄懂弄透。

1.1.2 用户界面

启动 Packet Tracer 5.3 后,出现如图 1.1 所示的用户界面。

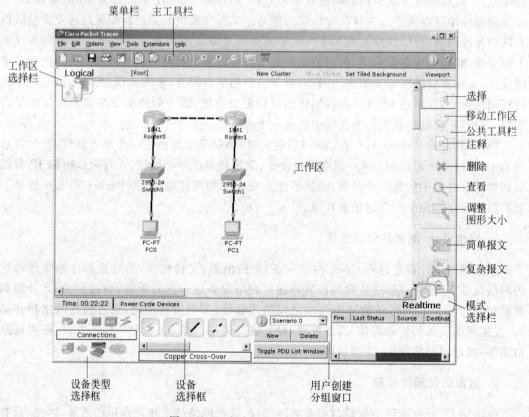

图 1.1 Packet Tracer 5.3 用户界面

菜单栏：提供该软件的 7 个菜单，其中文件(File)菜单给出工作区新建、打开和存储文件命令。编辑(Edit)菜单给出复制、粘贴和撤销输入命令。选项(Options)菜单给出 Packet Tracer 的一些配置选项。视图(View)菜单给出放大、缩小工作区中某个设备的命令。工具(Tools)菜单给出几个分组处理命令。扩展(Extensions)菜单给出有关 Packet Tracer 扩展功能的子菜单。帮助(Help)菜单给出 Packet Tracer 详细的使用说明，所有初次使用 Packet Tracer 的读者必须详细阅读帮助(Help)菜单中给出的使用说明。

主工具栏：给出 Packet Tracer 常用命令，这些命令通常包含在各个菜单中。

公共工具栏：给出对工作区中构件进行操作的工具。查看工具用于检查网络设备生成的控制信息，如路由器路由表、交换机转发表等。删除工具用于在工作区中删除某个网络设备。选择工具用于在工作区中移动某个指定区域，通过拖放鼠标指定工作区的某个区域，然后在工作区中移动该区域，当需要从其他工具中退出时，单击选择工具。移动工作区工具用于将工作区任意位置移动到当前用户界面中。注释工具用于在工作区任意位置添加注释。调整图像大小工具用于任意调整通过绘图工具绘制的图形的大小。

工作区：作为逻辑工作区时，用于设计网络拓扑结构、配置网络设备、检测端到端连通性等。作为物理工作区时，给出城市布局、城市内建筑物布局和建筑物内配线间布局等。

工作区选择栏：用于选择物理工作区和逻辑工作区。物理工作区中可以设置配线间所在建筑物或城市的物理位置，网络设备可以放置在各个配线间中，也可以直接放置在城市中。逻辑工作区中给出各个网络设备之间连接状况和拓扑结构。可以通过物理工作区和逻辑工作区的结合检测互连网络设备的传输媒体的长度是否符合标准要求，如一旦互连两个网络设备的双绞线缆长度超过 100m，两个网络设备连接该双绞线缆的端口将自动关闭。

模式选择栏：用于选择实时操作模式和模拟操作模式。实时操作模式可以验证网络任何两个终端之间的连通性。模拟操作模式可以给出分组端到端传输过程中的每一个步骤，及每一个步骤涉及的报文类型、报文格式和报文处理流程。

设备类型选择框：设计网络时，可以选择多种 Cisco 网络设备，设备类型选择框用于选择网络设备的类型，设备类型选择框中给出的网络设备类型有交换机、路由器、集线器、无线设备、连接线、终端设备、云设备等，云设备用于仿真广域网，如公共交换电话网(Public Switched Telephone Network，PSTN)、非对称数字用户线(Asymmetric Digital Subscriber Line，ADSL)等。

设备选择框：用于选择指定类型的网络设备型号，如果在设备类型选择框中选中路由器，可以通过设备选择框选择 Cisco 各种型号的路由器。

用户创建分组窗口：为了检测网络任意两个终端之间的连通性，需要生成分组并启动分组端到端传输过程。为了模拟协议操作过程和 IP 分组端到端传输过程中的每一个步骤，也需要生成分组，并启动 IP 分组端到端传输过程，用户创建分组窗口就用于用户创建分组并启动分组端到端传输过程。

1.1.3 工作区分类

工作区选择作为物理工作区时，工作区用于给出城市间地理关系，每一个城市内建筑物布局，建筑物内配线间布局，如图 1.2 所示。当然，也可以直接在城市中某个位置放置配线间和网络设备。New City 按钮用于在物理工作区创建一座新的城市，同样，New Building、

New Closet 按钮用于在物理工作区创建一栋新的建筑物和一间新的配线间。一般情况下，在指定城市中创建并放置新的建筑物，在指定建筑物中创建并放置新的配线间。逻辑工作区中创建的网络所关联的设备初始时全部放置于本地城市中公司办公楼内的主配线间中，可以通过 Move Object 菜单完成网络设备配线间之间的移动，也可直接将设备移动到城市中，当两个互连的网络设备放置在不同的配线间时，或城市不同位置时，可以计算出互连这两个网络设备的传输媒体的长度，如果启动物理工作区距离和逻辑工作区设备之间连通性之间的关联，一旦互连两个网络设备之间的传输媒体距离超出标准要求，两个网络设备连接该传输媒体的端口将自动关闭。

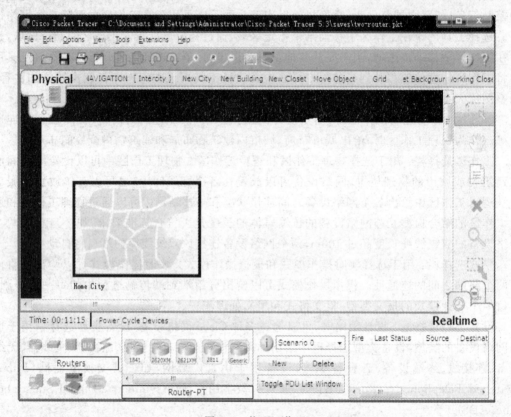

图 1.2　物理工作区

1.1.4　操作模式

Packet Tracer 操作模式分为实时操作模式和模拟操作模式，实时操作模式仿真网络实际运行过程，用户可以检查网络设备配置，查看转发表、路由表等控制信息，通过发送分组检测端到端连通性。模拟操作模式下，用户可以观察、分析分组端到端传输过程中的每一个步骤，图 1.3 是模拟操作模式的用户界面，事件列表(Event List)给出协议报文或分组的逐段传输过程，单击事件列表中某个报文，可以查看该报文内容和格式。情节(Scenario)用于设定模拟操作模式需要模拟的过程，如分组的端到端传输过程，Auto Capture/Play 按钮用于启动整个模拟操作过程，按钮下面的滑动条用于控制模拟操作过程的速度，事件列表列出根据情节进行的模拟操作过程所涉及的协议报文或分组的逐段传输过程。Capture/Forward

按钮用于单步推进模拟操作过程。Back 按钮用于回到上一步模拟操作结果。"编辑过滤器"(Edit Filters)菜单用于选择情节模拟操作过程中涉及的协议。通过单击事件列表中的协议报文或分组可以详细分析协议报文或分组格式,对应段相关网络设备处理该协议报文或分组的流程和结果。因此,模拟操作模式是找出网络不能正常工作的原因的理想工具,同时,也是初学者深入了解协议操作过程和网络设备处理协议报文或分组的流程的理想工具,模拟操作模式是提供接近实际网络环境的学习工具。

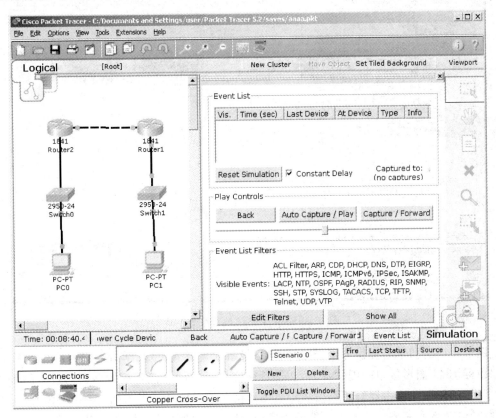

图 1.3 模拟操作模式

1.1.5 设备类型和配置方式

Packet Tracer 提供了设计复杂互连网络可能涉及的网络设备类型,如交换机、路由器、集线器、无线设备、连接线、终端设备、云设备等,其中云设备用于仿真广域网,如 PSTN、ADSL、帧中继等,通过云设备可以设计出广域网为互连路由器的传输网络的复杂互连网络。

一般在逻辑工作区和实时操作模式下进行网络设计,如果用户需要将某个网络设备放置到工作区中,用户在设备类型选择框中选择特定设备类型,如路由器,然后,在设备选择框中选择特定设备型号,如 Cisco 1841 路由器,按住鼠标左键将其拖放到工作区的任意位置,释放鼠标左键。单击网络设备进入网络设备的配置界面,每一个网络设备通常有物理、图形接口、命令行接口(Command Line Interface,CLI)三个配置选项,物理配置选项用于为网络设备选择可选模块,图 1.4 是路由器 1841 的物理配置界面,可以为路由器的两个插槽选择模块,为了将某个模块放入插槽,首先关闭电源,然后选定模块,按住鼠标左键将其拖放到指定插槽,释放鼠标左键。如果需要从某个插槽取走模块,同样也是先关闭电源,然后选定某个插槽模块,按住鼠标左键将其拖放到模块所在位置,释放鼠标左键。插槽和可选模块允许用户根据应用环境扩展网络设备的接口类型和数量。

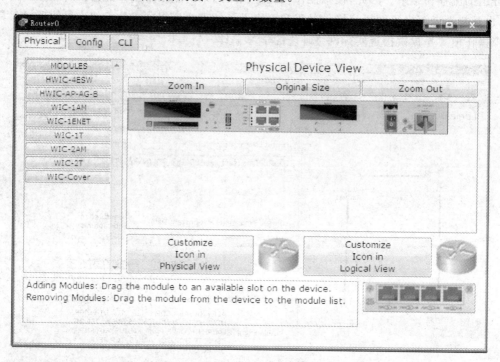

图1.4　路由器1841物理配置界面

图形接口为初学者提供方便、易用的网络设备配置方式,是初学者入门的捷径。图1.5是路由器1841图形接口的配置界面,初学者很容易通过图形接口配置路由器接口的IP地址、子网掩码,配置路由器静态路由项等。图形接口不需要初学者掌握Cisco IOS(互联网操作系统)命令就能完成一些基本功能的配置,配置过程直观、简单且容易理解,更难得的是,在用图形接口配置网络设备的同时,Packet Tracer给出完成同样配置过程需要的IOS命令序列。通过图形接口提供的基本功能配置,初学者可以完成简单网络的配置,并观察简单网络的工作原理和协议操作过程,以此验证课程内容的正确性。但随着课程内容的深入和复杂网络的设计,要求读者能够通过命令行接口配置网络设备的一些复杂的功能。因此,从一开始就用图形接口和命令行接口两种配置方式完成网络设备的配置过程,通过相互比较,进一步加深对Cisco IOS命令的理解,随着课程学习的深入,强调用命令行接口完成网络设备的配置过程。

命令行接口提供与实际配置Cisco设备完全相同的配置界面和配置过程,因此,命令行接口配置方式是读者需要重点掌握的配置方式,掌握这种配置方式的难点在于需要读者掌握Cisco IOS命令,并会灵活运用这些命令。因此,在以后章节中不仅对用到的Cisco IOS命令进行解释,还对命令的使用方式进行讨论,让学生对Cisco IOS命令有较为深入的理解。图1.6是命令行接口的配置界面。

第1章 路由和交换实验基础

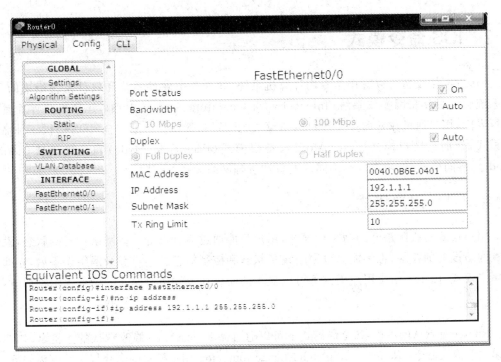

图 1.5 图形接口配置界面

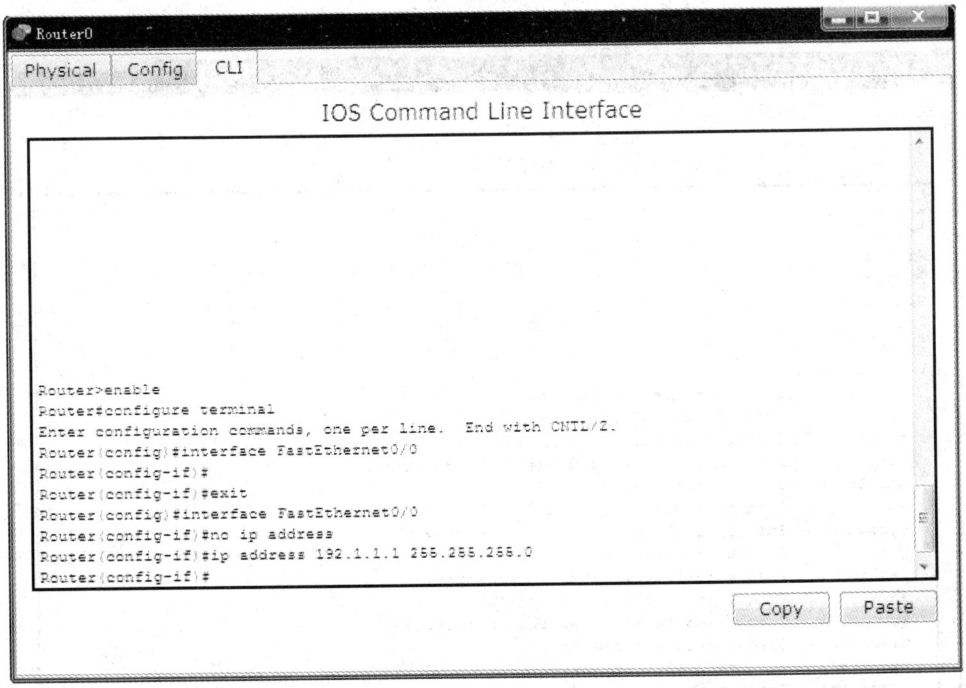

图 1.6 命令行接口配置界面

本节只对 Packet Tracer 5.3 做一些基本介绍，具体通过 Packet Tracer 5.3 完成网络设计、配置和调试的过程与步骤在以后讨论具体网络实验时再予以详细讲解。

1.2 IOS 命令模式

Cisco 网络设备可以看作是专用计算机系统,同样是由硬件系统和软件系统组成的,核心系统软件是互联网操作系统(Internetwork Operating System,IOS),IOS 用户界面是命令行界面,用户通过输入命令实现对网络设备的配置和管理。为了安全,IOS 提供三种命令行模式,分别是用户模式(User Mode)、特权模式(Privileged Mode)和全局模式(Global Mode),不同模式下,用户具有不同的配置和管理网络设备的权限。

1.2.1 用户模式

用户模式是权限最低的命令行模式,用户只能通过命令查看一些网络设备的状态,没有配置网络设备的权限,也不能修改网络设备状态和控制信息。用户登录网络设备后,立即进入用户模式,图 1.7 给出用户模式下可以输入的命令列表。用户模式的命令提示符如下:

Router>

Router 是默认的主机名,全局模式下可以通过命令 hostname 修改默认的主机名,如在全局模式下输入命令:Router(config)♯hostname routerabc,用户模式的命令提示符变为如下:

routerabc>

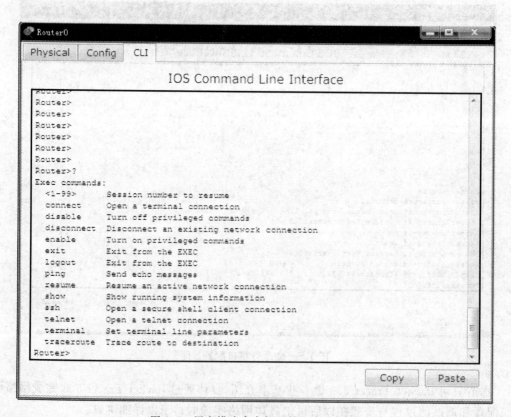

图 1.7 用户模式命令提示符和命令列表

在用户模式命令提示符下,用户可以输入图 1.7 列出的命令,命令格式和参数在以后完成具体网络设计和实施过程时讨论。需要指出的是,图 1.7 列出的命令不是配置网络设备、修改网络设备状态和控制信息的命令。

1.2.2 特权模式

在用户模式命令提示符下,输入命令 enable,立即进入特权模式,图 1.8 给出特权模式下可以输入的部分命令列表。为了安全,可以在全局模式下通过命令:Router(config)# enable password abc 设置进入特权模式的口令 abc,一旦设置口令,在用户模式命令提示符下,不仅需要输入命令 enable,还需输入口令,如图 1.8 所示。特权模式命令提示符如下:

```
Router#
```

同样,Router 是默认的主机名。特权模式下,用户可以修改网络设备的状态和控制信息,如交换机转发表(MAC Table),但不能配置网络设备。

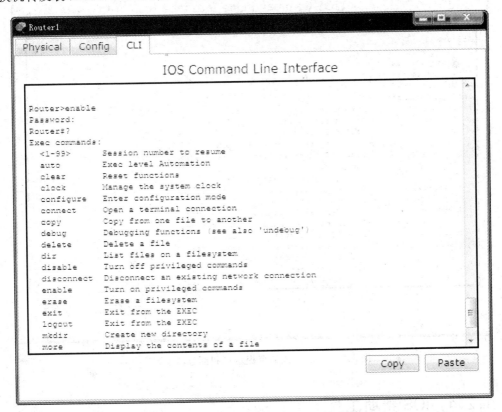

图 1.8 特权模式命令提示符和部分命令列表

1.2.3 全局模式

在特权模式命令提示符下,输入命令 configure terminal,立即进入特权模式,图 1.9 给出从用户模式进入全局模式的过程和全局模式下可以输入的部分命令列表。全局模式命令提示符如下：

　　Router(config)#

同样，Router是默认的主机名。全局模式下，用户可以对网络设备进行配置，如配置路由器的路由协议和参数，对交换机基于端口划分VLAN等。全局模式下用于完成对整个网络设备有效的配置，如果需要完成对网络设备部分功能块的配置，如路由器某个接口的配置，需要从全局模式进入这些功能块的配置模式，从全局模式进入路由器接口FastEthernet0/0的配置模式需要输入的命令及路由器接口配置模式命令提示符如下：

　　Router(config)# interface FastEthernet0/0
　　Router(config-if)#

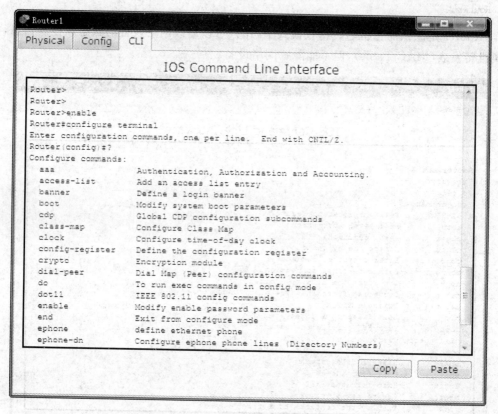

图1.9　全局模式命令提示符和部分命令列表

1.2.4　IOS帮助工具

1. 查找工具

如果忘记某个命令，或是命令中的某个参数，可以通过输入"?"完成查找过程。在某种模式命令提示符下，通过输入"?"，界面将显示该模式下允许输入的命令列表。如图1.9所示，在全局模式命令提示符下输入"?"，界面将显示全局模式下允许输入的命令列表，如果单页显示不完的话，将会分页显示。

在某个命令中需要输入某个参数的位置输入"?",界面将列出该参数的所有选项。命令 router 用于为路由器配置路由协议,如果不知道如何输入选择路由协议的参数,在需要输入选择路由协议的参数的位置输入"?",界面将列出该参数的所有选项。以下是显示选择路由协议的参数的所有选项的过程。

```
Router(config)# router ?
  bgp      Border Gateway Protocol (BGP)
  eigrp    Enhanced Interior Gateway Routing Protocol (EIGRP)
  ospf     Open Shortest Path First (OSPF)
  rip      Routing Information Protocol (RIP)
Router(config)# router
```

2. 部分字符

无论是命令,还是参数,IOS 都不要求输入完整的单词,只需要输入单词中的部分字符,只要这一部分字符能够在命令列表中,或是参数的所有选项中能够唯一确定某个命令或参数选项。如在路由器中配置 RIP 路由协议的完整命令如下:

```
Router(config)# router rip
Router(config-router)#
```

但无论是命令 router,还是选择路由协议的参数 rip 都不需要输入完整的单词,而只需要输入单词中的部分字符,如下所示:

```
Router(config)# ro r
Router(config-router)#
```

由于全局模式下的命令列表中没有两个以上前两个字符是 ro 的命令,因此,输入 ro 已经能够使 IOS 唯一确定命令 router。同样,路由协议的所有选项中没有两项以上是以字符 r 开头的,因此,输入 r 已经能够使 IOS 唯一确定 rip 选项。

3. 历史命令缓存

通过"↑"键可以查找以前使用过的命令,通过"←"和"→"键可以将光标移动到命令中需要修改的位置。如果某个命令需要输入多次,每次输入时,个别参数可能不同,无需每一次全部重新输入命令及参数,可以通过"↑"键显示上一次输入的命令,通过"←"键移动光标到需要修改的位置,对命令中需要修改的部分进行修改即可。

1.3 网络设备配置方式

Cisco Packet Tracer 通过单击某个网络设备启动配置界面,在配置界面中选择图形接口,或命令行接口开始网络设备的配置过程,但实际网络设备的配置过程肯定与此不同。目前存在多种配置实际网络设备的方式,主要有控制台端口配置方式、Telnet 配置方式、Web 界面配置方式、SNMP 配置方式和配置文件加载方式等,Packet Tracer 支持除 Web 界面配置方式以外的其他所有配置方式。这里主要介绍控制台端口配置方式和 Telnet 配置方式。

1.3.1 控制台端口配置方式

1. 工作原理

交换机和路由器出厂时,只有默认配置,如果需要对刚购买的交换机和路由器进行配置,最直接的配置方式是采用图 1.10 所示的控制台端口配置方式,用串行口连接线互连 PC 的 RS-232 串行口和网络设备的控制台(Console)端口,启动 PC 的超级终端程序,完成超级终端配置,按回车键进入网络设备的命令行配置界面。

(a) 路由器配置方式　　　　　　　(b) 交换机配置方式

图 1.10　控制台端口配置方式

一般情况下,通过控制台端口配置方式完成网络设备的基本配置,如交换机管理地址和默认网关地址,路由器各个接口的 IP 地址、静态路由项或路由协议等。其目的是建立终端与网络设备之间的传输通路,只有建立终端与网络设备之间的传输通路,才能通过其他配置方式对网络设备进行配置。

2. Packet Tracer 实现过程

图 1.11 是 Packet Tracer 通过控制台端口配置方式完成交换机和路由器初始配置的界面。在逻辑工作区中放置终端和网络设备,选择串行口连接线(Console)互连终端与网络设备。单击终端(PC0 或 PC1),启动终端的配置界面,选中桌面(Desktop)选项,单击终端(Terminal),出现图 1.12 所示的终端 PC0 配置界面,单击 OK 按钮,进入网络设备命令行配置界面。图 1.13 所示的是交换机命令行配置界面。

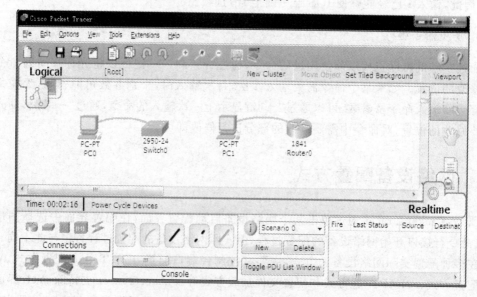

图 1.11　放置和连接设备后的逻辑工作区界面

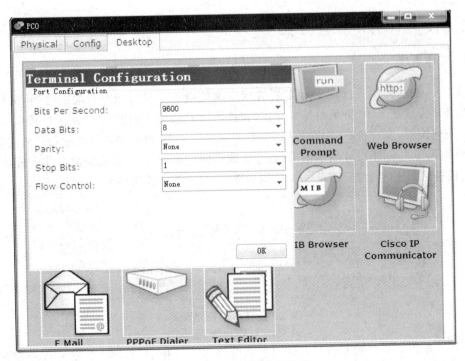

图 1.12　超级终端配置界面

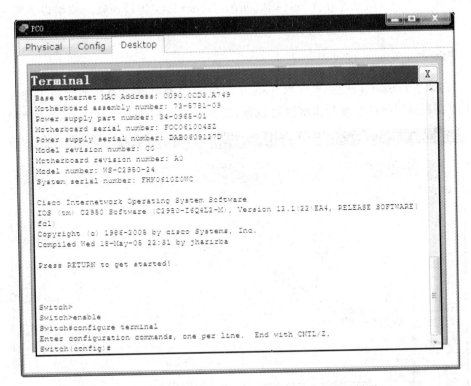

图 1.13　通过超级终端进入的交换机命令行配置界面

1.3.2 Telnet 配置方式

1. 工作原理

图 1.14 中的终端通过 Telnet 配置方式对网络设备实施远程配置的前提是，交换机和路由器必须完成图 1.14 所示的基本配置，如路由器 R 需要完成图 1.14 所示的接口 IP 地址和子网掩码配置，交换机 S1 和交换机 S2 需要完成图 1.14 所示的管理地址和默认网关地址配置，终端需要完成图 1.14 所示的 IP 地址和默认网关地址配置，只有完成上述配置后，终端与网络设备之间才能建立 Telnet 报文传输通路，终端才能通过 Telnet 远程登录网络设备。

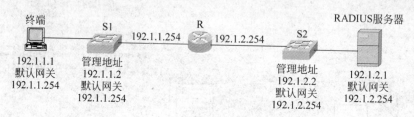

图 1.14 Telnet 配置方式

Telnet 配置方式与控制台端口配置方式的最大不同在于，Telnet 配置方式必须在已经建立终端与网络设备之间的 Telnet 报文传输通路的前提下进行，而且单个终端可以通过 Telnet 配置方式对一组已经建立与终端之间的 Telnet 报文传输通路的网络设备实施远程配置。控制台端口配置方式可以对单个通过串行口连接线连接的网络设备实施配置。

2. Packet Tracer 实现过程

图 1.15 是 Packet Tracer 实现用 Telnet 配置方式配置网络设备的逻辑工作区界面。首先需要在逻辑工作区放置和连接网络设备，对网络设备完成基本配置，建立终端 PC0 与

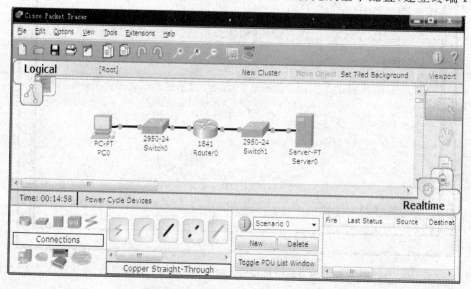

图 1.15 放置和连接设备后的逻辑工作区界面

各个网络设备之间的 Telnet 报文传输通路。为了建立终端 PC0 与各个网络设备之间的 Telnet 报文传输通路,需要对路由器 Router0 的接口配置 IP 地址和子网掩码,对终端 PC0 配置 IP 地址和默认网关地址等。对实际网络设备的基本配置一般通过控制台端口配置方式完成,因此,控制台端口配置方式在网络设备的配置过程中是不可或缺的。在 Packet Tracer 中,既可通过单击某个网络设备启动该网络设备的配置界面,也可以通过控制台端口配置方式逐个配置网络设备。由于课程学习的重点在于掌握原理和方法,因此,在以后实验中,通常通过单击某个网络设备启动该网络设备的配置界面,通过配置界面提供的图形接口或命令行接口完成网络设备的配置过程。具体操作步骤和命令输入过程在以后章节中详细讨论。

一旦建立终端 PC0 与各个网络设备之间的 Telnet 报文传输通路,单击终端 PC0,启动终端的配置界面,选中桌面(Desktop)选项,单击命令提示符(Command Prompt),出现图 1.16 所示的命令提示符界面,通过建立与某个网络设备之间的 Telnet 会话开始通过 Telnet 配置方式配置该网络设备的过程。图 1.16 是终端 PC0 通过 Telnet 远程登录交换机 Switch0 后出现的交换机命令行配置界面。

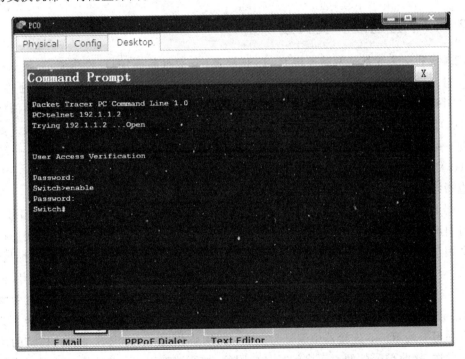

图 1.16　终端 PC0 远程配置交换机 Switch0 界面

第 2 章 交换机和交换式以太网实验

交换式以太网是以交换机为分组交换设备的数据报分组交换网络,深入了解交换机转发 MAC 帧过程、交换机和集线器工作机制上的区别是掌握交换式以太网的关键。

2.1 交换机实验基础

2.1.1 直通线和交叉线

直通线和交叉线都是两端连接 RJ-45 连接器(俗称水晶头)的双绞线缆,一条双绞线缆包含 4 对 8 根线路,其中只有两对线路用于发送、接收信号,这两对线路分别是连接 RJ-45 连接器引脚中编号为 1/2 的一对线路和编号为 3/6 的一对线路。如果双绞线缆两端按照图 2.1(a)所示的 EIA/TIA568B 规格连接 RJ-45 连接器,称该双绞线缆为直通线。如果双绞线缆一端按照图 2.1(b)所示的 EIA/TIA568A 规格连接 RJ-45 连接器,另一端按照图 2.1(a)所示的 EIA/TIA568B 规格连接 RJ-45 连接器,称该双绞线缆为交叉线。图 2.2 给出直通线和交叉线的使用方式,直通线保证一端 RJ-45 连接器中编号为 1/2 的一对引脚和另一端 RJ-45 连接器中编号为 1/2 一对引脚相连,同样,一端 RJ-45 连接器中编号为 3/6 的一对引脚和另一端 RJ-45 连接器中编号为 3/6 一对引脚相连。这就要求直通线连接的两端设备用于发送、接收信号的两对引脚编号是不同的,如一端用编号为 1/2 的一对引脚发送信号,编号为 3/6 的一对引脚接收信号,另一端用编号为 1/2 的一对引脚接收信号,编号为 3/6 的一对引脚发送信号。交叉线线保证一端 RJ-45 连接器中编号为 1/2 的一对引脚和另一端 RJ-45 连接器中编号为 3/6 一对引脚相连,同样,一端 RJ-45 连接器中编号为 3/6 的一对引脚和另一端 RJ-45 连接器中编号为 1/2 一对引脚相连。这就要求交叉线连接的两端设备用于发送、接收信号的两对引脚编号是相同的,如两端都用编号为 1/2 的一对引脚发送信号,编号为 3/6 的一对引脚接收信号。

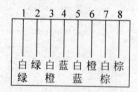

(a) EIA/TIA568B 规格

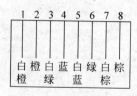

(b) EIA/TIA568A 规格

图 2.1 EIA/TIA568B 和 EIA/TIA568A

(a) 直通线　　　　　　　　　　(b) 交叉线

图 2.2　直通线和交叉线

　　同一类型的设备,用于发送、接收信号的两对引脚编号是相同的,需要通过交叉线连接。不同类型的设备,用于发送、接收信号的两对引脚编号有可能是不同的,对于用不同编号的两对引脚发送、接收信号的两端设备,需要通过直通线连接。Cisco 网络设备中,相同类型设备之间,如交换机之间、路由器之间、终端之间,通过交叉线连接,不同类型设备之间,如交换机与终端之间、交换机与路由器之间,通过直通线连接。路由器和终端之间通过交叉线连接。

2.1.2　交换机实验中需要注意的几个问题

1. CDP 干扰

对于图 2.3 所示的交换机连接终端情况,交换机实验需要验证以下几个问题。

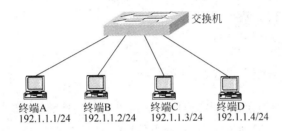

图 2.3　交换机连接终端情况

- 转发表建立前,交换机以广播方式转发 MAC 帧;
- 如果转发表中存在与某个 MAC 帧的目的 MAC 地址匹配的转发项,交换机以单播方式转发该 MAC 帧;
- 交换机每通过端口接收到 MAC 帧,在转发表中创建一项转发项,转发项中的 MAC 地址为该 MAC 帧的源 MAC 地址,转发端口(或输出端口)为交换机接收该 MAC 帧的端口。

但 Cisco 交换机默认状态下启动 Cisco 发现协议(Cisco Discovery Protocol,CDP),CDP 能够检测到与交换机直接连接的设备,因此,即使终端不发送 MAC 帧,交换机也能检测到各个端口连接的终端,并在转发表中创建相应的转发项。为了防止 CDP 干扰交换机实验,应该在交换机中停止运行 CDP,在全局模式下输入以下命令:

```
Switch(config)#no cdp run
```

cdp run 是启动 cdp 命令,前面加 no 是停止运行 cdp。Cisco 通常通过在某个命令前面加 no 表示与该命令功能相反的命令。

2. 地址解析过程

Packet Tracer 无法通过直接给出源和目的终端的 MAC 地址构建 MAC 帧,并启动

MAC 帧源终端至目的终端的传输过程,需要通过给出源和目的终端的 IP 地址构建 IP 分组,然后启动 IP 分组源终端至目的终端的传输过程。如果互连源终端和目的终端的网络是以太网,该 IP 分组将被封装成以源和目的终端的 MAC 地址为源和目的 MAC 地址的 MAC 帧,并经过以太网完成该 MAC 帧源终端至目的终端的传输过程。由于根据目的终端的 IP 地址解析出目的终端的 MAC 地址的过程中需要相互交换 ARP 报文,交换机转发表中将因此创建源和目的终端 MAC 地址对应的转发项,影响交换机实验的过程。一旦终端完成某个 IP 地址的地址解析过程,该 IP 地址与对应的 MAC 地址之间的关联将存在较长时间,在这种关联存在期间,终端无需再对该 IP 地址进行地址解析过程。

为了避免 ARP 地址解析过程对交换机实验的影响,先完成终端之间的 IP 分组传输过程,其目的是在每一个终端中建立所有其他终端的 IP 地址与它们的 MAC 地址之间的关联。然后,清除交换机中的转发表内容。完成这些操作后,开始交换机实验。在特权模式下输入以下用于清除转发表内容的命令:

```
Switch#clear mac-address-table
```

2.2 单交换机实验

2.2.1 实验目的

一是验证交换机的连通性,证明连接在交换机上的任何两个分配了相同网络号、不同主机号的 IP 地址的终端之间能够实现 IP 分组传输过程。二是验证转发表建立过程。三是验证交换机 MAC 帧转发过程。

2.2.2 实验原理

在 Packet Tracer 逻辑工作区中按照图 2.3 所示网络结构放置和连接设备,按照图 2.3 所示的配置信息为各个终端配置 IP 地址和子网掩码,各个终端之间相互交换 IP 分组。完成上述操作后,清空交换机的转发表,进入 Packet Tracer 的模拟操作模式。启动终端 A 至终端 B MAC 帧传输过程,由于转发表中不存在终端 A 对应的转发项,交换机在转发表中创建以终端 A 的 MAC 地址为 MAC 地址、交换机连接终端 A 的端口为转发端口的转发项。由于转发表中不存在终端 B 对应的转发项,交换机广播该 MAC 帧。启动终端 B 至终端 A MAC 帧传输过程,由于转发表中不存在终端 B 对应的转发项,交换机在转发表中创建以终端 B 的 MAC 地址为 MAC 地址、交换机连接终端 B 的端口为转发端口的转发项。由于转发表中存在终端 A 对应的转发项,交换机通过转发项指定的转发端口输出该 MAC 帧。

2.2.3 关键命令说明

1. 清除 MAC 表

```
Switch#clear mac-address-table
```

clear mac-address-table 是在特权模式下使用的命令,该命令的作用是清除交换机转发表(也称 MAC 表)中动态转发项。

2. 停止运行 CDP

Switch(config)#no cdp run

no cdp run 是全局模式下使用的命令,该命令的作用是停止运行 CDP。

2.2.4 实验步骤

(1)启动 Packet Tracer,在逻辑工作区根据图 2.4 所示的网络结构放置和连接设备,分别将 PC0～PC3 用直通线(Copper Straight-Through)连接到交换机 Switch0 的 FastEthernet0/1～FastEthernet0/4 端口。用直通线连接 PC0 和交换机 Switch0 的 FastEthernet0/1 端口的步骤如下:在设备类型选择框中单击连接线(Connections),在设备选择框中单击直通线(Copper Straight-Through),出现水晶头形状的光标;将光标移到 PC0,单击,出现图 2.5 所示的 PC0 接口列表,单选 FastEthernet 接口;将光标移到交换机 Switch0,单击,出现图 2.6 所示的交换机 Switch0 未连接的端口列表,单选 FastEthernet0/1 端口,完成用直通线连接 PC0 和交换机 Switch0 的 FastEthernet0/1 端口的过程。

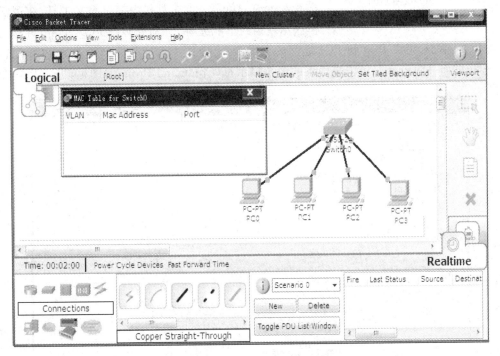

图 2.4 放置和连接设备后的逻辑工作区界面及空转发表

图 2.5 在 PC0 接口列表中单选接口 FastEthernet

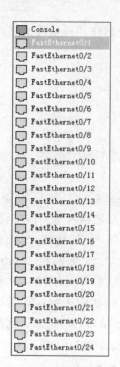

图 2.6　在 Switch0 端口列表中单
　　　　选端口 FastEthernet0/1

(2) 按照图 2.3 所示配置信息完成各个终端的 IP 地址和子网掩码配置。为 PC0 配置 IP 地址和子网掩码：192.1.1.1/255.255.255.0 的过程如下：在 PC0 图形接口下单击快速以太网接口＜FastEthernet＞，出现如图 2.7 所示的接口配置界面，在 IP 地址栏＜IP Address＞中输入 IP 地址 192.1.1.1，在子网掩码栏＜Subnet Mask＞中输入子网掩码 255.255.255.0；完成 PC0 IP 地址和子网掩码配置后，记录下 PC0 的 MAC 地址 0003.E40A.CA9C，以同样的方式为 PC1 配置 IP 地址和子网掩码：192.1.1.2/255.255.255.0，记录下 PC1 的 MAC 地址 0060.3E03.86D8，按照图 2.3 所示配置信息完成其他两个终端的 IP 地址和子网掩码配置。

(3) 单击公共工具栏中查看工具，出现放大镜形状光标，移动光标到交换机 Switch0，单击 Switch0，出现图 2.8 所示交换机控制信息表列表，单选 MAC 表（MAC Table），出现交换机 MAC 表，初始 MAC 表（转发表）内容为空，如图 2.4 所示。通过单击公共工具栏中选择工具退出查看过程。单击公共工具栏中简单报文工具，在逻辑工作区出现信封形状光标，移动光标到 PC0，单击，再移动光标到 PC1，单击，完成 PC0 和 PC1 之间的一次 Ping 操作。通过单击 PC0 进入 PC0 配置界面，选择桌面（Desktop），单击桌面下的命令提示符（Command Prompt）图标，进入 PC0 命令

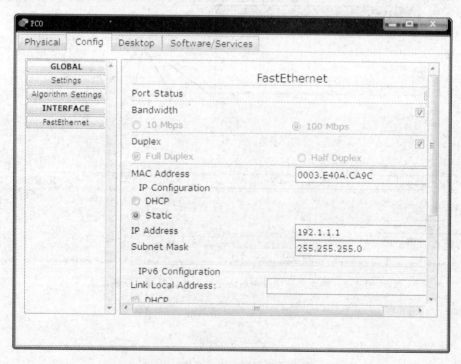

图 2.7　PC0 以太网接口配置界面

提示符,在 PC0 命令提示符下输入命令 Ping 192.1.1.2,完成 PC0 和 PC1 之间的一次 Ping 操作,如图 2.9 所示,这两种操作的效果是等同的。依次完成 PC0 和其他所有终端之间的 Ping 操作。

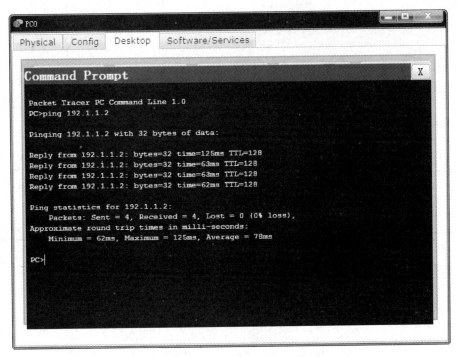

图 2.9　PC0 命令提示符界面

（4）通过在交换机全局模式下输入命令 no cdp run 使交换机停止运行 CDP,通过在交换机特权模式下输入命令 clear mac-address-table 清空交换机转发表。可以通过在全局模式下输入命令 exit 进入特权模式,可以通过在特权模式下输入命令 configure terminal 进入全局模式。

（5）在模式选择栏选择模拟操作模式,进入图 2.10 所示的模拟操作模式,单击 Edit Filters 按钮,弹出报文类型过滤框,选中 ICMP 报文类型,如图 2.11 所示。

（6）通过公共工具栏中简单报文工具启动 PC0 至 PC1 的 ICMP 报文传输过程,单击 Capture/Forward 按钮,单步推进 PC0 至 PC1 ICMP 报文传输过程。由于交换机转发表为空,交换机创建以 PC0 的 MAC 地址为 MAC 地址,交换机连接 PC0 的端口为转发端口的转发项,如图 2.12 所示。默认情况下,交换机所有端口属于 VLAN 1。同时交换机通过除接收该 MAC 帧的端口以外的所有其他端口广播该 MAC 帧,该 MAC 帧到达除 PC0 以外的所有其他终端,除了 PC1,其他终端丢弃该 MAC 帧。交换机广播该 MAC 帧的过程如

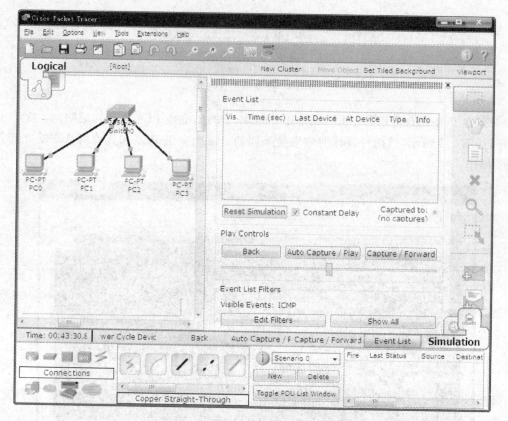

图 2.10　模拟操作模式界面

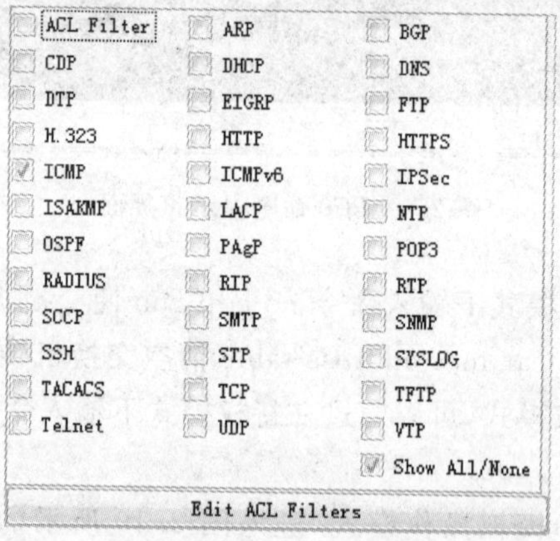

图 2.11　报文类型过滤框

图 2.12 所示。

（7）当 PC1 向 PC0 传输 MAC 帧时，由于转发表中没有 PC1 对应的转发项，创建以 PC1 的 MAC 地址为 MAC 地址，交换机连接 PC1 的端口为转发端口的转发项，如图 2.13 所示。由于转发表存在与 PC0 的 MAC 地址匹配的转发项，该 MAC 帧只从交换机连接 PC0 的端口转发出去。

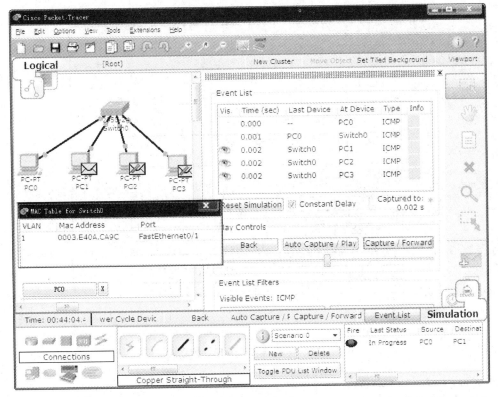

图 2.12 模拟操作模式界面和转发表

图 2.13 转发表内容

(8) 单击事件列表中 Switch0 传输给 PC0 的 ICMP 报文，弹出 ICMP 报文格式，选择 Inbound PDU Details 选项，出现如图 2.14 所示的 PC1 传输给 PC0 的 MAC 帧格式，其中源 MAC 地址是 PC1 的 MAC 地址 0060.3E03.86D8，目的 MAC 地址是 PC0 的 MAC 地址 0003.E40A.CA9C。类型字段值 0800（十六进制）表示 MAC 帧净荷是 IP 分组。封装在 MAC 帧中的 IP 分组的源 IP 地址是 PC1 的 IP 地址 192.1.1.2，目的 IP 地址是 PC0 的 IP 地址 192.1.1.1。

2.2.5 命令行配置过程

完成清除交换机转发表、停止运行 CDP 的命令行配置过程如下：

```
Switch> enable
Switch# clear mac-address-table
```

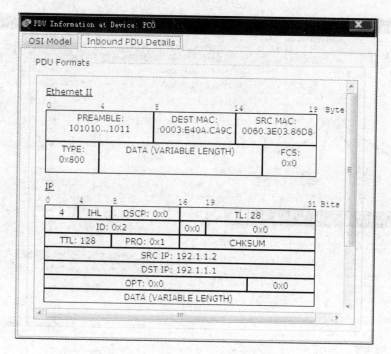

图 2.14 PC1 至 PC0 MAC 帧格式

```
Switch# configure terminal
Switch(config)# no cdp run
```

2.3 交换式以太网实验

2.3.1 实验目的

一是验证交换式以太网的连通性，证明连接在交换式以太网上的任何两个分配了相同网络号、不同主机号的 IP 地址的终端之间能够实现 IP 分组传输过程。二是验证转发表建立过程。三是验证交换机 MAC 帧转发过程，重点验证交换机过滤 MAC 帧的功能，即如果交换机接收 MAC 帧的端口与该 MAC 帧匹配的转发项中的转发端口相同，交换机丢弃该 MAC 帧。四是验证转发项与交换式以太网拓扑结构一致性的重要性。

2.3.2 实验原理

通过各个终端之间相互交换 IP 分组，在三个交换机中建立四个终端对应的转发项。清除交换机 S1 中的转发表内容，启动终端 A 至终端 B 的 MAC 帧传输过程，由于交换机 S1 广播该 MAC 帧，使得交换机 S2 连接交换机 S1 的端口接收到该 MAC 帧。由于交换机 S2 中与该 MAC 帧匹配的转发项中的转发端口就是交换机 S2 连接交换机 S1 的端口，交换机 S2 将丢弃该 MAC 帧。

在三个交换机的转发表中均存在四个终端对应的转发项的前提下，终端 A 断开与交换机 S1 的连接,并重新连接到交换机 S3 中。在终端 A 发送的 MAC 帧到达交换机 S2 前,交换机 S2 的转发表中仍然保留用于指明终端 A 的 MAC 地址与交换机 S2 连接交换机 S1 的端口之间关联的转发项,这种情况下,如果启动终端 B 至终端 A 的 MAC 帧传输过程,交换机 S1 由于监测到原来连接终端 A 的端口处于关闭状态,将以该端口为转发端口的转发项变为无效转发项,交换机 S1 将广播该 MAC 帧。交换机 S1 通过连接交换机 S2 的端口输出的 MAC 帧到达交换机 S2。由于交换机 S2 中与该 MAC 帧匹配的转发项的转发端口与接收该 MAC 帧的端口相同,交换机 S2 将丢弃该 MAC 帧。同样,对于交换机 S3,在终端 A 发送的 MAC 帧到达交换机 S3 前,交换机 S3 的转发表中仍然保留用于指明终端 A 的 MAC 地址与交换机 S3 连接交换机 S2 的端口之间关联的转发项。如果启动终端 C 至终端 A 的 MAC 帧传输过程,交换机 S3 将通过连接交换机 S2 的端口输出该 MAC 帧。

解决上述问题的方法有两种:一是终端 A 广播一帧 MAC 帧,即发送一帧以终端 A 的 MAC 地址为源地址,以广播地址为目的地址的 MAC 帧;二是等到所有交换机的转发表中与终端 A 的 MAC 地址匹配的转发项过时。

2.3.3 实验步骤

(1) 启动 Packet Tracer,在逻辑工作区中按照图 2.15 所示网络结构放置和连接设备,需要强调的是,用于互连交换机的连接线是交叉线(Copper Cross-Over),用于互连交换机和终端的连接线是直通线(Copper Straight-Through)。按照图 2.15 所示的终端配置信息完成各个终端的 IP 地址和子网掩码配置。图 2.16 所示的是 PC0 以太网接口的配置界面,PC0 的 MAC 地址为 0001.C77E.C3E2。完成设备放置和连接后的逻辑工作区界面如图 2.17 所示。通过简单报文工具完成各个终端之间的 ICMP 报文交换后,各个交换机的转发表内容如图 2.17 所示。

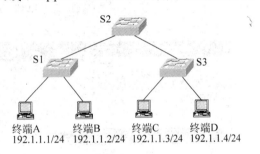

图 2.15 交换式以太网结构

(2) 断开 PC0 与交换机 Switch1 之间的连接,并将 PC0 重新连接到交换机 Switch3 上,通过简单报文工具启动 PC1 至 PC0 的 MAC 帧传输过程,由于交换机 Switch1 连接终端 A 的端口处于关闭状态,以该端口为转发端口的转发项变为无效转发项,这种情况下,如果启动 PC1 至 PC0 的 MAC 帧传输过程,交换机 Switch1 将广播该 MAC 帧。当交换机 Switch2 接收到该 MAC 帧,发现与该 MAC 帧匹配的转发项的转发端口与接收该 MAC 帧的端口相同,交换机 Switch2 将丢弃该 MAC 帧。如图 2.18 所示,交换机 Switch2 转发表中与 PC0 的 MAC 地址 0001.C77E.C3E2 匹配的转发项的转发端口是 FastEthernet0/1,该端口是交换机 Switch2 连接交换机 Switch1 的端口,也是接收 PC1 发送给 PC0 的 MAC 帧的端口。

(3) 在 PC0 发送 MAC 帧前,交换机 Switch3 转发表中与 PC0 的 MAC 地址 0001.C77E.C3E2 匹配的转发项的转发端口不是交换机 Switch3 连接 PC0 的端口,而是交换机 Switch3 连接交换机 Switch2 的端口,如图 2.19 所示。交换机 Switch3 将 PC3 发送给 PC0 的 MAC 帧通过连接交换机 Switch2 的端口输出,该 MAC 帧到达交换机 Switch2,如图 2.19 所示。

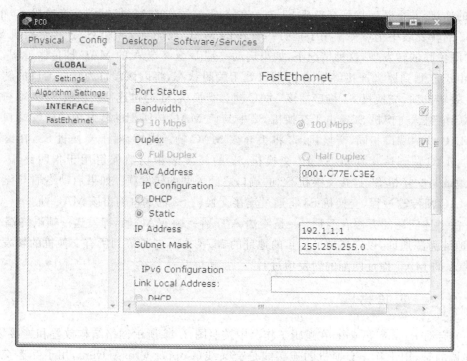

图 2.16　PC0 以太网接口配置界面

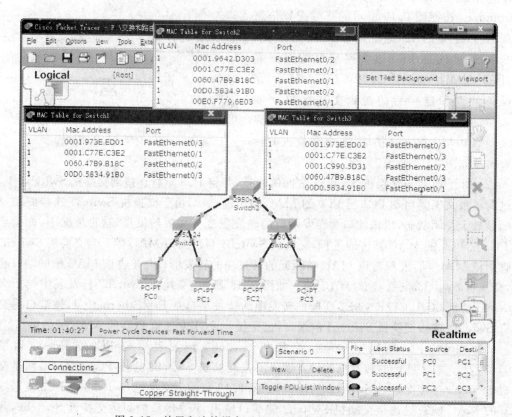

图 2.17　放置和连接设备后的逻辑工作区界面及转发表

第2章 交换机和交换式以太网实验

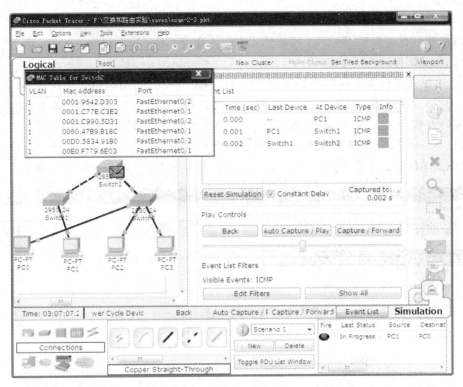

图 2.18 Switch2 丢弃 PC1 发送给 PC0 的 MAC 帧

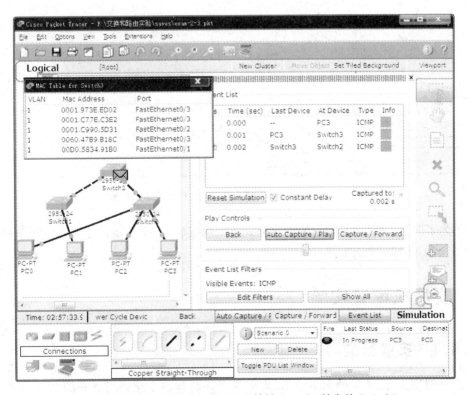

图 2.19 PC3 发送给 PC0 的 MAC 帧被 Switch3 转发给 Switch2

（4）重新将 PC0 连接到交换机 Switch1，通过简单报文工具完成各个终端之间的 ICMP 报文交换，通过在交换机 Switch1 特权模式下输入命令 clear mac-address-table 清空交换机 Switch1 的转发表。

（5）通过简单报文工具启动 PC1 至 PC0 的 MAC 帧传输过程，由于交换机 Switch1 的转发表为空，交换机 Switch1 广播该 MAC 帧，从连接 PC0 的端口输出的该 MAC 帧到达 PC0，被 PC0 成功接收，如图 2.10 所示。从连接交换机 Switch2 的端口输出的 MAC 帧到达交换机 Switch2，由于交换机 Switch2 的转发表中与该 MAC 帧匹配的转发项的转发端口与接收该 MAC 帧的端口相同，交换机 Switch2 将丢弃该 MAC 帧，如图 2.20 所示。

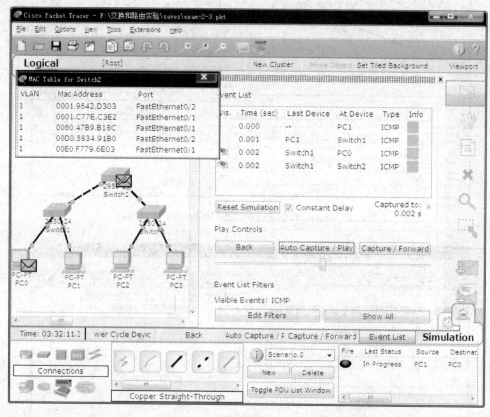

图 2.20　Switch2 丢弃 PC1 发送给 PC0 的 MAC 帧

（6）为了防止 CDP 运行过程影响交换式以太网实验，三个交换机分别通过在全局模式输入命令 no cdp run 停止运行 CDP。

2.4　交换机配置实验

2.4.1　实验目的

一是针对图 2.15 所示的网络结构，建立各个终端与三个交换机之间的 Telnet 报文传输通路。二是通过 Telnet 配置方式完成对三个交换机的远程配置过程。

2.4.2 实验原理

只要各个交换机的管理地址属于网络地址 192.1.1.0/24，终端与各个交换机之间可以相互交换 Telnet 报文，终端可以通过 Telnet 配置方式对三个交换机进行远程配置。为了实现对交换机的远程配置，需要在交换机中配置鉴别信息，交换机通过配置的鉴别信息对用户的配置权限进行鉴别，只有具有配置权限的用户才能对交换机进行远程配置。配置的鉴别信息包括用户名、口令和 enable 口令。用户名和口令用于鉴别授权用户，enable 口令用于管制用户远程配置的权限，如是否允许使用全局模式下的所有配置命令。

2.4.3 关键命令说明

1. 定义管理地址

交换机的管理地址是 IP 接口地址，为了定义 IP 接口，需要先创建 VLAN，所有交换机存在默认 VLAN——VLAN 1，可以为 VLAN 1 定义 IP 接口，并配置 IP 地址和子网掩码，为 VLAN 1 对应的 IP 接口配置的 IP 地址和子网掩码就是该交换机的管理地址。配置命令如下：

```
Switch(config)#interface vlan 1
Switch(config-if)#ip address 192.1.1.11 255.255.255.0
Switch(config-if)#no shutdown
Switch(config-if)#exit
Switch(config)#
```

interface vlan 1 是全局模式下使用的命令，它的作用是定义 VLAN 1 对应的 IP 接口，并进入该 IP 接口的配置模式，交换机执行该命令后，进入接口配置模式，命令提示符由 Switch(config)# 变为 Switch(config-if)#。在接口配置模式下，可以为该接口配置 IP 地址和子网掩码。

ip address 192.1.1.11 255.255.255.0 是接口配置模式下使用的命令，该命令的作用是为指定 IP 接口（这里是 VLAN 1 对应的 IP 接口）配置 IP 地址 192.1.1.11 和子网掩码 255.255.255.0。

no shutdown 是接口配置模式下使用的命令，该命令的作用是开启 VLAN 1 对应的接口，默认状态下，该接口是关闭的。如果某个接口是关闭的，不能对该接口进行访问。

2. 定义用户鉴别信息

1）定义用户名和口令

用用户名和口令标识授权用户，在对该交换机进行远程配置前，必须提供用户名和口令，以证明授权用户身份。

```
Switch(config)#username aaa password bbb
```

username aaa password bbb 是全局模式下使用的命令，该命令的作用是定义了一个用户名为 aaa，口令为 bbb 的授权用户。

2) 鉴别授权用户方式

```
Switch(config)#line vty 0 4
Switch(config-line)#login local
Switch(config-line)#exit
Switch(config)#enable password ccc
```

由于 Telnet 是终端仿真协议,用于模拟终端输入方式,因此,需要在交换机仿真终端配置模式下配置鉴别授权用户的方式。

line vty 0 4 是全局模式下使用的命令,该命令的作用是从全局模式进入仿真终端配置模式。一旦进入仿真终端配置模式,命令提示符从 Switch(config)# 变为 Switch(config-line)#。

login local 是仿真终端配置模式下使用的命令,该命令的作用是指定用本地创建的用户名和口令来鉴别登录用户身份。

enable password ccc 是全局模式下使用的命令,该命令的作用是设置进入特权模式时使用的口令 ccc。如果不对交换机进入特权模式设置口令,用户通过 Telnet 远程登录交换机后的访问权限是很低的。

2.4.4 实验步骤

(1) 为三个交换机定义 VLAN 1 对应的 IP 接口,为 IP 接口配置 IP 地址和子网掩码,由于交换式以太网属于单个网络(不是由路由器实现互连的互连网络),因此,交换机的管理地址与终端配置的 IP 地址必须有着相同的网络地址 192.1.1.0/24。这个过程必须通过交换机命令行配置过程完成。

(2) 为每一个交换机定义授权用户的用户名和口令。三个交换机可以定义不同的授权用户标识信息,如交换机 Switch1 定义的授权用户标识信息为用户名 aaa1,口令 bbb1。交换机 Switch2 定义的授权用户标识信息为用户名 aaa2,口令 bbb2。通过配置指定用本地定义的授权用户标识信息鉴别登录用户身份。

(3) 为每一个交换机设置进入特权模式时使用的口令。

(4) 进入 PC0 命令提示符,通过在 PC0 命令提示符下输入命令 Telnet 192.1.1.11 启动如图 2.21 所示的交换机 Switch1 的远程登录过程。完成远程登录过程后,可以通过 PC0 对交换机 Switch1 进行配置。

(5) 进入 PC1 命令提示符,通过在 PC1 命令提示符下输入命令 Telnet 192.1.1.12 启动如图 2.22 所示的交换机 Switch2 的远程登录过程。完成远程登录过程后,可以通过 PC1 对交换机 Switch2 进行配置。

2.4.5 命令行配置过程

1. Switch1 命令行配置过程

```
Switch>enable
Switch#configure terminal
Switch(config)#hostname Switch1
```

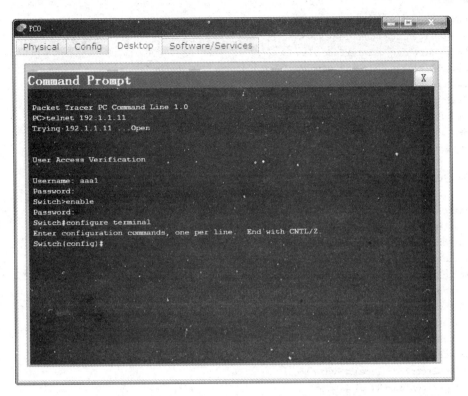

图 2.21　PC0 远程登录和配置 Switch1 的过程

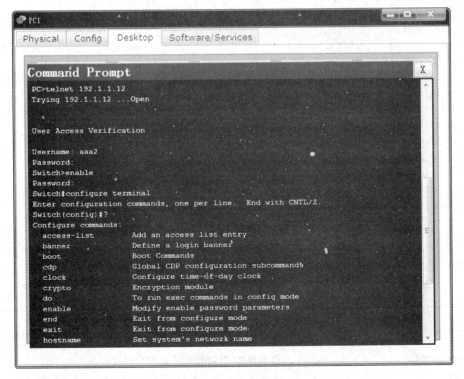

图 2.22　PC1 远程登录和配置 Switch2 的过程

```
Switch1(config)# username aaa1 password bbb1
Switch1(config)# enable password ccc1
Switch1(config)# interface vlan 1
Switch1(config-if)# ip address 192.1.1.11 255.255.255.0
Switch1(config-if)# no shutdown
Switch1(config-if)# exit
Switch1(config)# line vty 0 4
Switch1(config-line)# login local
Switch1(config-line)# exit
```

2．Switch2 命令行配置过程

```
Switch> enable
Switch# configure terminal
Switch(config)# hostname Switch2
Switch2(config)# username aaa2 password bbb2
Switch2(config)# enable password ccc2
Switch2(config)# interface vlan 1
Switch2(config-if)# ip address 192.1.1.12 255.255.255.0
Switch2(config-if)# no shutdown
Switch2(config-if)# exit
Switch2(config)# line vty 0 4
Switch2(config-line)# login local
Switch2(config-line)# exit
```

3．Switch3 命令行配置过程

```
Switch> enable
Switch# configure terminal
Switch(config)# hostname Switch3
Switch3(config)# username aaa3 password bbb3
Switch3(config)# enable password ccc3
Switch3(config)# interface vlan 1
Switch3(config-if)# ip address 192.1.1.13 255.255.255.0
Switch3(config-if)# no shutdown
Switch3(config-if)# exit
Switch3(config)# line vty 0 4
Switch3(config-line)# login local
Switch3(config-line)# exit
```

4．命令列表

交换机命令行配置过程中使用的命令及功能说明如表 2.1 所示。

表 2.1 命令列表

命令格式	功能和参数说明
enable	没有参数，从用户模式进入特权模式
configure terminal	没有参数，从特权模式进入全局模式
hostname *name*	为网络设备指定名称，参数 *name* 是作为名称的字符串

续表

命令格式	功能和参数说明
interface vlan *vlan-id*	定义由参数 *vlan-id* 指定的 VLAN 对应的 IP 接口，并进入接口配置模式
ip address *ip-address subnet-mask*	为接口配置 IP 地址和子网掩码。参数 *ip-address* 是需要配置的 IP 地址，参数 *subnet-mask* 是需要配置的子网掩码
no shutdown	没有参数，开启某个交换机端口或 IP 接口
exit	没有参数，退出当前模式，回到上一层模式
username *name* password *password*	定义用户名和口令，参数 *name* 是定义的用户名，参数 *password* 是定义的口令
line vty 0 4	固定用法，进入仿真终端配置模式
login local	固定用法，指定用本地定义的授权用户信息鉴别登录用户身份
no cdp run	停止运行 CDP
clear mac-address-table	清空交换机转发表

第3章 虚拟局域网实验

通过虚拟局域网实验帮助读者深刻理解虚拟局域网产生的原因、作用和实现机制。掌握将一个大型物理以太网上划分为多个虚拟局域网的过程。深入了解属于每一个虚拟局域网的终端具有物理位置无关性、每一个虚拟局域网就是一个逻辑上独立的网络和每一个虚拟局域网就是一个独立的广播域等虚拟局域网特性。

3.1 单交换机 VLAN 配置实验

3.1.1 实验目的

一是完成交换机虚拟局域网(Virtual LAN,VLAN)配置过程。二是验证属于同一 VLAN 的终端之间的通信过程。三是验证每一个 VLAN 为独立的广播域。四是验证属于不同 VLAN 的两个终端之间不能通信。五是验证转发项和 VLAN 的对应关系。

3.1.2 实验原理

网络结构和 VLAN 配置如图 3.1 所示,交换机默认状态下所有端口属于默认 VLAN——VLAN 1,因此,在完成如图 3.1 所示的交换机 VLAN 配置前,先验证连接六个终端的交换机端口属于同一个广播域。为了测试广播域,需要构建以广播地址为目的地址的 MAC 帧。Packet Tracer 支持 ARP,而 ARP 请求报文是以广播地址为目的地址的广播帧,为了使终端产生 ARP 请求报文,需要清空终端的 ARP 缓冲器,因此需要在终端命令提示符下输入命令 arp -d。

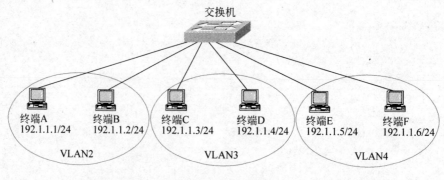

图 3.1 VLAN 配置

完成如图 3.1 所示的交换机 VLAN 配置后,再次通过发送 ARP 请求报文验证广播域范围为分配给每一个 VLAN 的交换机端口。

每一个 VLAN 是逻辑上独立的网络,因此,属于不同 VLAN 的终端应该分配网络号不同的 IP 地址,图 3.1 之所以对属于不同 VLAN 的终端分配具有相同网络号的 IP 地址是为了验证属于不同 VLAN 的终端之间不能通信,即使它们分配了具有相同网络号的 IP 地址。

转发表中的每一项转发项具有 VLAN ID,因此,转发项是 VLAN 相关的。

3.1.3 关键命令说明

Packet Tracer 可以通过图形接口完成 VLAN 配置过程,下一节实验步骤中将讨论通过图形接口完成如图 3.1 所示的 VLAN 配置的步骤和方法。但图形接口仅仅是 Packet Tracer 为了方便初学者配置 Cisco 网络设备提供的一种工具,读者真正需要掌握的是命令行接口配置网络设备的过程,这也是实际配置 Cisco 网络设备的主要方法。

交换机 VLAN 配置过程分为二个步骤:一是根据需要在交换机上创建多个 VLAN,默认情况下交换机只有一个 VLAN——VLAN 1;二是将交换机端口分配给不同的 VLAN。

1. 创建 VLAN

```
Switch(config)#vlan 2
Switch(config-vlan)#name aabb
Switch(config-vlan)#exit
Switch(config)#
```

vlan 2 是全局模式下使用的命令,该命令的作用:一是创建一个编号为 2(VLAN ID=2)的 VLAN,二是进入该 VLAN 的配置模式。

name aabb 是特定 VLAN 配置模式下使用的命令,该命令的作用是为特定 VLAN(这里是编号为 2 的 VLAN)定义一个名字 aabb。通常情况下为特定 VLAN 起一个用于标识该 VLAN 的地理范围或作用的名字,如 Computer-ROOM。

通过 exit 命令退出 VLAN 配置模式,回到全局模式。

2. 将交换机端口分配给 VLAN

1) 分配接入端口

```
Switch(config)#interface FastEthernet0/1
Switch(config-if)#switchport mode access
Switch(config-if)#switchport access vlan 2
Switch(config-if)#exit
Switch(config)#
```

interface FastEthernet0/1 是全局模式下使用的命令,该命令的作用是进入交换机端口 FastEthernet0/1 的接口配置模式,交换机 24 个端口的编号为 FastEthernet0/1 ~ FastEthernet0/24。

switchport mode access 是接口配置模式下使用的命令,该命令的作用是将特定交换机端口(这里是 FastEthernet0/1)指定为接入端口,接入端口是非标记端口,也不是共享端口,从该端口输入/输出的 MAC 帧不携带 VLAN ID。

switchport access vlan 2 是接口配置模式下使用的命令,该命令的作用是将指定交换机端口(这里是 FastEthernet0/1)作为接入端口分配给编号为 2 的 VLAN(VLAN ID=2 的 VLAN)。

通过 exit 命令退出接口配置模式,回到全局模式。

2) 分配共享端口

```
Switch(config)# interface FastEthernet0/2
Switch(config-if)# switchport mode trunk
Switch(config-if)# switchport trunk allowed vlan 2-4,6
Switch(config-if)# exit
Switch(config)#
```

同样通过在全局模式输入命令 interface FastEthernet0/1 进入特定交换机端口的接口配置模式。switchport mode trunk 是接口配置模式下使用的命令,其作用是将指定交换机端口(这里是 FastEthernet0/2)指定为主干端口,主干端口既是共享端口又是标记端口,除了属于本地 VLAN 的 MAC 帧外,其他从该端口输入/输出的 MAC 帧携带该 MAC 帧所属 VLAN 的 VLAN ID。

switchport trunk allowed vlan 2-4,6 是接口配置模式下使用的命令,该命令的作用是指定共享指定交换机端口(这里是 FastEthernet0/2)的 VLAN 集合,"2-4,6"表示 VLAN 集合由编号 2~编号 4 的三个 VLAN,和编号为 6 的 VLAN 组成。该命令表明端口 FastEthernet0/2 被编号 2~编号 4 的三个 VLAN,和编号为 6 的 VLAN(共四个 VLAN)共享。

3.1.4 实验步骤

(1) 启动 Packet Tracer,在逻辑工作区根据图 3.1 所示网络结构放置和连接设备,按照图 3.1 所示终端配置信息为各个终端配置 IP 地址和子网掩码。为了了解默认 VLAN 对应的广播域,查看广播帧传输过程。在模式选择栏选择模拟操作模式,单击 Edit Filters 按钮,弹出报文类型过滤框,只选中 ARP 报文类型,如图 3.2 所示。ARP 请求报文是以广播地址为目的地址的广播帧,终端发送 ARP 请求报文的前提是 ARP 缓冲器中没有目的终端 IP 地址对应的地址解析结果,因此,如图 3.3 所示,在终端 PC0 命令提示符下,通过输入命令 arp-d 清空 PC0 的 ARP 缓冲器。通过公共工具栏中的简单报文工具启动 PC0 和 PC1 之间的 Ping 操作,PC0 为了解析出 PC1 的 MAC 地址,首先广播一个 ARP 请求报文,PC0 发送的 ARP 请求报文被交换机广播到其他 5 个终端,如图 3.4 所示。

(2) 重新选择实时操作模式,单击交换机 Switch0,弹出交换机配置界面,单击 VLAN Database,弹出创建 VLAN 界面,如图 3.5 所示,输入新创建的 VLAN 的编号和 VLAN 名,单击 Add 按钮,完成一个 VLAN 的创建。重复上述操作,创建 VLAN 2、VLAN 3 和 VLAN 4。值得强调的是,除了极个别配置操作,图形接口可以实现的配置操作,命令行接口同样可以,3.1.5 节命令行配置过程将给出需要通过命令行接口输入的完整命令序列。

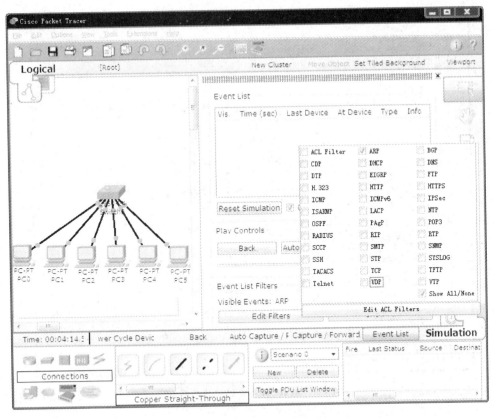

图 3.2 模拟操作模式界面

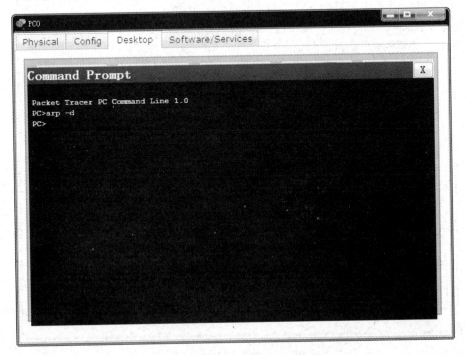

图 3.3 PC0 清空 ARP 缓冲器命令

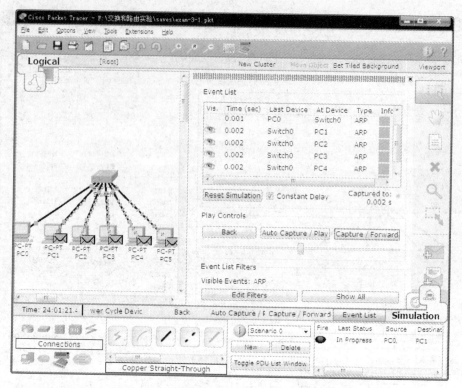

图 3.4 默认 VLAN 对应的广播域

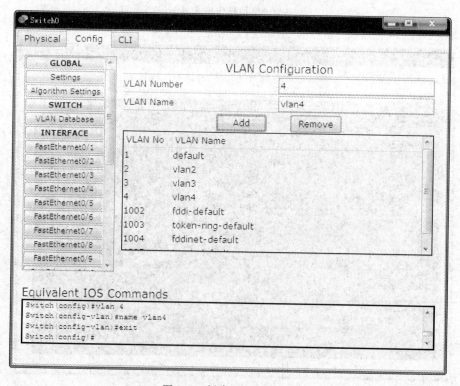

图 3.5 创建 VLAN 界面

（3）单击连接 PC0 的交换机端口 FastEthernet0/1,弹出接口配置界面,如图 3.6 所示,端口类型选择 Access,端口所属 VLAN 选择 VLAN 2,依次操作,将交换机端口 FastEthernet0/2 分配给 VLAN 2,将交换机端口 FastEthernet0/3、FastEthernet0/4 分配给 VLAN 3,将交换机端口 FastEthernet0/5、FastEthernet0/6 分配给 VLAN 4。Cisco 交换机配置中,Access 本义是接入端口,由于接入端口直接连接终端,只能是非标记端口,因此,Access 等同于非标记端口。对于 Cisco 设备,非标记端口只能分配给单个 VLAN。

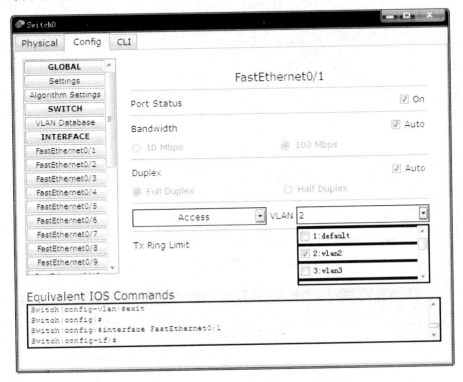

图 3.6 将交换机端口分配给 VLAN 界面

（4）完成如图 3.1 所示 VLAN 配置后,只能实现 PC0 和 PC1 之间的 Ping 操作,PC2 和 PC3 之间的 Ping 操作,PC4 和 PC5 之间的 Ping 操作。无法实现其他终端之间的 Ping 操作。完成属于相同 VLAN 的终端之间的 Ping 操作后,交换机生成如图 3.7 所示的转发表。需要强调的是,由于每一个 VLAN 只连接两个终端,因此,针对每一个 VLAN,只存在两项转发项。

（5）重新进行步骤(1)的 ARP 请求报文广播过程,发现 PC0 发送的 ARP 请求报文只被交换机广播到 PC1,如图 3.8 所示。

3.1.5 命令行配置过程

1. Switch0 命令行配置过程

```
Switch > enable
Switch # configure terminal
Switch(config) # vlan 2
```

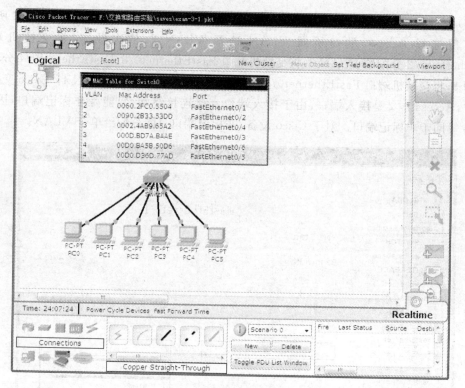

图 3.7 交换机转发表

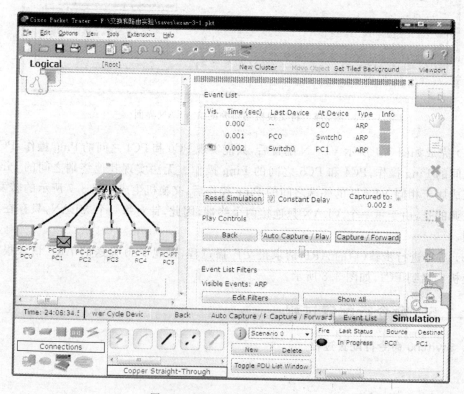

图 3.8 VLAN 2 对应的广播域

```
Switch(config-vlan)#name vlan2
Switch(config-vlan)#exit
Switch(config)#vlan 3
Switch(config-vlan)#name vlan3
Switch(config-vlan)#exit
Switch(config)#vlan 4
Switch(config-vlan)#name vlan4
Switch(config-vlan)#exit
Switch(config)#interface FastEthernet0/1
Switch(config-if)#switchport mode access
Switch(config-if)#switchport access vlan 2
Switch(config-if)#exit
Switch(config)#interface FastEthernet0/2
Switch(config-if)#switchport mode access
Switch(config-if)#switchport access vlan 2
Switch(config-if)#exit
Switch(config)#interface FastEthernet0/3
Switch(config-if)#switchport mode access
Switch(config-if)#switchport access vlan 3
Switch(config-if)#exit
Switch(config)#interface FastEthernet0/4
Switch(config-if)#switchport mode access
Switch(config-if)#switchport access vlan 3
Switch(config-if)#exit
Switch(config)#interface FastEthernet0/5
Switch(config-if)#switchport mode access
Switch(config-if)#switchport access vlan 4
Switch(config-if)#exit
Switch(config)#interface FastEthernet0/6
Switch(config-if)#switchport mode access
Switch(config-if)#switchport access vlan 4
Switch(config-if)#exit
```

2．命令列表

交换机命令行配置过程中使用的命令及功能说明如表 3.1 所示。

表 3.1 命令列表

命 令 格 式	参数和功能说明
vlan *vlan-id*	创建编号由参数 *vlan-id* 指定的 VLAN
name *name*	为 VLAN 指定便于用户理解和记忆的名字，参数 *name* 是用户为 VLAN 分配的名字
interface *port*	进入由参数 *port* 指定的交换机端口对应的接口配置模式
switchport mode {access | dynamic | trunk}	将交换机端口模式指定为以下三种模式之一，接入端口（**access**）、标记端口（**trunk**）、根据链路另一端端口模式确定端口模式的动态端口（**dynamic**）
switchport access vlan *vlan-id*	将端口作为接入端口分配给由参数 *vlan-id* 指定的 VLAN
switchport trunk allowed vlan *vlan-list*	标记端口被由参数 *vlan-list* 指定的一组 VLAN 共享

3.2 跨交换机 VLAN 配置实验

3.2.1 实验目的

一是完成复杂交换式以太网设计。二是实现跨交换机 VLAN 划分。三是验证接入端口和标记端口之间的区别。四是验证 802.1Q 标准 MAC 帧格式。五是验证属于同一 VLAN 的终端之间的通信过程。六是验证属于不同 VLAN 的两个终端之间不能通信。

3.2.2 实验原理

1. 创建 VLAN 和为 VLAN 分配交换机端口过程

网络结构如图 3.9 所示,要求按照表 3.2 所示的终端和 VLAN 之间关系配置 VLAN。由于每一个 VLAN 都包含连接在不同交换机上的终端,使得表 3.2 中的每一个 VLAN 都是跨交换机 VLAN。在交换机配置过程中,如果仅仅只有属于单个 VLAN 的交换路径经过某个交换机端口,将该交换机端口作为接入端口分配给该 VLAN,如果有属于不同 VLAN 的多条交换路径经过某个交换机端口,将该交换机端口配置为被这些 VLAN 共享的共享端口。如果某个交换机直接连接属于某个 VLAN 的终端,该交换机中需要创建该 VLAN。虽然某个交换机没有直接连接属于某个 VLAN 的终端,但只要有属于该 VLAN 的交换路径经过该交换机中的端口,该交换机也需要创建该 VLAN。如图 3.9 中的交换机 S2,虽然没有直接连接属于 VLAN 4 的终端,但由于属于 VLAN 4 的终端 C 至终端 D 的交换路径经过交换机 S2 的端口 1 和端口 2,交换机 S2 中也需创建 VLAN 4。根据上述创建 VLAN、为 VLAN 分配交换机端口的原则,为了实现表 3.2 所示的 VLAN 与终端之间关系,需要根据表 3.3 所示内容在各个交换机创建 VLAN 并为每一个 VLAN 分配交换机端口。

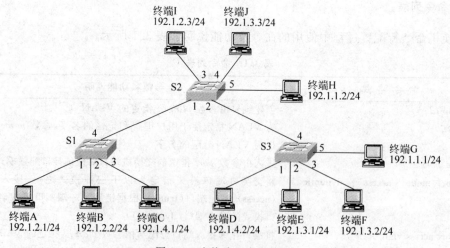

图 3.9 交换式以太网结构

表 3.2　终端和 VLAN 之间关系

VLAN	终　　　端	VLAN	终　　　端
VLAN 1	终端 G,终端 H	VLAN 3	终端 E,终端 F,终端 J
VLAN 2	终端 A,终端 B,终端 I	VLAN 4	终端 C,终端 D

表 3.3　VLAN 与交换机端口之间关系

交换机	接入端口（Access）	VLAN	标记端口（Trunk）	共享 VLAN
交换机 Switch1	FastEthernet0/1	VLAN 2	FastEthernet0/4	VLAN 2、VLAN 4
	FastEthernet0/2	VLAN 2		
	FastEthernet0/3	VLAN 4		
交换机 Switch2	FastEthernet0/3	VLAN 2	FastEthernet0/1	VLAN 2、VLAN 4
	FastEthernet0/4	VLAN 3	FastEthernet0/2	VLAN 1、VLAN 3、VLAN 4
	FastEthernet0/5	VLAN 1		
交换机 Switch3	FastEthernet0/1	VLAN 4	FastEthernet0/4	VLAN 1、VLAN 3、VLAN 4
	FastEthernet0/2	VLAN 3		
	FastEthernet0/3	VLAN 3		
	FastEthernet0/5	VLAN 1		

2. 端口模式与 MAC 帧格式之间的关系

从接入端口输入/输出的 MAC 帧不携带 VLAN ID,是普通的 MAC 帧格式。从共享端口输入/输出的 MAC 帧,除属于本地 VLAN 的 MAC 帧外,其他 MAC 帧携带该 MAC 帧所属 VLAN 的 VLAN ID。本地 VLAN 可以通过配置确定,默认配置下,VLAN 1 是本地 VLAN。因此,对于通过共享端口输出的 MAC 帧,如果该 MAC 帧是两个属于 VLAN 1 的终端之间传输的 MAC 帧,该 MAC 帧格式是普通 MAC 帧格式。如果该 MAC 帧是两个属于其他相同 VLAN 的终端之间传输的 MAC 帧,该 MAC 帧格式是 802.1Q 标准 MAC 帧格式(携带 VLAN ID 的 MAC 帧格式)。

3.2.3　实验步骤

(1) 启动 Packet Tracer,在逻辑工作区根据图 3.9 所示网络结构放置和连接网络设备,放置和连接网络设备后的逻辑工作区界面如图 3.10 所示。按照图 3.9 所示的终端配置信息为各个终端配置 IP 地址和子网掩码。

(2) 按照表 3.3 所示内容在各个交换机中创建 VLAN,在 Switch1 中创建 VLAN 2 和 VLAN 4,在 Switch2 中创建 VLAN 2、VLAN 3 和 VLAN 4,在 Switch3 中创建 VLAN 3 和 VLAN 4。Switch3 中创建 VLAN 的界面如图 3.11 所示。

(3) 按照表 3.3 所示内容为各个 VLAN 分配交换机端口,对于交换机 Switch3,需要将 FastEthernet0/1 端口作为接入端口分配给 VLAN 4,将 FastEthernet0/2 端口和

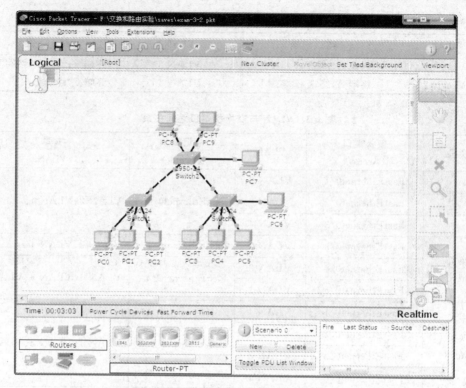

图 3.10 放置和连接设备后的逻辑工作区界面

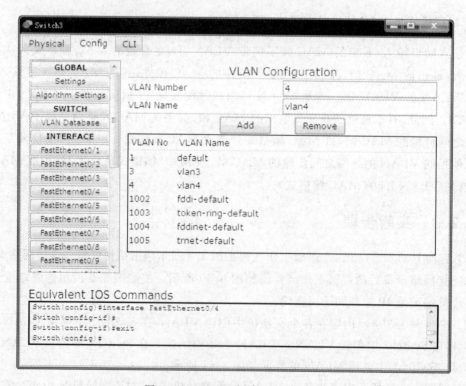

图 3.11 Switch3 创建 VLAN 界面

FastEthernet0/3 端口作为接入端口分配给 VLAN 3，将 FastEthernet0/4 端口配置为被 VLAN 1、VLAN 3 和 VLAN 4 共享的共享端口。默认状态下，所有交换机端口作为接入端口分配给 VLAN 1，因此，无需将 FastEthernet0/5 端口作为接入端口分配给 VLAN 1。将交换机 Switch3 的 FastEthernet0/4 端口配置为被 VLAN 1、VLAN 3 和 VLAN 4 共享的共享端口的界面如图 3.12 所示。

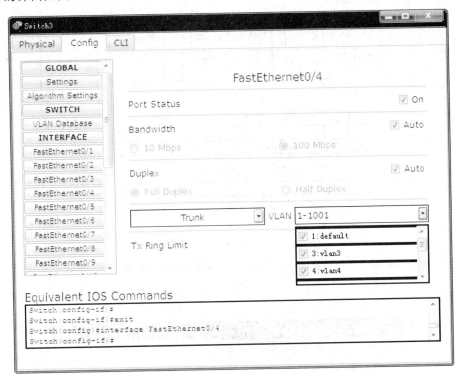

图 3.12　将 FastEthernet0/4 端口配置为共享端口的界面

（4）启动 PC5 至 PC9 的 MAC 帧传输过程，由于交换机 Switch3 的 FastEthernet0/4 端口是被 VLAN 1、VLAN 3 和 VLAN 4 共享的共享端口，因此，该 MAC 帧经过交换机 Switch3 的 FastEthernet0/4 端口输出时，携带 VLAN 3 对应的 VLAN ID(3)。MAC 帧格式如图 3.13 所示，标记协议标识符（Tag Protocol Identifier，TPID）字段值为十六进制 8100，表示是 802.1Q 标准 MAC 帧，这里的标记控制信息（Tag Control Information，TCI）字段值就是 VLAN ID。TCI=3 表示 VLAN ID=3。同样，PC3 发送给 PC2 的 MAC 帧经过交换机 Switch3 的 FastEthernet0/4 端口输出时，携带 VLAN 4 对应的 VLAN ID(4)，如图 3.14 所示。由于默认状态下，VLAN 1 是本地 VLAN，属于本地 VLAN 的 MAC 帧经过共享端口输出时不携带 VLAN ID，PC6 发送给 PC7 的 MAC 帧经过交换机 Switch3 的 FastEthernet0/4 端口输出时的格式如图 3.15 所示，是普通的 MAC 帧格式。需要说明的是，802.1Q 标准 MAC 帧紧跟 TCI 字段的是普通 MAC 帧中的类型字段，因为该 MAC 帧封装了 IP 分组，类型字段值应该是十六进制 0800。

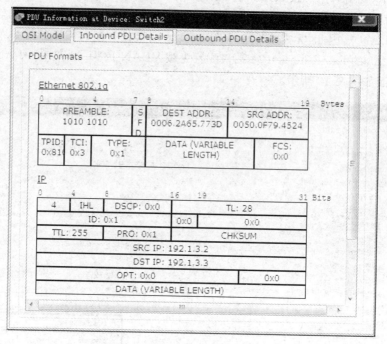

图 3.13 PC5 发送给 PC9 的 MAC 帧经过共享端口输出时的格式

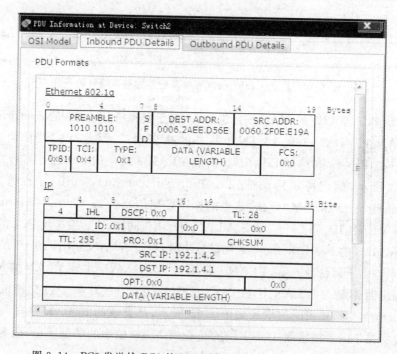

图 3.14 PC3 发送给 PC2 的 MAC 帧经过共享端口输出时的格式

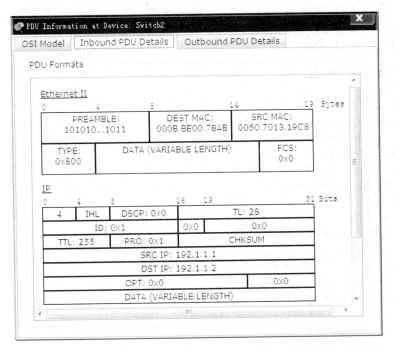

图 3.15　PC6 发送给 PC7 的 MAC 帧经过共享端口输出时的格式

3.2.4　命令行配置过程

1. Switch1 命令行配置过程

```
Switch > enable
Switch # configure terminal
Switch(config) # hostname Switch1
Switch1(config) # vlan 2
Switch1(config-vlan) # name vlan2
Switch1(config-vlan) # exit
Switch1(config) # vlan 4
Switch1(config-vlan) # name vlan4
Switch1(config-vlan) # exit
Switch1(config) # interface FastEthernet0/1
Switch1(config-if) # switchport mode access
Switch1(config-if) # switchport access vlan 2
Switch1(config-if) # exit
Switch1(config) # interface FastEthernet0/2
Switch1(config-if) # switchport mode access
Switch1(config-if) # switchport access vlan 2
Switch1(config-if) # exit
Switch1(config) # interface FastEthernet0/3
Switch1(config-if) # switchport mode access
Switch1(config-if) # switchport access vlan 4
Switch1(config-if) # exit
Switch1(config) # interface FastEthernet0/4
```

```
Switch1(config-if)#switchport mode trunk
Switch1(config-if)#switchport trunk allowed vlan 2,4
Switch(config-if)#exit
```

2. Switch2 配置过程

```
Switch>enable
Switch#configure terminal
Switch(config)#hostname Switch2
Switch2(config)#vlan 2
Switch2(config-vlan)#name vlan2
Switch2(config-vlan)#exit
Switch2(config)#vlan 3
Switch2(config-vlan)#name vlan3
Switch2(config-vlan)#exit
Switch2(config)#vlan 4
Switch2(config-vlan)#name vlan4
Switch2(config-vlan)#exit
Switch2(config)#interface FastEthernet0/1
Switch2(config-if)#switchport mode trunk
Switch2(config-if)#switchport trunk allowed vlan 2,4
Switch2(config-if)#exit
Switch2(config)#interface FastEthernet0/2
Switch2(config-if)#switchport mode trunk
Switch2(config-if)#switchport trunk allowed vlan 1,3,4
Switch2(config-if)#exit
Switch2(config)#interface FastEthernet0/3
Switch2(config-if)#switchport mode access
Switch2(config-if)#switchport access vlan 2
Switch2(config-if)#exit
Switch2(config)#interface FastEthernet0/4
Switch2(config-if)#switchport mode access
Switch2(config-if)#switchport access vlan 3
Switch2(config-if)#exit
```

3. Switch3 配置过程

```
Switch>enable
Switch#configure terminal
Switch(config)#hostname Switch3
Switch3(config)#vlan 3
Switch3(config-vlan)#name vlan3
Switch3(config-vlan)#exit
Switch3(config)#vlan 4
Switch3(config-vlan)#name vlan4
Switch3(config-vlan)#exit
Switch3(config)#interface FastEthernet0/1
Switch3(config-if)#switchport mode access
Switch3(config-if)#switchport access vlan 4
Switch3(config-if)#exit
Switch3(config)#interface FastEthernet0/2
```

```
Switch3(config-if)#switchport mode access
Switch3(config-if)#switchport access vlan 3
Switch3(config-if)#exit
Switch3(config)#interface FastEthernet0/3
Switch3(config-if)#switchport mode access
Switch3(config-if)#switchport access vlan 3
Switch3(config-if)#exit
Switch3(config)#interface FastEthernet0/4
Switch3(config-if)#switchport mode trunk
Switch3(config-if)#switchport trunk allowed vlan 1,3,4
Switch3(config-if)#exit
```

3.3 交换机配置实验

3.3.1 实验目的

2.4 节交换机配置实验在交换机中定义 VLAN 1 对应的 IP 接口,并为该 IP 接口分配 IP 地址和子网掩码,为该 IP 接口分配的 IP 地址成为该交换机的管理地址,终端可以通过该 IP 地址完成远程登录过程。事实上,可以在交换机中定义任意 VLAN 对应的 IP 接口,为该 IP 接口分配的 IP 地址同样成为该交换机的管理地址,但只有属于该 VLAN 的终端才能访问该 IP 接口。因此,本实验的实验目的有三方面:一是完成在图 3.9 中的交换机 S2 中定义 VLAN 3 对应的 IP 接口,并为该 IP 接口分配 IP 地址的过程;二是验证只有属于 VLAN 3 的终端才能远程登录交换机 S2;三是完成终端远程配置交换机的过程。

3.3.2 实验原理

本实验在 3.2 节完成的跨交换机 VLAN 配置实验的基础上进行。在交换机 Switch2 中定义 VLAN 3 对应的 IP 接口,为该 IP 接口分配 IP 地址和子网掩码 192.1.3.12/24,该 IP 地址必须与分配给属于 VLAN 3 的终端的 IP 地址有着相同的网络号。因此只有属于 VLAN 3 的终端才能访问到该 IP 接口,图 3.10 中,只允许终端 PC4、PC5 和 PC9 远程登录交换机 Switch2。某个终端远程登录交换机 Switch2 后,可以通过命令行接口对交换机 Switch2 进行远程配置。

3.3.3 实验步骤

(1) 通过 3.3.4 节命令行配置过程中给出的命令序列,对交换机 Switch2 定义 VLAN 3 对应的 IP 接口,为该 IP 接口分配 IP 地址和子网掩码 192.1.3.12/24。同时定义用户名为 aaa1、口令为 bbb1 的授权用户,配置进入特权模式时使用的口令 ccc1。要求用本地配置的授权用户信息鉴别登录用户身份。需要指出的是,一旦对交换机 Switch2 定义 VLAN 3 对应的 IP 接口,并为该 IP 接口分配 IP 地址和子网掩码,该 IP 接口自动开启,无需通过输入命令 no shutdown 开启,这是其他 VLAN 对应的 IP 接口与 VLAN 1 对应的 IP 接口的区别。

（2）进入 PC4 的命令行提示符，通过输入命令 telnet 192.1.3.12 开始 Switch2 的远程登录过程，登录过程中按照提示输入用户名 aaa1 和口令 bbb1，登录过程如图 3.16 所示。

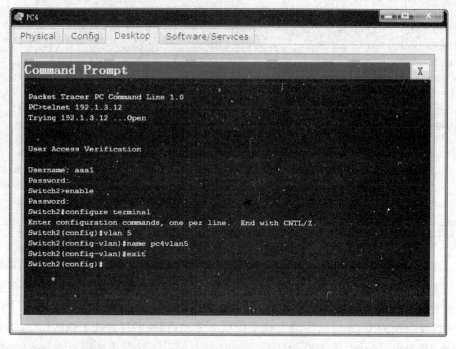

图 3.16　PC4 远程配置 Switch2 过程

（3）完成远程登录后，直接进入 Switch2 的用户模式，通过输入命令 enable 进入特权模式，按照提示，输入进入特权模式时使用的口令 ccc1。进入全局模式后，开始如图 3.16 所示的创建 VLAN 5 的过程。

（4）在 PC4 上完成 Switch2 中 VLAN 5 的创建过程后，进入 Switch2 的创建 VLAN 界面，发现 Switch2 中已经成功创建 VLAN 5，如图 3.17 所示。

（5）在属于其他 VLAN 的终端的命令提示符下输入命令 telnet 192.1.3.12，无法成功进行 Switch2 的远程登录过程，PC8 远程登录 Switch2 失败的界面如图 3.18 所示。

3.3.4　命令行配置过程

Switch2 有关远程配置的命令如下：

```
Switch2 > enable
Switch2 # configure terminal
Switch2(config) # username aaa1 password bbb1
Switch2(config) # interface vlan 3
Switch2(config-if) # ip address 192.1.3.12 255.255.255.0
Switch2(config-if) # exit
Switch2(config) # line vty 0 4
Switch2(config-line) # login local
Switch2(config-line) # exit
Switch2(config) # enable password ccc1
```

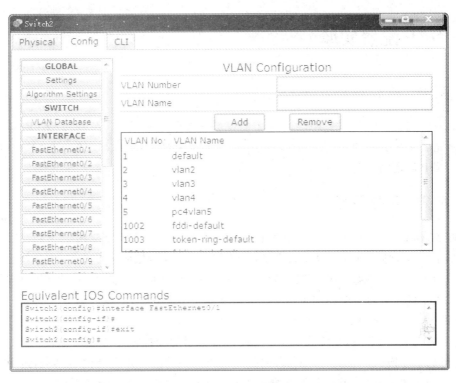

图 3.17　Switch2 成功创建 VLAN 5 的界面

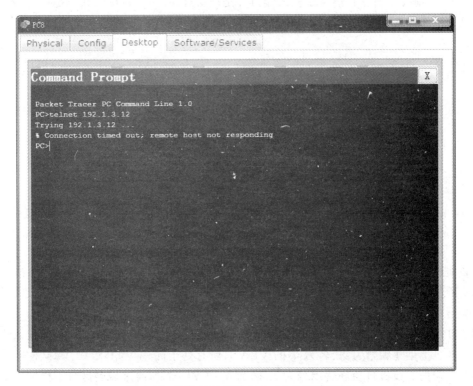

图 3.18　PC8 远程登录 Switch2 失败的界面

3.4 VTP 配置实验

3.4.1 实验目的

一是完成交换式以太网 VLAN 主干协议(VLAN Trunking Protocol,VTP)域划分过程,二是完成交换机 VTP 配置过程,三是验证交换机通过 VTP 自动创建 VLAN 的过程,四是验证 VTP 域之间的连通性。

3.4.2 实验原理

网络结构如图 3.19 所示,6 个交换机构成的交换式以太网被分成两个 VTP 域,其中域名为 abc 的 VTP 域包含交换机 S1、交换机 S2 和交换机 S3,域名为 bcd 的 VTP 域包含交换机 S4、交换机 S5 和交换机 S6。域名为 abc 的 VTP 域中,将交换机 S2 的 VTP 模式设置成服务器模式,将其他两个交换机的 VTP 模式设置成客户端模式,域名为 bcd 的 VTP 域中,将交换机 S5 的 VTP 模式设置成服务器模式,将其他两个交换机的 VTP 模式设置成客户端模式。每一个 VTP 域,只需在 VTP 模式为服务器的交换机中配置 VLAN,其他交换机自动创建与该交换机一致的 VLAN。因此,只需在交换机 S2 和交换机 S5 中通过手工配置创建编号为 2 和 3 的 VLAN,其他交换机中自动创建编号为 2 和 3 的 VLAN。VTP 自动创建 VLAN 的前提是所有互连交换机的端口都是被所有 VLAN 共享的共享端口,因此,所有交换机中用于连接交换机的端口必须被配置成被所有 VLAN 共享的共享端口。

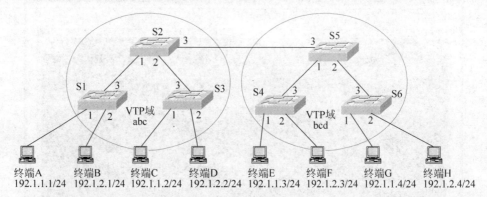

图 3.19 网络结构

必须通过手工配置将作为接入端口的交换机端口分配给各个 VLAN,因此,必须根据表 3.4 所示的终端和 VLAN 之间的关系,以手工配置的方式将所有交换机中连接终端的端口分配给对应的 VLAN。

VTP 域的划分只和交换机自动创建 VLAN 过程有关,即一旦在某个 VTP 模式为服务器的交换机上创建编号为 X、名为 Y 的 VLAN,所有处于同一 VTP 域中 VTP 模式为服务器或客户端的交换机自动创建编号为 X、名为 Y 的 VLAN。通过域名区分不同的 VTP 域,但 VTP 模式为服务器的交换机上配置的域名能够自动扩散到同一域中的其他交换机,因此,必须在处于不同域的两个域边界交换机上配置各自的域名,如图 3.19 中的交换机 S2 和交换机 S5。VTP 域的划分与属于同一 VLAN 的两个终端之间的通信过程无关,两个属于不同的 VTP 域,但属于编号相同的 VLAN 的终端之间可以相互通信,如图 3.19 中的终端 A 和终端 G。同样,两个属于相同的 VTP 域,但属于不同的 VLAN 的终端之间不能相互通信,如图 3.19 中的终端 A 和终端 B。

表 3.4 终端和 VLAN 之间关系

VLAN	终 端
VLAN 2	终端 A、终端 C、终端 E、终端 G
VLAN 3	终端 B、终端 D、终端 F、终端 H

3.4.3 关键命令说明

1. 配置域名

```
Switch(config)#vtp domain abc
```

vtp domain abc 是全局模式下使用的命令,该命令的作用是为交换机配置域名 abc。交换机默认状态下域名为 null,VTP 模式为服务器模式,因此,一旦为某个交换机配置域名,如 abc,该域名将自动扩散到整个 VTP 域中。每一个 VTP 域由域名相同的交换机组成,因此,对于交换式以太网,如果只在单个 VTP 模式为服务器的交换机上配置了域名,则整个交换式以太网就是一个 VTP 域。如果需要将交换式以太网分成多个 VTP 域,如图 3.19 所示的两个 VTP 域,必须在处于不同域的两个域边界交换机上配置各自的域名,如图 3.19 所示的交换机 S2 和交换机 S5。

2. 配置交换机 VTP 模式

```
Switch(config)#vtp mode server
Switch(config)#vtp mode client
Switch(config)#vtp mode transparent
```

vtp mode server 是全局模式下使用的命令,该命令的作用是将交换机的 VTP 模式设置成服务器,VTP 模式为服务器的交换机具有两个功能:一是一旦在该交换机上通过手工配置创建某个 VLAN,所有属于同一 VTP 域的、VTP 模式为服务器或客户端的交换机上将自动创建相同的 VLAN;二是一旦为该交换机配置域名,该域名将自动扩散到所有没有配置其他域名的交换机中。

vtp mode client 是全局模式下使用的命令,该命令的作用是将交换机的 VTP 模式设置成客户端,VTP 模式为客户端的交换机只能同步 VTP 模式为服务器的交换机的 VLAN 创建过程。VTP 模式为客户端的交换机不能通过手工配置创建 VLAN。

vtp mode transparent 是全局模式下使用的命令,该命令的作用是将交换机的 VTP 模式设置成透明,VTP 模式为透明的交换机只能转发 VTP 报文,VTP 模式为服务器的交换机的 VLAN 创建过程对其没有任何影响,同样,该交换机通过手工配置创建 VLAN 的过程对其他交换机也没有任何影响。

3. 配置 VTP 版本号

Switch (config)#vtp version 2

vtp version 2 是全局模式下使用的命令,该命令的作用是将 VTP 版本号指定为 2,Packet Tracer 支持的 VTP 版本号为 1 和 2。所有交换机必须指定相同的版本号。

3.4.4 实验步骤

(1) 启动 Packet Tracer,在逻辑工作区按照图 3.19 所示的网络结构放置和连接设备,放置和连接设备后的逻辑工作区界面如图 3.20 所示。根据图 3.19 所示的终端配置信息为各个终端配置 IP 地址和子网掩码。

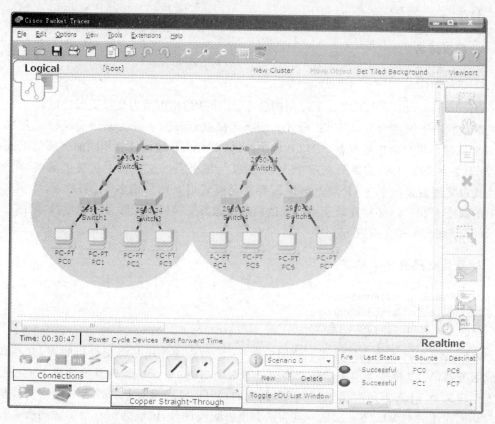

图 3.20 放置和连接设备后的逻辑工作区界面

(2) 对交换机 Switch2 和 Switch5 通过命令行配置过程分别配置域名 abc 和 bcd,生成图 3.19 所示的两个 VTP 域。通过命令行配置过程将所有交换机的 VTP 版本号指定为 2,将除交换机 Switch2 和 Switch5 外的所有其他交换机的 VTP 模式设置成客户端。

(3) 在交换机 Switch2 中创建两个 VLAN,如图 3.21 所示,发现交换机 Switch1 和 Switch3 同步创建与 Switch2 相同的两个 VLAN(编号相同,名字相同),如图 3.22 所示。但 Switch5 并没有同步创建与 Switch2 相同的两个 VLAN,如图 3.23 所示。

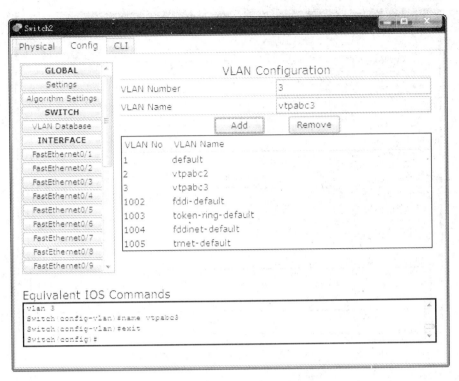

图 3.21　Switch2 创建 VLAN 界面

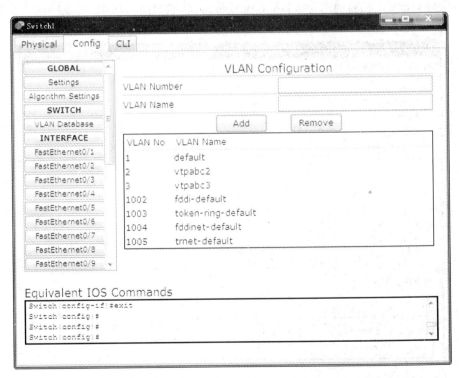

图 3.22　Switch1 同步创建与 Switch2 相同的两个 VLAN

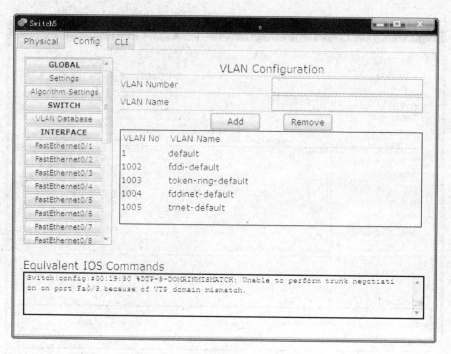

图 3.23 Switch5 没有同步创建与 Switch2 相同的两个 VLAN

(4) 在交换机 Switch5 中创建两个 VLAN,如图 3.24 所示,交换机 Switch4 和 Switch6 同步创建与 Switch5 相同的两个 VLAN(编号相同,名字相同),如图 3.25 所示。需要指出

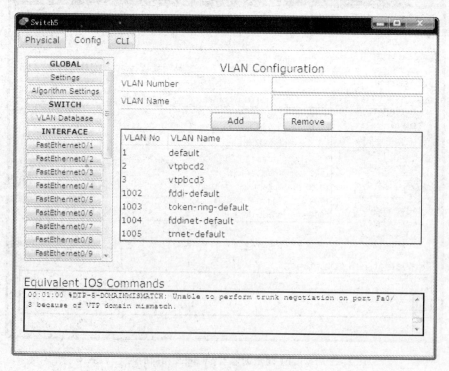

图 3.24 Switch5 创建 VLAN 界面

的是,不同交换机上创建的 VLAN,只要编号相同,便是相同的 VLAN。名字只有本地意义,同一 VLAN,不同的交换机可以有不同的名字,如交换机 Switch2 的 vtpabc2 和交换机 Switch5 的 vtpbcd2。

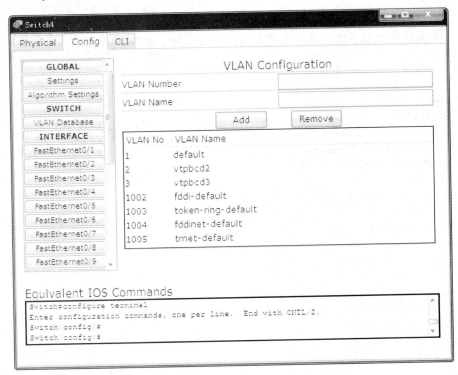

图 3.25 Switch4 同步创建与 Switch5 相同的两个 VLAN

(5) 根据表 3.4 所示的终端和 VLAN 之间的关系,通过手工配置将连接终端的交换机端口分配给各个 VLAN。通过 Ping 操作验证属于相同 VLAN 的两个终端之间的连通性,如图 3.20 中的 PC0 和 PC6。以此证明 VTP 域与属于相同 VLAN 的两个终端之间的通信过程没有关系。

3.4.5 命令行配置过程

1. Switch1 命令行配置过程

```
Switch > enable
Switch # configure terminal
Switch(config) # hostname Switch1
Switch1(config) # vtp version 2
Switch1(config) # vtp mode client
Switch1(config) # interface FastEthernet0/3
Switch1(config - if) # switchport mode trunk
Switch1(config - if) # exit
* Switch1(config) # interface FastEthernet0/1
* Switch1(config - if) # switchport mode access
* Switch1(config - if) # switchport access vlan 2
```

```
* Switch1(config - if)#exit
* Switch1(config)#interface FastEthernet0/2
* Switch1(config - if)#switchport mode access
* Switch1(config - if)#switchport access vlan 3
* Switch1(config - if)#exit
```

注：带 * 的命令需要在交换机自动创建编号为 2 和 3 的 VLAN 后输入。

2. Switch2 命令行配置过程

```
Switch>enable
Switch#configure terminal
Switch(config)#hostname Switch2
Switch2(config)#vtp version 2
Switch2(config)#vtp mode server
Switch2(config)# vtp domain abc
Switch2(config)#interface FastEthernet0/1
Switch2(config - if)#switchport mode trunk
Switch2(config - if)#exit
Switch2(config)#interface FastEthernet0/2
Switch2(config - if)#switchport mode trunk
Switch2(config - if)#exit
Switch2(config)#interface FastEthernet0/3
Switch2(config - if)#switchport mode trunk
Switch2(config - if)#exit
Switch2(config)#vlan 2
Switch2(config - vlan)#name vtpabc2
Switch2(config - vlan)#exit
Switch2(config)#vlan 3
Switch2(config - vlan)#name vtpabc3
Switch2(config - vlan)#exit
```

3. Switch5 命令行配置过程

```
Switch>enable
Switch#configure terminal
Switch(config)#hostname Switch5
Switch5(config)#vtp version 2
Switch5(config)#vtp mode server
Switch5(config)# vtp domain bcd
Switch5(config)#interface FastEthernet0/1
Switch5(config - if)#switchport mode trunk
Switch5(config - if)#exit
Switch5(config)#interface FastEthernet0/2
Switch5(config - if)#switchport mode trunk
Switch5(config - if)#exit
Switch5(config)#interface FastEthernet0/3
Switch5(config - if)#switchport mode trunk
Switch5(config - if)#exit
Switch5(config)#vlan 2
Switch5(config - vlan)#name vtpbcd2
```

```
Switch5(config-vlan)#exit
Switch5(config)#vlan 3
Switch5(config-vlan)#name vtpbcd3
Switch5(config-vlan)#exit
```

其他交换机的命令行配置过程与此相似,不再赘述。

4. 命令列表

交换机命令行配置过程中使用的命令及功能说明如表 3.5 所示。

表 3.5 命令列表

命令格式	功能和参数说明
vtp domain *domain-name*	将交换机域名设置为 *domain-name*,参数 *domain-name* 可以是任意字符串
vtp mode {**client** | **server** | **transparent**}	设置交换机 VTP 模式,可以选择的模式有 **client**、**server** 和 **transparent**
vtp version *number*	将交换机 VTP 版本号设置为 *number*,参数 *number* 的取值为 1 或 2

第 4 章

生成树实验

通过生成树实验,深刻理解生成树协议实现容错和负载均衡的机制,掌握减少生成树协议收敛时间的方法。

4.1 容错实验

4.1.1 实验目的

一是掌握交换机生成树协议配置过程。二是验证生成树协议建立生成树过程。三是验证 BPDU 报文内容和格式。四是验证生成树协议实现容错的机制。

4.1.2 实验原理

原始网络结构如图 4.1(a)所示,为了生成以交换机 S4 为根网桥的生成树,同时使交换机优先级满足如下顺序 S2＞S3＞S5＞S6,将交换机 S4 的优先级配置为 4096,将交换机 S2 的优先级配置为 8192,S3 的优先级配置为 12288,S5 的优先级配置为 16384,S6 的优先级配置为 20480,其余交换机的优先级采用默认值。生成树协议构建的生成树如图 4.1(b)所示,图中用黑色圆点标识的端口是被生成树协议阻塞的端口。该生成树既保持了交换机之间的连通性,又消除了交换机之间的环路。一旦如图 4.1(c)所示删除连接 S4 和 S5、S5 和 S7 的物理链路,交换机 S5 和 S7 与其他交换机之间的连通性遭到破坏。生成树协议能够自动监测到网络拓扑结构发生的变化,通过自动调整阻塞端口,重新构建如图 4.1(d)所示的生成树,重新构建的生成树既保证了交换机之间的连通性,且保证交换机之间不存在环路。

4.1.3 关键命令说明

1. 选择生成树工作模式

Switch(config)# spanning-tree mode pvst
Switch(config)# spanning-tree mode rapid-pvst

spanning-tree mode pvst 是全局模式下使用的命令,该命令的作用是将交换机生成树协议的工作模式指定为基于 VLAN 的生成树(Per-Vlan spanning tree,PVST)模式。基于

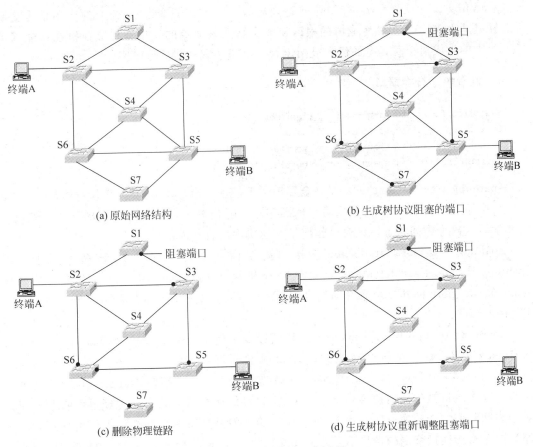

图 4.1 生成树协议工作过程

VLAN 的生成树(Per-Vlan spanning tree,PVST)模式是 Cisco 最基本的生成树工作模式,它为每一个 VLAN 构建独立的生成树。通过为不同 VLAN 对应的多个不同的生成树选择不同的根网桥,使得交换机的每一个端口和端口所连的链路都能够正常工作,以此实现容错和负载均衡。

spanning-tree mode rapid-pvst 是全局模式下使用的命令,该命令的作用是将交换机生成树协议的工作模式指定为快速收敛模式。pvst 基于生成树协议(Spanning Tree Protocol,STP),rapid-pvst 基于快速生成树协议(Rapid Spanning Tree Protocol,RSTP)。

2. 配置网桥优先级

```
Switch(config) # spanning - tree vlan 1 priority 4096
Switch(config) # spanning - tree vlan 1 root primary
```

spanning-tree vlan 1 priority 4096 是全局模式下使用的命令,该命令的作用是将交换机在构建基于 VLAN 1 的生成树中所具有的优先级指定为 4096。优先级越小的交换机越有可能成为根网桥,同时,该交换机的端口也越有可能成为指定端口。优先级只能在下列数字中选择:4096,8192,12288,16384,20480,24576,28672,32768,36864,40960,45056,49152,53248,57344,61440。

spanning-tree vlan 1 root primary 是全局模式下使用的命令,该命令的作用是将交换机设置成基于 VLAN 1 的生成树的根网桥。实际上该命令的作用是将交换机在构建基于 VLAN 1 的生成树中所具有的优先级指定为一个小于默认值的特定值。

3. 设置快速转换端口

```
Switch(config)# spanning-tree portfast default
Switch(config)# interface FastEthernet0/1
Switch(config-if)# spanning-tree portfast disable
Switch(config-if)# spanning-tree portfast trunk
```

spanning-tree portfast default 是全局模式下使用的命令,一旦交换机执行该命令,交换机端口中不是阻塞端口、且是接入端口的那些端口的状态立即转换成转发状态,无需经过侦听和学习这两个中间状态。该命令作用于交换机中所有接入端口。

spanning-tree portfast disable 是接口配置模式下使用的命令,该命令用于取消 spanning-tree portfast default 命令对该交换机接入端口的作用。上述例子中是取消 spanning-tree portfast default 命令对端口 FastEthernet0/1 的作用。前提是端口 FastEthernet0/1 是接入端口。

spanning-tree portfast trunk 是接口配置模式下使用的命令,该命令使得 spanning-tree portfast default 命令对该交换机共享端口也起作用,上述例子中是使得 spanning-tree portfast default 命令对端口 FastEthernet0/1 起作用。前提是端口 FastEthernet0/1 是共享端口。某个端口被生成树协议确定不是阻塞端口后,该端口的状态需要经过侦听和学习这两个中间状态才能转换成转发状态,这样设计的目的是为了避免交换机之间出现短暂的环路。由于直接连接终端的端口不可能引发交换机之间环路,因此,可以将这样端口的状态立即转换成转发状态。对于用于实现交换机之间互连的端口,由于这样的端口有可能引发交换机之间的环路,出于安全考虑,最好不要启动快速转换成转发状态的功能。

4.1.4 实验步骤

(1) 启动 Packet Tracer,在逻辑工作区根据图 4.1(a)所示的网络结构放置和连接设备,放置和连接设备后的逻辑工作区界面如图 4.2 所示。

(2) 进入交换机全局配置模式,根据 4.1.5 节命令行配置过程给出的各个交换机命令序列完成交换机生成树模式和优先级配置,保证交换机优先级顺序如下:Switch4 最高,Switch2>Switch3>Switch5>Switch6。

(3) 建立生成树后,各个交换机端口状态如图 4.2 所示。

(4) 进入模拟操作模式,截获交换机 Switch4 发送给交换机 Switch2 的 BPDU,BPDU 格式如图 4.3 所示,其中源 MAC 地址为交换机 Switch4 端口 3 的 MAC 地址(交换机 Switch4 用端口 3 连接交换机 Switch2),目的 MAC 地址是表示交换机中生成树协议实体的 01:80:C2:00:00:00。报文中给出的根网桥标识符是交换机 Switch4 的优先级+交换机 MAC 地址,根路径距离=0,发送网桥标识符等于根网桥标识符,端口标识符等于交换机 Switch4 端口 3 标识符。

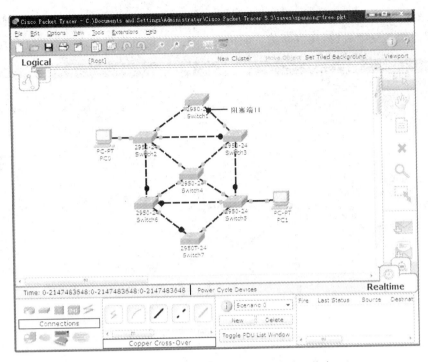

图 4.2 建立生成树后的各个交换机端口状态

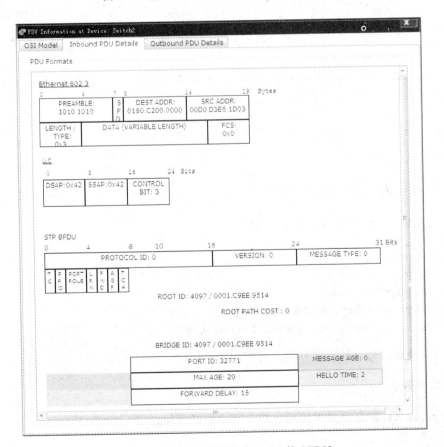

图 4.3 Switch4 发送给 Switch2 的 BPDU

（5）如图 4.4 所示，删除连接 Switch4 和 Switch5、Switch5 和 Switch7 的物理链路。生成树协议重新建立生成树，建立新的生成树后的各个交换机端口状态如图 4.4 所示。

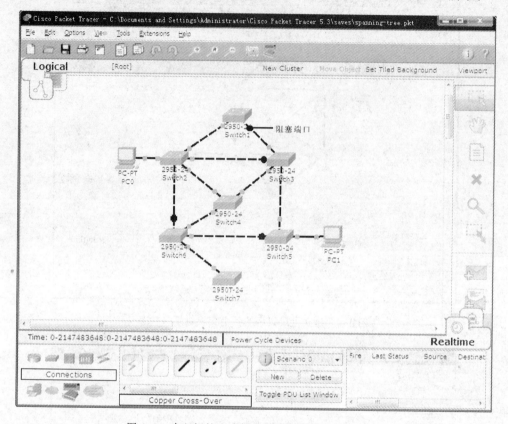

图 4.4　建立新的生成树后的各个交换机端口状态

（6）为 PC0 和 PC1 配置网络号相同的 IP 地址和子网掩码，通过 Ping 操作验证它们之间的连通性。

4.1.5　命令行配置过程

1. 交换机 Switch4 命令行配置过程

```
Switch> enable
Switch# configure terminal
Switch(config)# hostname Switch4
Switch4(config)# spanning-tree mode pvst
Switch4(config)# spanning-tree vlan 1 priority 4096
```

其他交换机的命令行配置过程与此相似，不再赘述。

2. 命令列表

交换机命令行配置过程中使用的命令及功能说明如表 4.1 所示。

表 4.1 命令列表

命令格式	功能和参数说明
spanning-tree mode ｛ pvst ｜ rapid-pvst ｝	设置交换机生成树协议工作模式,可以选择的工作模式有 **pvst** 和 **rapid-pvst**
spanning-tree vlan *vlan-id* priority *priority*	设置交换机构建基于 VLAN 的生成树时具有的优先级,参数 *vlan-id* 用于指定 VLAN,参数 *priority* 用于指定优先级
spanning-tree vlan *vlan-id* root primary	将交换机设置成基于 VLAN 的生成树的主根网桥,参数 *vlan-id* 用于指定 VLAN
spanning-tree vlan *vlan-id* root secondary	将交换机设置成基于 VLAN 的生成树的备份根网桥,参数 *vlan-id* 用于指定 VLAN。备份根网桥在主根网桥故障时作为根网桥
spanning-tree portfast default	将交换机所有接入端口设置成快速转换成转发状态方式
spanning-tree portfast disable	取消 spanning-tree portfast default 命令对指定接入端口的作用
spanning-tree portfast trunk	使得 spanning-tree portfast default 命令作用到指定共享端口

4.2 负载均衡实验

4.2.1 实验目的

一是掌握交换机生成树协议配置过程。二是验证生成树协议建立生成树过程。三是验证负载均衡过程。四是验证生成树协议实现容错的机制。

4.2.2 实验原理

网络结构如图 4.5(a)所示,终端与 VLAN 之间关系如表 4.2 所示。所谓负载均衡就是要求完成生成树构建后,图 4.5(a)中的交换机端口尽量不被阻塞,以此保证网络中的每一条链路都能承载流量。如果仅仅为了解决负载均衡问题,由于基于每一个 VLAN 构建生成树,只需根据表 4.3 所示内容为每一个 VLAN 配置端口,就可保证每一个交换机端口至少在一棵生成树中不是阻塞端口。但这种端口配置方式没有容错功能,除了互连交换机 S1 和交换机 S2 的链路,其他任何链路发生故障都将影响属于同一 VLAN 的终端之间的连通性。

根据表 4.3 所示内容为每一个 VLAN 配置端口所带来的最大问题是所有交换机之间链路都不是共享链路,导致属于同一 VLAN 的终端之间只存在单条传输路径,即根据表 4.3 所示内容划分图 4.5(a)所示网络结构产生的任何 VLAN 都是树型结构,使每一个 VLAN 都失去了容错功能。解决这一问题的关键是通过共享交换机之间的链路,使得属于同一 VLAN 的终端之间存在多条传输路径,通过构建基于 VLAN 的生成树,使得每一个 VLAN 都不存在环路。在其中一条或多条链路发生故障的情况下,通过开启一些被阻塞的端口,保证属于同一 VLAN 的终端之间的连通性。为了实现负载均衡,要求不同 VLAN 对应的生成树的阻塞端口是不同的,某个端口如果在基于某个 VLAN 的生成树中是阻塞端口,在基

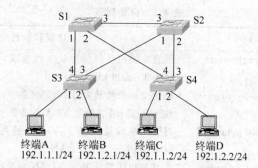
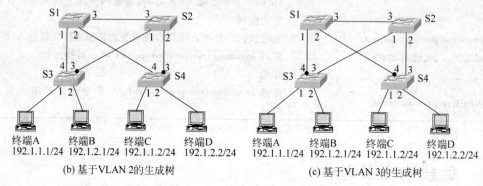

图 4.5 实现负载均衡的网络结构

表 4.2 终端和 VLAN 之间关系

VLAN	终 端
VLAN 2	终端 A、终端 C
VLAN 3	终端 B、终端 D

表 4.3 VLAN 与交换机端口之间的关系

交换机	接入端口（Access）	VLAN
交换机 S1	FastEthernet0/1	VLAN 2
	FastEthernet0/2	VLAN 2
	FastEthernet0/3	VLAN 1
交换机 S2	FastEthernet0/1	VLAN 3
	FastEthernet0/2	VLAN 3
	FastEthernet0/3	VLAN 1
交换机 S3	FastEthernet0/1	VLAN 2
	FastEthernet0/2	VLAN 3
	FastEthernet0/3	VLAN 3
	FastEthernet0/4	VLAN 2
交换机 S4	FastEthernet0/1	VLAN 2
	FastEthernet0/2	VLAN 3
	FastEthernet0/3	VLAN 3
	FastEthernet0/4	VLAN 2

于另一个 VLAN 的生成树中不再是阻塞端口。为了做到这一点,对于图 4.5(a)所示网络结构,通过配置,使得交换机 S1 和交换机 S2 分别成为基于 VLAN 2 和 VLAN 3 的生成树的根网桥,对于基于 VLAN 2 的生成树,通过配置使得交换机 S2 的优先级大于交换机 S3 和交换机 S4。对于基于 VLAN 3 的生成树,通过配置使得交换机 S1 的优先级大于交换机 S3 和交换机 S4。为了使网络的容错性达到最大化,将所有交换机之间的链路配置成被 VLAN 2 和 VLAN 3 共享的共享链路,交换机端口配置情况如表 4.4 所示。这种情况下,基于 VLAN 2 的生成树如图 4.5(b)所示,交换机 S3 端口 3 和交换机 S4 端口 3 成为阻塞端口,基于 VLAN 3 的生成树如图 4.5(c)所示,交换机 S3 端口 4 和交换机 S4 端口 4 成为阻塞端口。对于这两颗基于 VLAN 2 和 VLAN 3 的生成树,一是由于不同生成树的阻塞端口是不同的,使得所有链路都有可能承载某个 VLAN 内的流量。二是对应每一个 VLAN,属于同一 VLAN 的终端之间存在多条传输路径,在其中一条或多条链路发生故障的情况下,仍能保证属于同一 VLAN 的终端之间的连通性。

表 4.4 有容错功能的 VLAN 与交换机端口之间的关系

交换机	接入端口（Access）	VLAN	标记端口（Trunk）	共享 VLAN
交换机 S1			FastEthernet0/1	VLAN 2、VLAN 3
			FastEthernet0/2	VLAN 2、VLAN 3
			FastEthernet0/3	VLAN 2、VLAN 3
交换机 S2			FastEthernet0/1	VLAN 2、VLAN 3
			FastEthernet0/2	VLAN 2、VLAN 3
			FastEthernet0/3	VLAN 2、VLAN 3
交换机 S3	FastEthernet0/1	VLAN 2	FastEthernet0/3	VLAN 2、VLAN 3
	FastEthernet0/2	VLAN 3	FastEthernet0/4	VLAN 2、VLAN 3
交换机 S4	FastEthernet0/1	VLAN 2	FastEthernet0/3	VLAN 2、VLAN 3
	FastEthernet0/2	VLAN 3	FastEthernet0/4	VLAN 2、VLAN 3

4.2.3 实验步骤

(1) 启动 Packet Tracer,在逻辑工作区按照图 4.5(a)所示的网络结构放置和连接设备,放置和连接设备后的逻辑工作区界面如图 4.6 所示。按照图 4.5(a)所示的终端配置信息为各个终端配置 IP 地址和子网掩码。

(2) 按照表 4.3 所示内容在各个交换机中创建 VLAN,并为 VLAN 分配交换机端口,完成生成树构建后,所有交换机端口都处于转发状态,网络实现了负载均衡。

(3) 通过 Ping 操作验证属于同一 VLAN 的终端之间的连通性。进行终端 PC0 与终端 PC2 之间、终端 PC1 与终端 PC3 之间的通信过程。根据如表 4.5 所示的 PC0~PC3 的 MAC 地址,分析图 4.6 所示的交换机 Switch1 和交换机 Switch2 转发表可以得出,终端 PC0 与终端 PC2 之间传输的 MAC 帧没有经过 Switch2,终端 PC1 与终端 PC3 之间传输的 MAC 帧没有经过 Switch1。

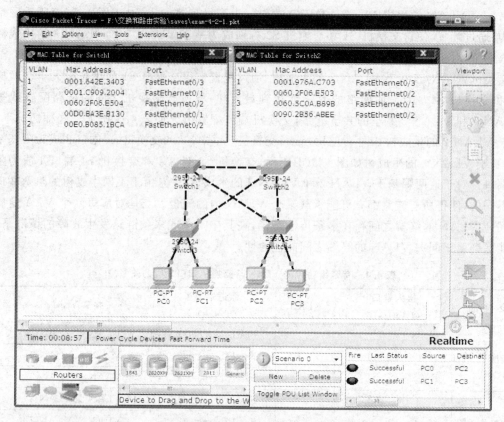

图 4.6　放置和连接设备后的逻辑工作区界面及转发表

表 4.5　终端 MAC 地址

终　　端	MAC 地址	终　　端	MAC 地址
PC0	00D0.BA3E.B130	PC2	00E0.B085.1BCA
PC1	0060.5C0A.B89B	PC3	0090.2B56.ABEE

（4）删除交换机 Switch1 与交换机 Switch4 之间链路，网络结构如图 4.7 所示，通过分析网络结构，发现终端 PC0 与终端 PC2 之间不再存在交换路径，通过 Ping 操作验证终端 PC0 与终端 PC2 之间无法相互通信。

（5）重新在逻辑工作区恢复图 4.5(a)所示网络结构，按照表 4.4 所示内容在各个交换机中创建 VLAN，并为 VLAN 分配交换机端口。按照 4.2.4 节命令行配置过程中给出的命令序列，完成各个交换机的配置过程，使得交换机 Switch1 成为基于 VLAN 2 的生成树的根网桥，交换机 Switch2 成为基于 VLAN 3 的生成树的根网桥，在构建基于 VLAN 2 的生成树的过程中，交换机 Switch2 的优先级大于交换机 Switch3 和交换机 Switch4，在构建基于 VLAN 3 的生成树的过程中，交换机 Switch1 的优先级大于交换机 Switch3 和交换机 Switch4。完成生成树构建后，所有交换机端口都处于转发状态，网络实现了负载均衡。

（6）再次通过 Ping 操作验证属于同一 VLAN 的终端之间的连通性。进行终端 PC0 与终端 PC2 之间、终端 PC1 与终端 PC3 之间的通信过程。通过分析图 4.8 所示的交换机 Switch3 和交换机 Switch4 转发表可以发现，终端 PC0 与 PC2 之间的交换路径经过

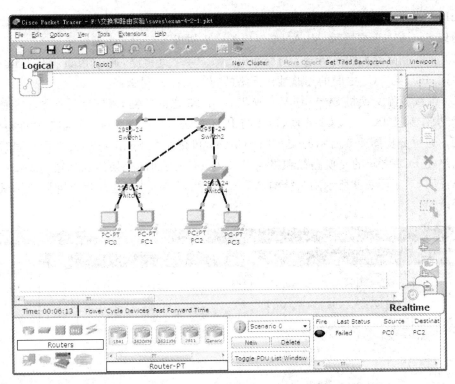

图 4.7　删除 Switch1 与 Switch4 之间链路后的网络结构

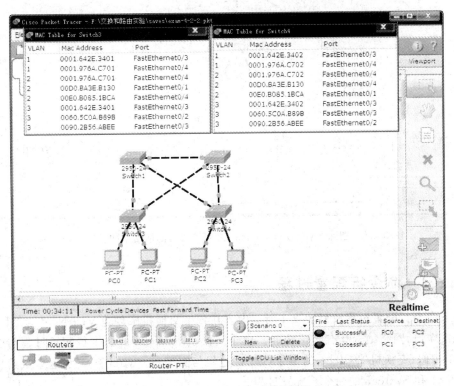

图 4.8　Switch3 和 Switch4 的转发表

Switch1,终端 PC1 与 PC3 之间的交换路径经过 Switch2。由此可以证明 VLAN 2 对应的生成树以 Switch1 为根网桥,VLAN 3 对应的生成树以 Switch2 为根网桥。

(7) 再次删除交换机 Switch1 与交换机 Switch4 之间链路,通过 Ping 操作验证 PC0 与 PC2 之间、PC1 与 PC3 之间的连通性。网络的容错功能得到验证。

(8) 继续删除交换机 Switch1 与交换机 Switch3 之间链路,网络结构如图 4.9 所示,通过 Ping 操作验证 PC0 与 PC2 之间、PC1 与 PC3 之间的连通性。网络的容错功能得到进一步验证。通过分析图 4.9 所示的交换机 Switch3 和交换机 Switch4 转发表可以发现,终端 PC0 与终端 PC2 之间的交换路径和终端 PC1 与 PC3 之间的交换路径都经过 Switch2。由此可以证明,对于图 4.9 所示网络结构,VLAN 2 和 VLAN 3 对应的生成树都以 Switch2 为根网桥。

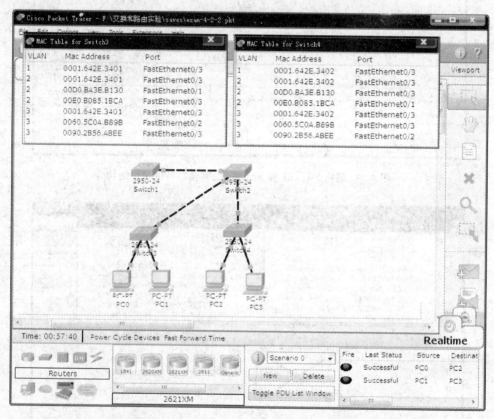

图 4.9 删除 Switch1 与 Switch3 之间链路后的网络结构及转发表

4.2.4 命令行配置过程

如下命令行配置过程按照表 4.4 所示内容在各个交换机中创建 VLAN,并为 VLAN 分配交换机端口,网络结构具有容错功能。由于交换机 Switch2 的命令行配置过程与交换机 Switch1 相似,交换机 Switch4 的命令行配置过程与交换机 Switch3 相似,这里只给出交换机 Switch1 和 Switch3 的命令行配置过程。

1. Switch1 命令行配置过程

```
Switch>enable
Switch#configure terminal
Switch(config)#hostname Switch1
Switch1(config)#vlan 2
Switch1(config-vlan)#name vlan2
Switch1(config-vlan)#exit
Switch1(config)#vlan 3
Switch1(config-vlan)#name vlan3
Switch1(config-vlan)#exit
Switch1(config)#interface FastEthernet0/1
Switch1(config-if)#switchport mode trunk
Switch1(config-if)#exit
Switch1(config)#interface FastEthernet0/2
Switch1(config-if)#switchport mode trunk
Switch1(config-if)#exit
Switch1(config)#interface FastEthernet0/3
Switch1(config-if)#switchport mode trunk
Switch1(config-if)#exit
Switch1(config)#spanning-tree mode pvst
Switch1(config)#spanning-tree vlan 2 priority 4096
Switch1(config)#spanning-tree vlan 3 priority 8192
```

2. Switch3 命令行配置过程

```
Switch>enable
Switch#configure terminal
Switch(config)#hostname Switch3
Switch3(config)#vlan 2
Switch3(config-vlan)#name vlan2
Switch3(config-vlan)#exit
Switch3(config)#vlan 3
Switch3(config-vlan)#name vlan3
Switch3(config-vlan)#exit
Switch3(config)#interface FastEthernet0/1
Switch3(config-if)# switchport mode access
Switch3(config-if)#switchport access vlan 2
Switch3(config-if)#exit
Switch3(config)#interface FastEthernet0/2
Switch3(config-if)# switchport mode access
Switch3(config-if)#switchport access vlan 3
Switch3(config-if)#exit
Switch3(config)#interface FastEthernet0/3
Switch3(config-if)#switchport mode trunk
Switch3(config-if)#exit
Switch3(config)#interface FastEthernet0/4
Switch3(config-if)#switchport mode trunk
Switch3(config-if)#exit
Switch3(config)#spanning-tree mode pvst
```

4.2.5 端口状态快速转换过程

如果根据表 4.3 所示内容在各个交换机中创建 VLAN,并为 VLAN 分配交换机端口。通过分析表 4.3 所示内容可以发现,所有交换机端口都是接入端口(也称非标记端口),这种情况下,如果在各个交换机的全局模式下输入以下命令:

```
Switch(config)# spanning-tree portfast default
```

所有交换机端口状态立即转换成转发状态,直到生成树协议确定某个端口是阻塞端口。由于完成基于 VLAN 2 和 VLAN 3 的生成树构建后,所有交换机中不存在阻塞端口,因此,该网络可以立即进行属于同一 VLAN 的终端之间的通信过程,无需任何等待时间。

为了验证端口状态快速转换过程,完成如下实验步骤。

(1) 在逻辑工作区根据图 4.5(a)所示网络结构放置和连接设备,根据表 4.3 所示内容在各个交换机中创建 VLAN,并为 VLAN 分配交换机端口。完成配置后,将逻辑工作区中的内容作为 pkt 文件存盘。然后,打开该 pkt 文件,观察交换机端口转换成转发状态需要的时间。

(2) 在各个交换机的全局模式下输入 Switch(config)# spanning-tree portfast default 命令,再将逻辑工作区中的内容作为 pkt 文件存盘。然后,打开该 pkt 文件,发现交换机端口立即处于转发状态。

第5章 以太网链路聚合实验

通过实验,深刻了解链路聚合的基本原理和功能,掌握链路聚合与 VLAN、生成树协议之间的相互作用过程,完整掌握交换式以太网技术。

5.1 链路聚合配置实验

5.1.1 实验目的

一是掌握链路聚合配置过程。二是了解链路聚合控制协议(Link Aggregation Control Protocol,LACP)的协商过程。三是了解 MAC 帧分发算法。

5.1.2 实验原理

网络结构如图 5.1 所示,交换机 S1 与交换机 S2 之间通过由三条物理链路聚合成的逻辑链路互连,这种由多条物理链路聚合成的逻辑链路称为聚合链路。在 Packet Tracer 中,聚合链路称为端口通道,不同的聚合链路用不同的端口通道号标识。对于交换机而言,端口通道等同于单个端口,对所有通过端口通道接收到的 MAC 帧,转发表中创建用于指明该 MAC 帧源 MAC 地址与该端口通道之间关联的转发项。首先需要通过手工配置建立交换机端口与端口通道之间的关联,交换机 S1 和交换机 S2 中创建的端口通道及分配给各个端口通道的交换机端口如表 5.1 所示。然后,通过 LACP 激活分配给某个端口通道的交换机端口,通过配置 MAC 帧分发策略确定将 MAC 帧分发到聚合链路中某条物理链路的方法。

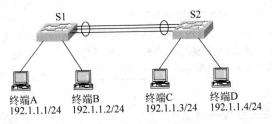

图 5.1 实现链路聚合的网络结构

表 5.1 端口通道配置表

交换机	端口通道	物理端口
交换机 S1	port-channel 1	FastEthernet0/3
		FastEthernet0/4
		FastEthernet0/5
交换机 S2	port-channel 1	FastEthernet0/3
		FastEthernet0/4
		FastEthernet0/5

5.1.3 关键命令说明

1. 创建并分配端口给端口通道

如果需要将交换机端口 FastEthernet0/3～FastEthernet0/5 分配给编号为 1 的端口通道，输入以下命令。

```
Switch(config)#interface range FastEthernet0/3 - FastEthernet0/5
Switch(config-if-range)#channel-group 1 mode active
```

interface range FastEthernet0/3-FastEthernet0/5 是全局模式下使用的命令，该命令的作用是进入对一组交换机端口配置特性的接口配置模式，在该接口配置模式下完成的配置对一组交换机端口同时有效。FastEthernet0/3-FastEthernet0/5 用于指定一组交换机端口 FastEthernet0/3、FastEthernet0/4 和 FastEthernet0/5。

channel-group 1 mode active 是接口配置模式下使用的命令，该命令的作用有三：一是创建编号为 1 的端口通道，二是将一组交换机端口 FastEthernet0/3～FastEthernet0/5 分配给该端口通道，三是指定 active 为分配给该端口通道的交换机端口的激活模式。交换机端口激活模式与使用的链路聚合控制协议有关，表 5.2 给出激活模式与链路聚合控制协议之间的关系。

表 5.2 激活模式与链路聚合控制协议之间关系

模 式	链路聚合控制协议
active	通过 LACP 协商过程激活端口，物理链路另一端的模式或是 active, 或是 passive
passive	通过 LACP 协商过程激活端口，物理链路另一端的模式必须是 active
auto	通过 PAgP 协商过程激活端口，物理链路另一端的模式必须是 desirable。PAgP 是 Cisco 专用的链路聚合控制协议
desirable	通过 PAgP 协商过程激活端口，物理链路另一端的模式或是 desirable, 或是 auto
on	手工激活，物理链路两端模式必须都是 on, 不使用链路聚合控制协议，因此，无法自动监测物理链路另一端端口的状态

2. 指定使用的链路聚合控制协议

```
Switch(config-if-range)#channel-protocol lacp
```

channel-protocol lacp 是接口配置模式下使用的命令，该命令的作用是指定 LACP 为这一组端口使用的链路聚合控制协议。

3. 指定 MAC 帧分发策略

```
Switch(config)#port-channel load-balance src-dst-mac
```

port-channel load-balance src-dst-mac 是全局模式下使用的命令，该命令的作用是指定根据 MAC 帧的源和目的 MAC 地址确定用于传输该 MAC 帧的物理链路的分发策略。

Packet Tracer 支持的其他分发策略如下。

dst-ip：根据 MAC 帧封装的 IP 分组的目的 IP 地址确定用于传输该 MAC 帧的物理链路。

dst-mac：根据 MAC 帧的目的 MAC 地址确定用于传输该 MAC 帧的物理链路。

src-dst-ip：根据 MAC 帧封装的 IP 分组的源和目的 IP 地址确定用于传输该 MAC 帧的物理链路。

src-ip：根据 MAC 帧封装的 IP 分组的源 IP 地址确定用于传输该 MAC 帧的物理链路。

src-mac：根据 MAC 帧的源 MAC 地址确定用于传输该 MAC 帧的物理链路。

5.1.4 实验步骤

（1）启动 Packet Tracer，在逻辑工作区根据图 5.1 所示网络结构放置和连接设备，完成设备放置和连接后的逻辑工作区界面如图 5.2 所示。根据图 5.1 所示的终端配置信息完成各个终端的 IP 地址和子网掩码配置。

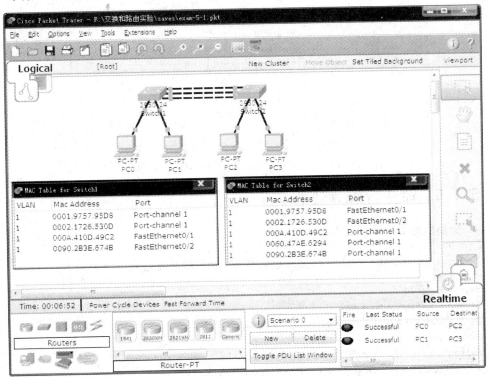

图 5.2 放置和连接设备后的逻辑工作区界面及转发表

(2) 根据 5.1.5 节命令行配置过程给出的命令序列完成交换机 Switch1 和交换机 Switch2 的命令行配置过程。在各个交换机中创建编号为 1 的端口通道,将交换机端口 FastEthernet0/3～FastEthernet0/5 分配给该端口通道,指定端口激活模式为 active,指定使用的链路聚合控制协议为 LACP,指定使用的 MAC 帧分发策略为 src-dst-mac。

(3) 通过 Ping 操作完成各个终端之间的 MAC 帧交换过程,交换机 Switch1 和交换机 Switch2 建立如图 5.2 所示的转发表。

(4) 进入模拟操作模式,截获如图 5.3 所示的 Switch1 发送给 Switch2 的 LACP 报文,通过分析 LACP 报文发现:actor-system 为 Switch1 的 MAC 地址、actor 优先级为默认值十六进制 8000,端口号为 5,端口优先级为默认值十六进制 8000,actor-key 为端口通道编号 1。Actor 状态值为十六进制 40,表示 actor 使用 LACP。

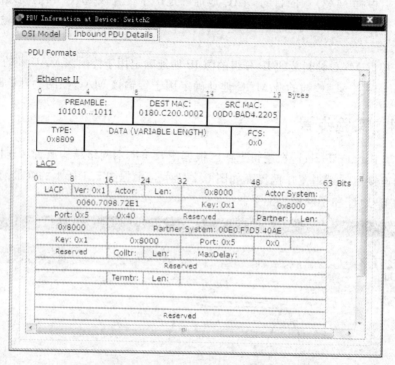

图 5.3 Switch1 发送给 Switch2 的 LACP 报文

5.1.5 命令行配置过程

1. 交换机命令行配置过程

Switch1 和 Switch2 的命令行配置过程相同,命令行配置过程如下:

```
Switch > enable
Switch # configure terminal
Switch(config) # port - channel load - balance src - dst - mac
Switch(config) # interface range FastEthernet0/3 - FastEthernet0/5
Switch(config - if - range) # channel - protocol lacp
Switch(config - if - range) # channel - group 1 mode active
Switch(config - if - range) # exit
```

2. 命令列表

交换机命令行配置过程中使用的命令及功能说明如表 5.3 所示。

表 5.3 命令列表

命令格式	功能和参数说明
port-channel load-balance ﹛dst-ip ｜ dst-mac ｜ src-dst-ip ｜ src-dst-mac ｜ src-ip ｜ src-mac﹜	选择 MAC 帧分发策略，默认状态下，选择 dst-mac 作为 MAC 帧分发策略
interface port-channel *port-channel-number*	进入指定端口通道的接口配置模式，端口通道的配置过程完全等同于交换机端口的配置过程。参数 *port-channel-number* 是端口通道号
interface range *port-range*	进入一组端口的接口配置模式，在该接口配置模式下完成的配置过程作用于一组端口。参数 *port-range* 用于指定一组端口，FastEthernet0/3-FastEthernet0/5 或者 FastEthernet0/7，FastEthernet0/9 是该参数的正确表示方式
channel-group *channel-group-number* mode ﹛active ｜ auto ｜ desirable ｜ on ｜ passive﹜	选择分配给指定端口通道的交换机端口的激活模式，参数 *port-channel-number* 是端口通道号
channel-protocol ﹛lacp ｜ pagp﹜	选择使用的链路聚合控制协议

5.2 链路聚合与 VLAN 配置实验

5.2.1 实验目的

一是掌握链路聚合配置过程。二是了解 MAC 帧分发算法。三是掌握端口通道的配置过程。四是掌握 VLAN 与链路聚合之间的相互作用过程。

5.2.2 实验原理

网络结构如图 5.4 所示，终端与 VLAN 之间关系如表 5.4 所示，各个交换机中创建的 VLAN 及分配给各个 VLAN 的交换机端口如表 5.5 所示，各个交换机创建的端口通道及分配给各个端口通道的交换机端口如表 5.6 所示。需要强调的是，端口通道的作用完全等

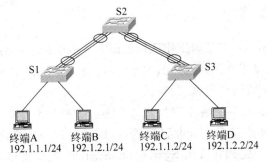

图 5.4 实现链路聚合和 VLAN 划分的网络结构

同于交换机端口。同样可以将端口通道配置为接入端口通道或共享端口通道。由三个 100Mb/s 交换机端口构成的端口通道完全等同于一个 300Mb/s 的交换机端口。

表 5.4 终端和 VLAN 之间关系

VLAN	终 端
VLAN 2	终端 A,终端 C
VLAN 3	终端 B,终端 D

表 5.5 VLAN 与交换机端口之间关系

交换机	接入端口（Access）	VLAN	标记端口（Trunk）	共享 VLAN
交换机 S1	FastEthernet0/1	VLAN 2	port-channel 1	VLAN 2、VLAN 3
	FastEthernet0/2	VLAN 3		
交换机 S2			port-channel 1	VLAN 2、VLAN 3
			port-channel 2	VLAN 2、VLAN 3
交换机 S3	FastEthernet0/1	VLAN 2	port-channel 1	VLAN 2、VLAN 3
	FastEthernet0/2	VLAN 3		

表 5.6 端口通道配置表

交换机	端口通道	物理端口
交换机 S1	port-channel 1	FastEthernet0/3
		FastEthernet0/4
		FastEthernet0/5
交换机 S2	port-channel 1	FastEthernet0/1
		FastEthernet0/2
		FastEthernet0/3
	port-channel 2	FastEthernet0/4
		FastEthernet0/5
		FastEthernet0/6
交换机 S3	port-channel 1	FastEthernet0/3
		FastEthernet0/4
		FastEthernet0/5

5.2.3 实验步骤

(1) 启动 Packet Tracer,在逻辑工作区根据图 5.4 所示网络结构放置和连接设备,完成设备放置和连接后的逻辑工作区界面如图 5.5 所示。根据图 5.4 所示的终端配置信息完成各个终端的 IP 地址和子网掩码配置。

(2) 根据表 5.5 所示内容在各个交换机中创建 VLAN,为各个 VLAN 分配交换机端口,这一步既可以通过图形接口完成配置过程,也以通过命令行接口完成配置过程,5.2.4 节命令行配置过程给出了完成交换机 Switch1 和 Switch2 配置需要输入的完整命令序列。值得强调的是,除了极个别配置操作,图形接口可以实现的配置操作,命令行接口同样可以实现。但是通过命令行接口,可以完成许多图形接口无法完成的配置操作。

(3) 通过命令行接口完成各个交换机端口通道创建及为各个端口通道分配交换机端口的过程。将端口通道配置为共享端口通道。

(4) 通过 Ping 操作完成属于相同 VLAN 的终端之间的通信过程,交换机 Switch2 创建的转发表如图 5.5 所示,共享端口通道 port-channel 1 和 port-channel 2 完全等同于两个共享交换机端口。

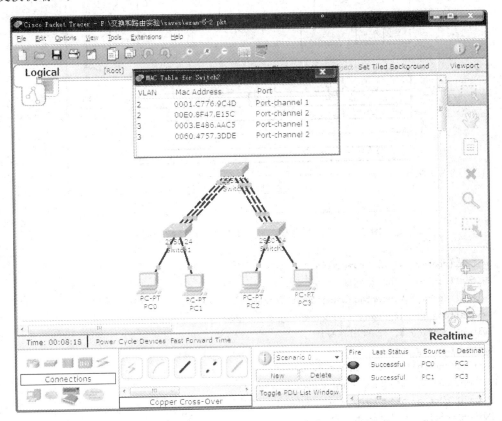

图 5.5 放置和连接设备后的逻辑工作区界面及转发表

(5) 在模拟操作模式下截获通过共享端口通道输出的 MAC 帧,该 MAC 帧格式完全是 802.1Q 标准 MAC 帧格式,如图 5.6 所示。

5.2.4 命令行配置过程

1. Switch1 命令行配置过程

```
Switch> enable
Switch# configure terminal
Switch(config)# hostname Switch1
Switch1(config)# vlan 2
Switch1(config-vlan)# name vlan2
Switch1(config-vlan)# exit
Switch1(config)# vlan 3
```

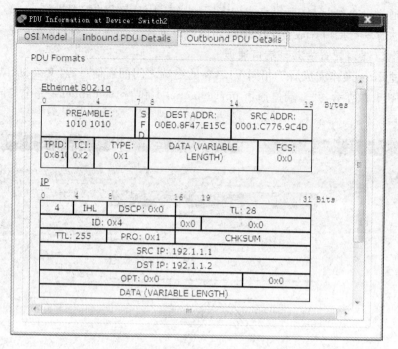

图 5.6　通过共享端口通道输出的 MAC 帧的格式

```
Switch1(config-vlan)#name vlan3
Switch1(config-vlan)#exit
Switch1(config)#interface range FastEthernet0/3-FastEthernet0/5
Switch1(config-if-range)#channel-group 1 mode on
Switch1(config-if-range)#exit
Switch1(config)#port-channel load-balance src-dst-mac
Switch1(config)#interface FastEthernet0/1
Switch1(config-if)#switchport mode access
Switch1(config-if)#switchport access vlan 2
Switch1(config-if)#exit
Switch1(config)#interface FastEthernet0/2
Switch1(config-if)#switchport mode access
Switch1(config-if)#switchport access vlan 3
Switch1(config)#interface port-channel 1
Switch1(config-if)#switchport mode trunk
Switch1(config-if)#exit
```

Switch3 的命令行配置过程与 Switch1 相同,不再重复。

2. Switch2 命令行配置过程

```
Switch>enable
Switch#configure terminal
Switch(config)#hostname Switch2
Switch2(config)#vlan 2
Switch2(config-vlan)#name vlan2
```

```
Switch2(config-vlan)#exit
Switch2(config)#vlan 3
Switch2(config-vlan)#name vlan3
Switch2(config-vlan)#exit
Switch2(config)#interface range FastEthernet0/1-FastEthernet0/3
Switch2(config-if-range)#channel-group 1 mode on
Switch2(config-if-range)#exit
Switch2(config)#interface range FastEthernet0/4-FastEthernet0/6
Switch2(config-if-range)#channel-group 2 mode on
Switch2(config-if-range)#exit
Switch2(config)#port-channel load-balance src-dst-mac
Switch2(config)#interface port-channel 1
Switch2(config-if)#switchport mode trunk
Switch2(config-if)#exit
Switch2(config)#interface port-channel 2
Switch2(config-if)#switchport mode trunk
Switch2(config-if)#exit
```

5.3 链路聚合与生成树配置实验

5.3.1 实验目的

一是掌握 VLAN 划分过程。二是通过运用生成树协议完成具有容错和负载均衡功能的交换式以太网的设计和调试。三是运用链路聚合技术完成具有容错功能、并满足交换机之间带宽要求的交换式以太网设计和调试。

5.3.2 实验原理

网络结构如图 5.7 所示，交换机之间用聚合链路互连，以此实现容错功能，并提高交换机之间的带宽。交换机之间存在环路，通过分别选择交换机 S1 和交换机 S2 作为基于 VLAN 2 和 VLAN 3 的生成树的根网桥，实现网络负载均衡和容错功能。网络被划分为两个 VLAN，以此分割广播域。表 5.7 给出了终端和 VLAN 之间的关系，表 5.8 给出了各个

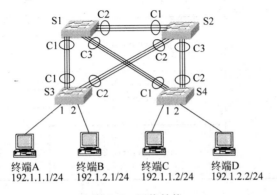

图 5.7 网络结构

交换机的端口通道配置,图 5.7 中字母 C 开头的标注指的是端口通道号,如 C1 指的是端口通道 1(port-channel 1)。各个交换机中创建的 VLAN 及分配给各个 VLAN 的交换机端口和端口通道如表 5.9 所示。各个端口通道的作用完全等同于交换机端口,因此,可以用配置交换机端口的方式配置端口通道。

表 5.7　终端和 VLAN 之间关系

VLAN	终　　端
VLAN 2	终端 A、终端 C
VLAN 3	终端 B、终端 D

表 5.8　端口通道配置表

交换机	端口通道	物理端口
交换机 S1	port-channel 1	FastEthernet0/1
		FastEthernet0/2
		FastEthernet0/3
	port-channel 2	FastEthernet0/4
		FastEthernet0/5
		FastEthernet0/6
	port-channel 3	FastEthernet0/7
		FastEthernet0/8
		FastEthernet0/9
交换机 S2	port-channel 1	FastEthernet0/1
		FastEthernet0/2
		FastEthernet0/3
	port-channel 2	FastEthernet0/4
		FastEthernet0/5
		FastEthernet0/6
	port-channel 3	FastEthernet0/7
		FastEthernet0/8
		FastEthernet0/9
交换机 S3	port-channel 1	FastEthernet0/3
		FastEthernet0/4
		FastEthernet0/5
	port-channel 2	FastEthernet0/6
		FastEthernet0/7
		FastEthernet0/8
交换机 S4	port-channel 1	FastEthernet0/3
		FastEthernet0/4
		FastEthernet0/5
	port-channel 2	FastEthernet0/6
		FastEthernet0/7
		FastEthernet0/8

表 5.9 VLAN 与交换机端口和端口通道之间的关系

交换机	接入端口（Access）	VLAN	标记端口（Trunk）	共享 VLAN
交换机 S1			port-channel 1	VLAN 2、VLAN 3
			port-channel 2	VLAN 2、VLAN 3
			port-channel 3	VLAN 2、VLAN 3
交换机 S2			port-channel 1	VLAN 2、VLAN 3
			port-channel 2	VLAN 2、VLAN 3
			port-channel 3	VLAN 2、VLAN 3
交换机 S3	FastEthernet0/1	VLAN 2	port-channel 1	VLAN 2、VLAN 3
	FastEthernet0/2	VLAN 3	port-channel 2	VLAN 2、VLAN 3
交换机 S4	FastEthernet0/1	VLAN 2	port-channel 1	VLAN 2、VLAN 3
	FastEthernet0/2	VLAN 3	port-channel 2	VLAN 2、VLAN 3

5.3.3 实验步骤

（1）启动 Packet Tracer，在逻辑工作区根据图 5.7 所示网络结构放置和连接设备，完成设备放置和连接后的逻辑工作区界面如图 5.8 所示。根据图 5.7 所示的终端配置信息完成各个终端的 IP 地址和子网掩码配置。

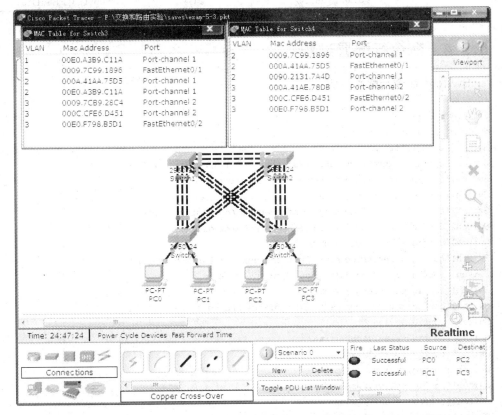

图 5.8 放置和连接设备后的逻辑工作区界面及转发表

(2) 根据表 5.8 所示内容在各个交换机中创建 VLAN，为各个 VLAN 分配交换机端口。

(3) 通过命令行接口完成各个交换机端口通道创建及为各个端口通道分配交换机端口的过程。将端口通道配置为共享端口通道。

(4) 通过命令行接口完成构建基于 VLAN 2 和 VLAN 3 的生成树所需要的配置，通过为交换机 Switch1 和交换机 Switch2 分配构建基于 VLAN 2 和 VLAN 3 生成树时使用的优先级，保证交换机 Switch1 为基于 VLAN 2 的生成树的根网桥，交换机 Switch2 为基于 VLAN 3 的生成树的根网桥。

(5) 通过 Ping 操作完成终端 PC0 与终端 PC2、终端 PC1 与终端 PC3 之间的 MAC 帧传输过程，终端 PC0~PC3 的 MAC 地址如表 5.10 所示。通过结合图 5.7 中互连交换机的聚合链路对应的端口通道号分析交换机 Switch3 和交换机 Switch4 的转发表发现，终端 PC0 与终端 PC2 之间的交换路径经过交换机 Switch1，终端 PC1 与终端 PC3 之间的交换路径经过交换机 Switch2，证明了基于 VLAN 2 的生成树以交换机 Switch1 为根网桥，基于 VLAN 3 的生成树以交换机 Switch2 为根网桥。

表 5.10 终端 MAC 地址

终端	MAC 地址	终端	MAC 地址
PC0	0009.7C99.1896	PC2	000A.41AA.75D5
PC1	00E0.F798.B5D1	PC3	000C.CFE6.D451

5.3.4 命令行配置过程

1. Switch1 命令行配置过程

```
Switch> enable
Switch# configure terminal
Switch(config)# hostname Switch1
Switch1(config)# interface range FastEthernet0/1 - FastEthernet0/3
Switch1(config - if - range)# channel - group 1 mode on
Switch1(config - if - range)# exit
Switch1(config)# interface range FastEthernet0/4 - FastEthernet0/6
Switch1(config - if - range)# channel - group 2 mode on
Switch1(config - if - range)# exit
Switch1(config)# interface range FastEthernet0/7 - FastEthernet0/9
Switch1(config - if - range)# channel - group 3 mode on
Switch1(config - if - range)# exit
Switch1(config)# port - channel load - balance src - dst - mac
Switch1(config)# vlan 2
Switch1(config - vlan)# name vlan2
Switch1(config - vlan)# exit
Switch1(config)# vlan 3
Switch1(config - vlan)# name vlan3
Switch1(config - vlan)# exit
Switch1(config)# interface port - channel 1
Switch1(config - if)# switchport mode trunk
```

```
Switch1(config-if)#exit
Switch1(config)#interface port-channel 2
Switch1(config-if)#switchport mode trunk
Switch1(config-if)#exit
Switch1(config)#interface port-channel 3
Switch1(config-if)#switchport mode trunk
Switch1(config-if)#exit
Switch1(config)#spanning-tree mode pvst
Switch1(config)#spanning-tree vlan 2 priority 4096
Switch1(config)#spanning-tree vlan 3 priority 8192
```

交换机 Switch2 的命令行配置与此相似,不再赘述。

2. Switch3 命令行配置过程

```
Switch>enable
Switch#configure terminal
Switch(config)#hostname Switch3
Switch3(config)#interface range FastEthernet0/3-FastEthernet0/5
Switch3(config-if-range)#channel-group 1 mode on
Switch3(config-if-range)#exit
Switch3(config)#interface range FastEthernet0/6-FastEthernet0/8
Switch3(config-if-range)#channel-group 2 mode on
Switch3(config-if-range)#exit
Switch3(config)#port-channel load-balance src-dst-mac
Switch3(config)#vlan 2
Switch3(config-vlan)#name vlan2
Switch3(config-vlan)#exit
Switch3(config)#vlan 3
Switch3(config-vlan)#name vlan3
Switch3(config-vlan)#exit
Switch3(config)#interface FastEthernet0/1
Switch3(config-if)#switchport mode access
Switch3(config-if)#switchport access vlan 2
Switch3(config-if)#exit
Switch3(config)#interface FastEthernet0/2
Switch3(config-if)#switchport mode access
Switch3(config-if)#switchport access vlan 3
Switch3(config-if)#exit
Switch3(config)#interface port-channel 1
Switch3(config-if)#switchport mode trunk
Switch3(config-if)#exit
Switch3(config)#interface port-channel 2
Switch3(config-if)#switchport mode trunk
Switch3(config-if)#exit
Switch3(config)#spanning-tree mode pvst
```

交换机 Switch4 的命令行配置与此相似,不再赘述。

第 6 章

路由器和网络互连实验

通过直连路由项自动生成实验和静态路由项配置实验深刻理解 IP 分组逐跳转发过程和路由表对实现 IP 分组逐跳转发的重要性。通过路由项聚合实验掌握无分类编址在提高 IP 地址的利用率和减少路由器路由项方面所起的重要作用。

6.1 直连路由项配置实验

6.1.1 实验目的

一是掌握路由器接口配置过程。二是掌握直连路由项自动生成过程。三是掌握路由器逐跳转发过程。四是掌握 IP over 以太网工作原理。

6.1.2 实验原理

1. 路由器接口和网络配置

互连网络结构如图 6.1 所示,路由器 R 的两个接口分别连接两个以太网,这两个以太网是不同的网络,需要分配不同的网络地址。为路由器接口配置的 IP 地址和子网掩码决定了该接口连接的网络的网络地址,如一旦为路由器 R 接口 1 分配 IP 地址 192.1.1.254 和子网掩码 255.255.255.0,接口 1 连接的以太网的网络地址为 192.1.1.0/24,连接在该以太网上的终端必须分配属于网络地址 192.1.1.0/24 的 IP 地址,并以路由器接口 1 的 IP 地址 192.1.1.254 为默认网关地址。

由于路由器不同接口连接不同的网络,因此,根据为每一个路由器接口分配的 IP 地址和子网掩码得出的网络地址必须不同,如根据路由器 R 接口 1 分配的 IP 地址和子网掩码得出网络地址为 192.1.1.0/24,根据路由器 R 接口 2 分配的 IP 地址和子网掩码得出网络地址为 192.1.2.0/24。

一旦为某个路由器接口分配 IP 地址和子网掩码,并开启该路由器接口,路由器的路由表中自动生成一项路由项,路由项的目的网络字段值是根据为该接口分配的 IP 地址和子网掩码得出的网络地址,输出接口字段值是该路由器接口的接口标识符,下一跳字段值是直连。由于该路由项用于指明通往路由器直接连接的网络的传输路径,被称为直连路由项。一旦为图 6.1 中路由器 R 的两个接口分配如图 6.1 所示的 IP 地址和子网掩码,路由器 R 的路由表中自动生成如图 6.1 所示的两项直连路由项。

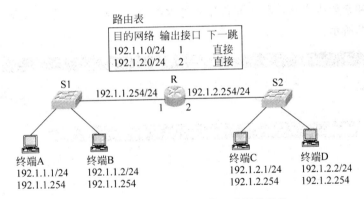

图 6.1 实现以太网互连的互连网络结构

2. IP 分组传输过程

IP 分组由终端 A 至终端 D 的传输路径由两段交换路径组成,一是终端 A 至路由器 R 接口 1 之间的交换路径,IP 分组经过这一段交换路径传输时被封装成以终端 A 的 MAC 地址为源 MAC 地址、以路由器 R 接口 1 的 MAC 地址为目的 MAC 地址的 MAC 帧。二是路由器 R 接口 2 至终端 D 之间的交换路径,IP 分组经过这一段交换路径传输时被封装成以路由器 R 接口 2 的 MAC 地址为源 MAC 地址、以终端 D 的 MAC 地址为目的 MAC 地址的 MAC 帧。终端 A 通过 ARP 地址解析过程获取路由器 R 接口 1 的 MAC 地址,路由器 R 通过 ARP 地址解析过程获取终端 D 的 MAC 地址。

6.1.3 关键命令说明

下述命令序列用于为路由器接口 FastEthernet0/0 分配 IP 地址和子网掩码,并开启该路由器接口。

```
Router(config) # interface FastEthernet0/0
Router(config - if) # ip address 192.1.1.254 255.255.255.0
Router(config - if) # no shutdown
Router(config - if) # exit
```

interface FastEthernet0/0 是全局模式下使用的命令,该命令的作用是进入路由器接口配置模式,路由器接口是多种多样的,因此,不同路由器接口的配置过程差别很大,这里主要以路由器以太网接口为例讨论接口配置过程。

ip address 192.1.1.254 255.255.255.0 是接口配置模式下使用的命令,该命令的作用是为特定接口(这里是接口 FastEthernet0/0)分配 IP 地址 192.1.1.254 和子网掩码 255.255.255.0。

no shutdown 是接口配置模式下使用的命令,该命令的作用是开启该接口。路由器以太网接口的默认状态是关闭,必须通过手工配置开启路由器以太网接口。

6.1.4 实验步骤

(1) 启动 Packet Tracer,在逻辑工作区根据图 6.1 所示网络结构放置和连接设备,终端与交换机之间和交换机与路由器之间都用直通线互连,完成设备放置和连接后的逻辑工作区界面如图 6.2 所示。

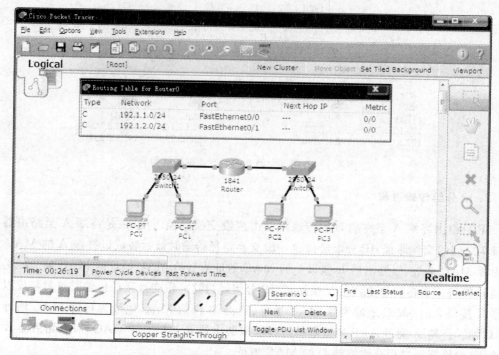

图 6.2 放置和连接设备后的逻辑工作区界面及路由表

(2) 根据图 6.1 所示的路由器接口配置信息为路由器 Router 的两个接口配置 IP 地址和子网掩码,并开启路由器接口,这一步骤可以通过图形接口完成。图 6.3 所示是路由器 Router 接口 FastEthernet0/0 的配置界面,通过在 IP Address 栏输入 IP 地址 192.1.1.254,在 Subnet Mask 栏输入子网掩码 255.255.255.0,完成该接口 IP 地址和子网掩码配置。通过在 Port Status 选择 on,开启该接口。这一步骤也可以通过命令行接口完成,6.1.5 节命令行配置过程给出了完成路由器 Router 配置所需要输入的完整命令序列。值得强调的是,除了极个别配置操作,图形接口可以实现的配置操作,命令行接口同样可以。通过命令行接口,可以完成许多图形接口无法完成的配置操作。

(3) 完成路由器 Router 两个接口的 IP 地址和子网掩码配置,并开启这两个接口后,Router 路由表中自动生成如图 6.2 所示的两项直连路由项,类型(Type)字段值为 C 表明是直连路由项。目的网络(Network)字段值给出目的网络的网络地址和子网掩码,如 192.1.1.0/24。输出接口(Port)字段值给出连接下一跳的接口,对于直连路由项,直接给出连接目的网络的接口。下一跳 IP 地址(Next Hop IP)字段值为空,表示目的网络与路由器直接连接。距离(Metric)0/0 中的前一个 0 是管理距离值,每一个路由协议都有默认的管理距离值,值越小,优先级越高,直连路由项的管理距离值是 0,说明直连路由项的优先级最高,如果存在目的网络相同的多项类型不同的路由项,首先使用直连路由项。距离 0/0 中的后一个 0 是距离值,直连路由项的距离值为 0。

(4) 完成各个终端的 IP 地址、子网掩码和默认网关地址配置,需要强调的是,路由器接

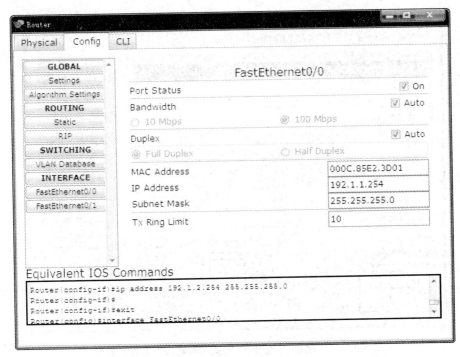

图 6.3　图形接口配置路由器接口界面

口配置的 IP 地址和子网掩码决定了该路由器接口连接的网络的网络地址,连接在该网络上的终端必须配置属于该网络地址的 IP 地址,路由器接口的 IP 地址就是连接在该网络上的所有终端的默认网关地址。如路由器 Router 接口 FastEthernet0/0 分配的 IP 地址和子网掩码决定了该接口连接的网络的网络地址为 192.1.1.0/24,终端 PC0 和终端 PC1 的 IP 地址必须属于网络地址 192.1.1.0/24。终端 PC0 和终端 PC1 的默认网关地址是路由器 Router 接口 FastEthernet0/0 的 IP 地址 192.1.1.254。图 6.4 给出了终端 PC0 的 IP 地址、子网掩码和默认网关地址的配置界面。

(5) 选择模拟操作模式,通过简单报文工具启动终端 PC0 至终端 PC3 的 IP 分组传输过程。终端 PC0、终端 PC3 和路由器两个接口的 MAC 地址如表 6.1 所示。IP 分组经过终端 PC0 至 Router 这一段交换路径传输时,必须封装成以终端 PC0 的 MAC 地址为源 MAC 地址、以 Router 以太网接口 FastEthernet0/0 的 MAC 地址为目的地址的 MAC 帧,因此,终端 PC0 首先必须根据默认网关地址 192.1.1.254 解析出 Router 以太网接口 FastEthernet0/0 的 MAC 地址。终端 PC0 广播一个 ARP 请求报文,ARP 请求报文格式如图 6.5 所示,封装该 ARP 请求报文的 MAC 帧的源 MAC 地址是终端 PC0 的 MAC 地址 0003.E422.8C84,目的 MAC 地址是广播地址。ARP 请求报文中将终端 PC0 的 MAC 地址

表 6.1　终端 PC0、终端 PC3 和路由器接口的 MAC 地址

终端或路由器接口	MAC 地址	终端或路由器接口	MAC 地址
PC0	0003.E422.8C84	FastEthernet0/0	000C.85E2.3D01
PC3	0060.4741.2531	FastEthernet0/1	000C.85E2.3D02

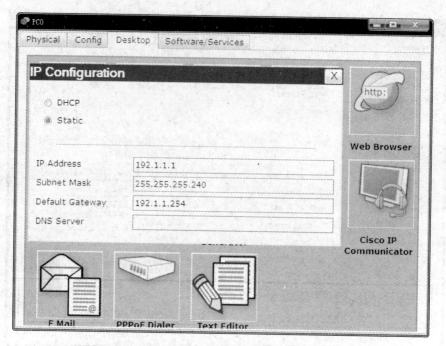

图 6.4 PC0 配置 IP 地址、子网掩码和默认网关地址界面

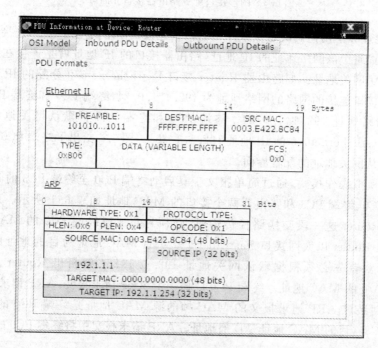

图 6.5 ARP 请求报文格式

和 IP 地址作为源 MAC 地址和源 IP 地址,将需要解析的 IP 地址 192.1.1.254 作为目标 IP 地址,用全 0 的目标 MAC 地址表示请求解析出目标 IP 地址对应的目标 MAC 地址。Router 发送的 ARP 响应报文格式如图 6.6 所示,封装该 ARP 响应报文的 MAC 帧的源

MAC 地址是 Router 以太网接口 FastEthernet0/0 的 MAC 地址 000C.85E2.3D01、目的 MAC 地址是终端 PC0 的 MAC 地址 0003.E422.8C84。ARP 响应报文中将 Router 以太网接口 FastEthernet0/0 的 MAC 地址和 IP 地址作为源 MAC 地址和源 IP 地址,将终端 PC0 的 MAC 地址和 IP 地址作为目标 MAC 地址和目标 IP 地址。

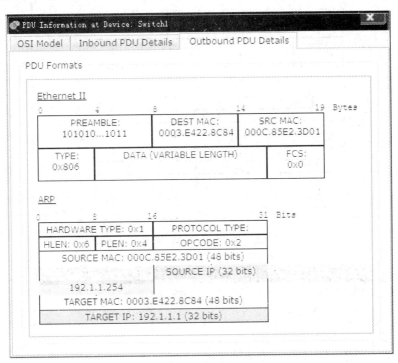

图 6.6　ARP 响应报文格式

(6) IP 分组终端 PC0 至终端 PC3 传输过程中需要经过两个不同的以太网,IP 分组经过互连终端 PC0 与 Router 的以太网传输时的 MAC 帧和 IP 分组格式如图 6.7 所示,IP 分组的源 IP 地址是终端 PC0 的 IP 地址 192.1.1.1、目的 IP 地址是终端 PC3 的 IP 地址 192.1.2.2,MAC 帧的源 MAC 地址是终端 PC0 的 MAC 地址 0003.E422.8C84、目的 MAC 地址是路由器接口 FastEthernet0/0 的 MAC 地址 000C.85E2.3D01。IP 分组经过互连 Router 和终端 PC3 的以太网传输时的 MAC 帧和 IP 分组格式如图 6.8 所示,IP 分组的源 IP 地址是终端 PC0 的 IP 地址 192.1.1.1、目的 IP 地址是终端 PC3 的 IP 地址 192.1.2.2,MAC 帧的源 MAC 地址是路由器接口 FastEthernet0/1 的 MAC 地址 000C.85E2.3D02、目的 MAC 地址是终端 PC3 的 MAC 地址 0060.4741.2531。由于 Router 路由表中与 IP 分组目的 IP 地址匹配的路由项为直连路由项,表明目的终端连接在路由器直接连接的网络上,Router 通过直接解析 IP 分组的目的 IP 地址获得终端 PC3 的 MAC 地址。值得强调的是,IP 分组端到端传输过程中,源和目的 IP 地址是不变的,但如果该 IP 分组经过多个不同的网络传输,每一个网络将该 IP 分组封装成该网络对应的帧格式,经过该网络的传输路径两端的地址为该帧的源和目的地址。

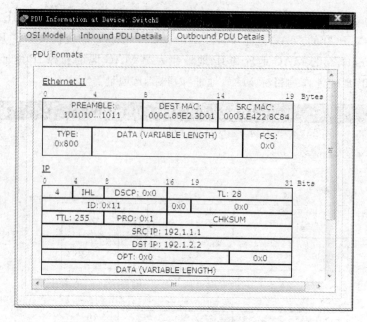

图 6.7 PC0 至 Router 的 MAC 帧和 IP 分组格式

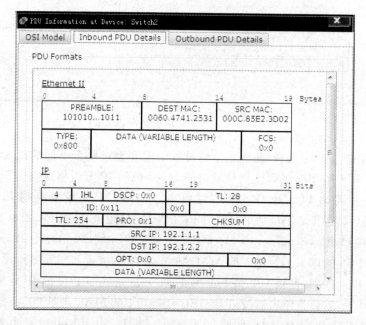

图 6.8 Router 至 PC3 的 MAC 帧和 IP 分组格式

6.1.5 命令行配置过程

1. Router 命令行配置过程

Router > enable
Router # configure terminal

```
Router(config)# interface FastEthernet0/0
Router(config-if)# ip address 192.1.1.254 255.255.255.0
Router(config-if)# no shutdown
Router(config-if)# exit
Router(config)# interface FastEthernet0/1
Router(config-if)# ip address 192.1.2.254 255.255.255.0
Router(config-if)# no shutdown
Router(config-if)# exit
```

2. 命令列表

路由器命令行配置过程中使用的命令及功能说明如表 6.2 所示。

表 6.2 命令列表

命令格式	功能和参数说明
interface *port-id*	进入由参数 *port-id* 指定的路由器接口的接口配置模式
ip address *ip-address subnet-mask*	为路由器接口配置 IP 地址和子网掩码。参数 *ip-address* 是用户配置的 IP 地址，参数 *subnet-mask* 是用户配置的子网掩码
no shutdown	没有参数，开启某个路由器接口

6.2 以太网与 PSTN 互连实验

6.2.1 实验目的

一是验证路由器实现以太网和 PSTN 互连的机制。二是完成路由器配置过程。三是验证公共交换电话网(Public Switched Telephone Network,PSTN)呼叫连接建立过程。四是验证 IP 分组端到端传输过程。

6.2.2 实验原理

互连网络结构如图 6.9 所示，用一个路由器互连以太网和 PSTN，路由器必须具有两种类型的接口：以太网接口(RJ-45)和连接 PSTN 用户线接口(RJ-11)，同样，终端 A 必须具有以太网接口，终端 B 必须具有 PSTN 用户线接口。在进行终端 A 至终端 B 的 IP 分组传输操作前，须建立终端 B 与路由器之间的点对点语音信道。

图 6.9 路由器实现以太网和 PSTN 互连

通过交换机构建互连终端 A 和路由器的以太网,通过 WAN 仿真设备构建互连路由器和终端 B 的 PSTN,必须为路由器用户线接口和终端 B 的 Modem 分配电话号码,并通过呼叫连接建立过程建立终端 B 与路由器之间的点对点语音信道。

分两步实现 IP 分组终端 A 至终端 B 的传输过程,第一步将 IP 分组封装成以终端 A 的 MAC 地址为源 MAC 地址、以路由器以太网接口的 MAC 地址为目的 MAC 地址的 MAC 帧,经过终端 A 至路由器的交换路径将 MAC 帧传输给路由器;第二步将 IP 分组封装成 PPP 帧,经过路由器用户线接口与终端 B 之间的点对点语音信道将 PPP 帧传输给终端 B。

6.2.3 实验步骤

(1) 启动 Packet Tracer,在逻辑工作区根据图 6.9 所示的互连网络结构放置和连接设备,逻辑工作区完成设备放置和连接后的界面如图 6.10 所示。用交换机互连 PC0 和路由器以太网接口 FastEthernet0/0。为 PC1 安装 Modem 模块,安装过程如图 6.11 所示,关闭终端电源,将原来终端插槽中的以太网模块拖放到边上的模块(Modules)栏,选中模块(Modules)栏中 PT-HOST-NM-1AM 模块,将其拖放到终端插槽,打开终端电源。为路由器安装 Modem 模块,安装过程如图 6.12 所示。由于 Cisco 无法提供用于构建 PSTN 的设备,因此,用 WAN 仿真设备来仿真 PSTN。WAN 仿真设备提供多种类型接口,其中就有连接 PC1 和路由器 Modem 模块的接口,用 Modem 标识这种类型接口。WAN 仿真设备用于连接 PC1 和路由器 Modem 模块的接口等同于 PSTN 用户线,需要为这两个接口分配电话号码,这里,连接 PC1 Modem 模块的接口(Modem5)的电话号码为 56566767,连接路由器 Modem 模块的接口(Modem4)的电话号码是 68686767。为 WAN 仿真设备配置电话号码的界面如图 6.13 所示。

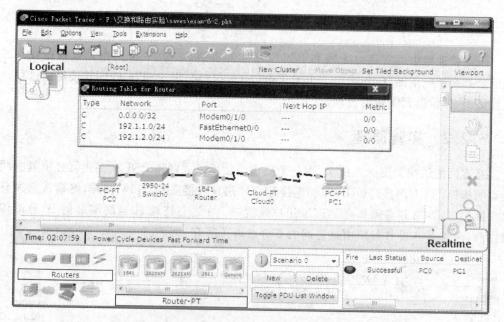

图 6.10 放置和连接设备后的逻辑工作区界面及路由表

第6章 路由器和网络互连实验

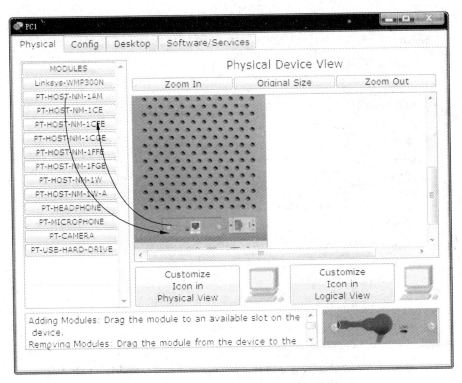

图 6.11 PC1 安装 Modem 模块过程

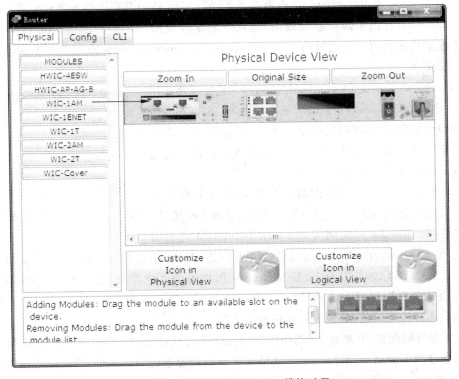

图 6.12 路由器安装 Modem 模块过程

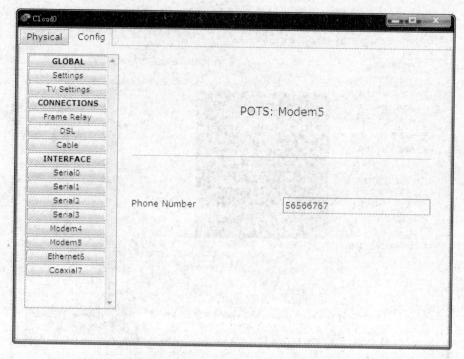

图 6.13　WAN 仿真设备连接 PC1 Modem 模块的接口电话号码配置界面

（2）对于 PSTN，完成上述配置后，可以通过呼叫连接建立过程建立 PC1 Modem 模块与路由器 Modem 模块之间的点对点语音信道，但 Cisco 路由器只允许与授权用户建立语音信道，因此，需要在路由器创建授权用户，这里假定授权用户的用户名为 aaa，口令为 bbb。路由器在全局配置模式下通过命令 username aaa password bbb 创建用户名为 aaa、口令为 bbb 的授权用户。

（3）启动 PC1 桌面 Desktop 菜单下的拨号连接实用程序 Dial-up，输入用户名 aaa，口令 bbb，被叫端号码 68686767，单击拨号 Dial 按钮，开始呼叫连接建立过程。完成语音信道建立后，出现 Disconnect 按钮，单击该按钮，释放已经建立的语音信道。Dial-up 实用程序界面如图 6.14 所示。

图 6.14　拨号连接实用程序界面

（4）根据图 6.9 所示路由器接口配置信息为路由器 Router 以太网接口和用户线接口配置 IP 地址和子网掩码，并开启接口。Router 以太网接口 FastEthernet0/0 配置的 IP 地址和子网掩码为 192.1.1.254/24，PSTN 接口 Modem0/1/0 配置的 IP 地址和子网掩码为 192.1.2.254/24。图 6.15 是为 Router 用户线接口配置 IP 地址和子网掩码的界面，Router 完成接口配置后生成如图 6.10 所示路由表。需要说明的是，路由器只能通过图形接口完成用户线接口的 IP 地址和子网掩码配置。

（5）为终端配置 IP 地址、子网掩码和默认网关地址，终端配置的 IP 地址必须属于由连接终端所在网络的路由器接口的 IP 地址和子网掩码确定的网络地址，且终端将该路由器接口的 IP 地址作为其默认网关地址。

第6章 路由器和网络互连实验

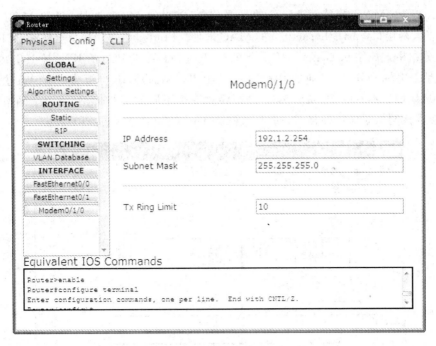

图 6.15 Router 用户线接口配置界面

（6）选择模拟操作模式，通过简单报文工具启动终端 PC0 至终端 PC1 的 IP 分组传输过程。终端 PC0 至 Router 以太网接口 FastEthernet0/0 的 MAC 帧和 IP 分组格式如图 6.16 所示，IP 分组的源 IP 地址是终端 PC0 的 IP 地址 192.1.1.1、目的 IP 地址是终端 PC1 的 IP 地

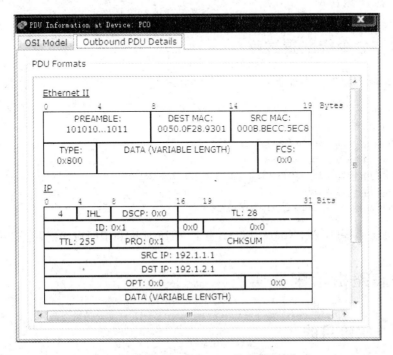

图 6.16 终端 PC0 至 Router 的 MAC 帧格式

址192.1.2.1。MAC 帧的源 MAC 地址是终端 PC0 的 MAC 地址、目的 MAC 地址是 Router 以太网接口 FastEthernet0/0 的 MAC 地址。Router 用户线接口至终端 PC1 的 PPP 帧和 IP 分组格式如图 6.17 所示,IP 分组的源 IP 地址是终端 PC0 的 IP 地址 192.1.1.1、目的 IP 地址是终端 PC1 的 IP 地址 192.1.2.1。值得强调的是,IP 分组端到端传输过程中,源和目的 IP 地址是不变的,但如果该 IP 分组经过多个不同的网络传输,每一个网络将该 IP 分组封装成该网络对应的帧格式,如以太网的 MAC 帧和 PSTN 的 PPP 帧。

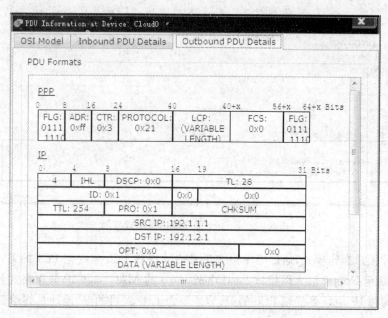

图 6.17 Router 至终端 PC1 的 PPP 帧格式

6.2.4 命令行配置过程

路由器命令行配置过程如下:

```
Router > enable
Router # configure terminal
Router(config) # interface FastEthernet0/0
Router(config-if) # no shutdown
Router(config-if) # ip address 192.1.1.254 255.255.255.0
Router(config-if) # exit
Router(config) # username aaa password bbb
```

只能通过图形接口完成 Router 用户线接口的 IP 地址和子网掩码配置。

6.3 静态路由项配置实验

6.3.1 实验目的

一是掌握路由器静态路由项配置过程。二是掌握 IP 分组逐跳转发过程。三是了解路由表在实现 IP 分组逐跳转发过程中的作用。

6.3.2 实验原理

互连网络结构如图 6.18 所示,路由器接收到某个 IP 分组后,只有在路由表中检索到与该 IP 分组的目的 IP 地址匹配的路由项,才转发该 IP 分组,否则,丢弃该 IP 分组。因此,对于互连网络中的任何一个网络,只有在所有路由器的路由表中存在用于指明通往该网络的传输路径的路由项,才能正确地将以该网络为目的网络的 IP 分组送达目的网络。

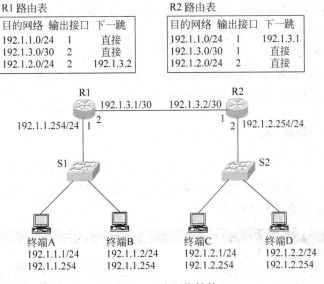

图 6.18 互连网络结构

路由器完成接口的 IP 地址和子网掩码配置后,能够自动生成用于指明通往与其直接连接的网络的传输路径的直连路由项。如图 6.18 所示,一旦为路由器 R1 接口 1 和接口 2 配置了 IP 地址与子网掩码,路由器 R1 将自动生成以 192.1.1.0/24 和 192.1.3.0/30 为目的网络的直连路由项。为了使路由器 R1 能够准确转发以属于网络地址 192.1.2.0/24 的 IP 地址为目的 IP 地址的 IP 分组,路由器 R1 的路由表中必须存在用于指明通往网络 192.1.2.0/24 的传输路径的路由项,由于路由器 R1 没有接口直接连接网络 192.1.2.0/24,因此,路由器 R1 的路由表不会自动生成以 192.1.2.0/24 为目的网络的路由项。通过分析图 6.18 所示的互连网络结构,可以得出有关路由器 R1 通往网络 192.1.2.0/24 的传输路径的信息:下一跳 IP 地址为 192.1.3.2,输出接口为接口 2。并因此可以得出用于指明路由器 R1 通往网络 192.1.2.0/24 的传输路径的路由项的内容:目的网络=192.1.2.0/24,输出接口=接口 2,下一跳 IP 地址=192.1.3.2。静态路由项配置过程分为三步:一是通过分析互连网络结构得出某个路由器通往互连网络中所有没有与其直接连接的其他网络的传输路径,二是根据该路由器通往每一个网络的传输路径求出与该传输路径相关的路由项的内容,三是根据求出的路由项内容完成路由器路由项的手工配置过程。值得强调的是,每一个路由器对于所有没有与其直接连接的网络都需手工配置一项用于指明该路由器通往该网络的传输路径的路由项。

6.3.3 关键命令说明

ip route 192.1.2.0 255.255.255.0 192.1.3.2

ip route 192.1.2.0 255.255.255.0 192.1.3.2 是全局模式下使用的静态路由项配置命令,192.1.2.0 是目的网络的网络地址,255.255.255.0 是目的网络的子网掩码,这两项用于确定目的网络的网络地址 192.1.2.0/24。目的网络的网络地址是属于目的网络的任意 IP 地址与子网掩码进行"与"操作的结果,192.1.3.2 是下一跳 IP 地址。由于下一跳结点连接在该路由器某个接口连接的网络中,根据下一跳结点的 IP 地址,可以确定下一跳结点所连接的网络,因而确定连接该网络的路由器接口,如路由器 R1 两个接口连接的网络分别是网络 192.1.1.0/24 和 192.1.3.0/30,下一跳 IP 地址 192.1.3.2 属于网络 192.1.3.0/30,因而可以确定输出接口是连接网络 192.1.3.0/30 的接口,因此,只要在静态路由项配置命令中给出了下一跳 IP 地址,就无需给出输出接口。

6.3.4 实验步骤

(1) 启动 Packet Tracer,根据图 6.18 所示互连网络结构在逻辑工作区放置和连接设备,路由器和交换机之间用直通线互连,路由器之间用交叉线互连。完成设备放置和连接后的逻辑工作区界面如图 6.19 所示。

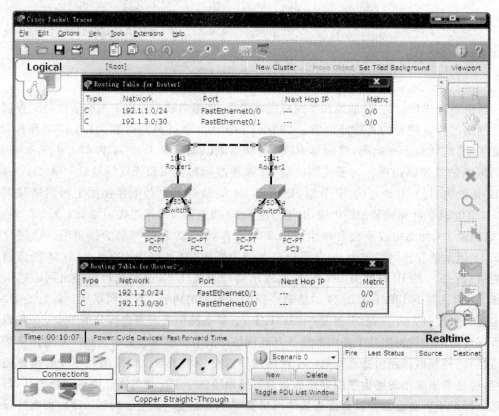

图 6.19 放置和连接设备后的逻辑工作区界面及路由表

（2）根据图 6.18 所示的路由器接口配置信息，为两个路由器的四个接口配置 IP 地址和子网掩码，完成路由器接口 IP 地址和子网掩码配置后，两个路由器自动生成如图 6.19 所示的直连路由项。需要指出的是，两个路由器的路由表中都没有用于指明通往没有与其直接连接的网络的传输路径的路由项，因此，每一个路由器都无法转发以这些网络为目的网络的 IP 分组。

（3）为每一个路由器手工配置用于指明通往没有与其直接连接的网络的传输路径的路由项。进入路由器图形接口，单击 Static 按钮，弹出如图 6.20 所示的静态路由项配置界面，对于 Router1，Network 栏输入目的网络的网络地址 192.1.2.0，Mask 栏输入目的网络的子网掩码 255.255.255.0，这两项用于确定目的网络的网络地址 192.1.2.0/24。Next Hop 栏用于输入下一跳 IP 地址 192.1.3.2。该项静态路由项表明，路由器 Router1 通往目的网络 192.1.2.0/24 的传输路径上的下一跳的 IP 地址是 192.1.3.2。

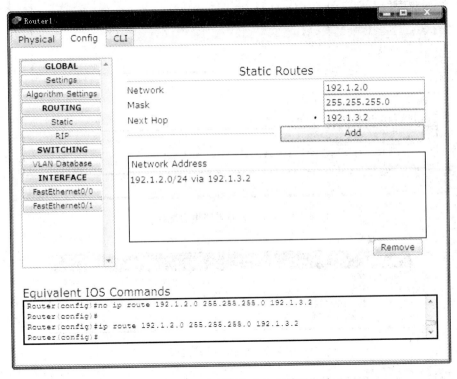

图 6.20　Router1 静态路由项配置界面

（4）完成 Router1 静态路由项配置后，路由器 Router1 的路由表如图 6.21 所示。静态路由项的类型为 S，静态路由项的管理距离值为 1，表明静态路由项的优先级仅次于直连路由项。

Type	Network	Port	Next Hop IP	Metric
C	192.1.1.0/24	FastEthernet0/0	---	0/0
C	192.1.3.0/30	FastEthernet0/1	---	0/0
S	192.1.2.0/24	---	192.1.3.2	1/0

图 6.21　Router1 路由表

(5) 手工配置 Router2 的静态路由项,图 6.22 是 Router2 静态路由项图形接口配置界面,完成 Router2 的静态路由项配置后,Router2 的路由表如图 6.23 所示。此时,两个路由器的路由表中生成了用于指明通往互连网络中所有网络的传输路径的路由项。

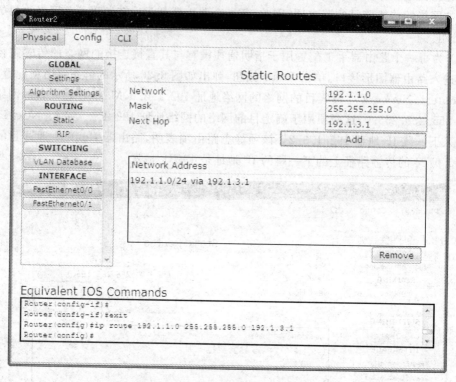

图 6.22　Router2 静态路由项配置界面

图 6.23　Router2 路由表

(6) 根据图 6.18 所示的终端配置信息,配置各个终端的 IP 地址、子网掩码和默认网关地址。终端 PC0 的配置界面如图 6.24 所示。完成各个终端 IP 地址、子网掩码和默认网关地址配置后,可以实现各个终端之间的 IP 分组传输过程。

(7) 终端 PC0、终端 PC3 和两个路由器的四个以太网接口的 MAC 地址如表 6.3 所示。终端 PC0 至终端 PC3 的 IP 分组传输过程中需要经过三个以太网,这三个以太网分别是互连终端 PC0 与 Router1 的以太网、互连 Router1 与 Router2 的以太网和互连 Router2 与终端 PC3 的以太网,IP 分组终端 PC0 至终端 PC3 传输过程中,源和目的 IP 地址是不变的,但封装 IP 分组的 MAC 帧的源和目的 MAC 地址是变化的。IP 分组经过互连终端 PC0 与 Router1 的以太网传输时,封装 IP 分组的 MAC 帧的源 MAC 地址是终端 PC0 的 MAC 地址,目的 MAC 地址是 Router1 以太网接口 FastEthernet0/0 的 MAC 地址,MAC 帧和 IP 分

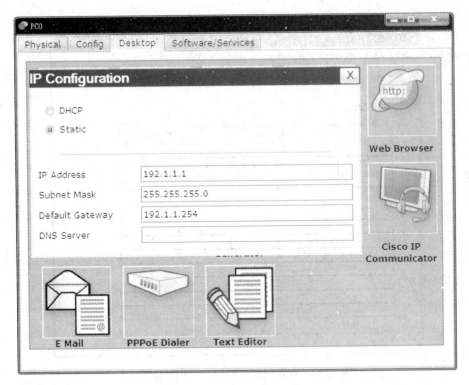

图 6.24 终端 PC0 配置界面

组格式如图 6.25 所示。IP 分组经过互连 Router1 与 Router2 的以太网传输时,封装 IP 分组的 MAC 帧的源 MAC 地址是 Router1 以太网接口 FastEthernet0/1 的 MAC 地址,目的 MAC 地址是 Router2 以太网接口 FastEthernet0/0 的 MAC 地址,MAC 帧和 IP 分组格式如图 6.26 所示。IP 分组经过互连 Router2 与终端 PC3 的以太网传输时,封装 IP 分组的 MAC 帧的源 MAC 地址是 Router1 以太网接口 FastEthernet0/1 的 MAC 地址,目的 MAC 地址是终端 PC3 的 MAC 地址,MAC 帧和 IP 分组格式如图 6.27 所示。值得强调的是,终端 PC0 通过解析默认网关地址获得 Router2 以太网接口 FastEthernet0/0 的 MAC 地址。Router1 通过解析与 IP 分组目的 IP 地址匹配的路由项中的下一跳 IP 地址获得 Router2 以太网接口 FastEthernet0/0 的 MAC 地址。Router2 通过直接解析 IP 分组的目的 IP 地址获得终端 PC3 的 MAC 地址。

表 6.3 PC0、PC3 和路由器接口的 MAC 地址

终端或路由器接口	MAC 地址
PC0	00E0.A37B.AB2B
Router1 以太网接口 FastEthernet0/0	0060.2F10.6E01
Router1 以太网接口 FastEthernet0/1	0060.2F10.6E02
Router2 以太网接口 FastEthernet0/0	0040.0BD8.BA01
Router2 以太网接口 FastEthernet0/1	0040.0BD8.BA02
PC3	0001.9791.D214

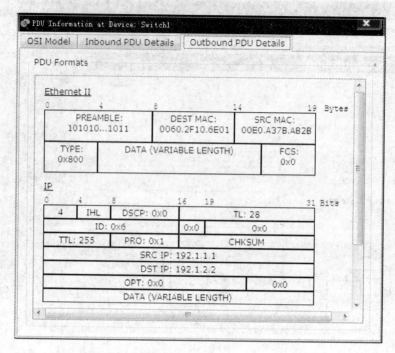

图 6.25 终端 PC0 至 Router1 MAC 帧格式

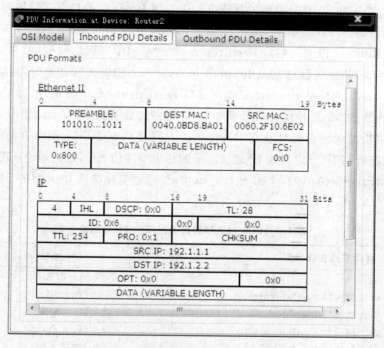

图 6.26 Router1 至 Router2 MAC 帧格式

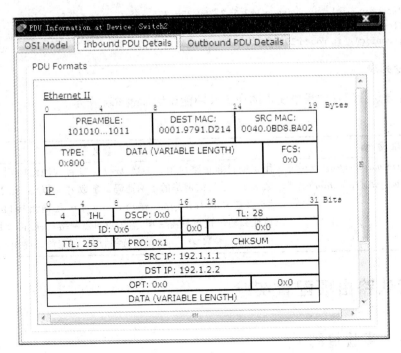

图 6.27 Router2 至 PC3 MAC 帧格式

6.3.5 命令行配置过程

1. Router1 命令行配置过程

```
Router > enable
Router # configure terminal
Router(config) # hostname Router1
Router1(config) # interface FastEthernet0/0
Router1(config - if) # no shutdown
Router1(config - if) # ip address 192.1.1.254 255.255.255.0
Router1(config - if) # exit
Router1(config) # interface FastEthernet0/1
Router1(config - if) # no shutdown
Router1(config - if) # ip address 192.1.3.1 255.255.255.252
Router1(config - if) # exit
Router1(config) # ip route 192.1.2.0 255.255.255.0 192.1.3.2
```

2. Router2 命令行配置过程

```
Router > enable
Router # configure terminal
Router(config) # hostname Router2
Router2(config) # interface FastEthernet0/0
Router2(config - if) # no shutdown
Router2(config - if) # ip address 192.1.3.2 255.255.255.252
Router2(config - if) # exit
Router2(config) # interface FastEthernet0/1
Router2(config - if) # no shutdown
```

```
Router2(config-if)# ip address 192.1.2.254 255.255.255.0
Router2(config-if)# exit
Router2(config)# ip route 192.1.1.0 255.255.255.0 192.1.3.1
```

3. 命令列表

路由器命令行配置过程中使用的命令及功能说明如表 6.4 所示。

表 6.4 命令列表

命 令 格 式	功能和参数说明
ip route *prefix mask* {*ip-address* | *interface-type interface-number*} [*distance*]	用于配置静态路由项。参数 *prefix* 是目的网络的网络地址。参数 *mask* 是目的网络的子网掩码。参数 *ip-address* 是下一跳 IP 地址,参数 *interface-type interface-number* 是输出接口,下一跳 IP 地址和输出接口只需一项,除了点对点网络,一般需要配置下一跳 IP 地址。参数 *distance* 是可选项,用于指定静态路由项距离

6.4 默认路由项配置实验

6.4.1 实验目的

一是了解默认路由项的适用环境。二是掌握默认路由项的配置过程。三是了解默认路由项可能存在的问题。

6.4.2 实验原理

1. 默认路由项适用环境

由于默认路由项的前缀最短(前缀长度为 0),且默认路由项与所有 IP 地址匹配,因此,只要某个 IP 分组的目的 IP 地址与路由表中的所有其他路由项都不匹配,路由器将根据默认路由项指定的传输路径转发该 IP 分组。由此可以得出默认路由项的适用环境必须满足以下条件:一是某个路由器通往多个网络的传输路径有着相同的下一跳,二是这些网络的网络地址不连续,无法用一个无分类编址(Classless InterDomain Routing,CIDR)地址块涵盖这些网络的网络地址。这种情况下,路由器可以用默认路由项指明通往这些网络的传输路径。如图 6.28 所示,路由器 R1 通往网络 202.3.6.0/24、33.77.6.0/24 和 101.7.3.0/24 的传输路径有着相同的下一跳,而且这些网络的网络地址不连续,因此,路由器 R1 用一项默认路由项指明通往这些网络的传输路径。图 6.29 给出了用一项默认路由项代替用于指明通往这三个网络的传输路径的三项路由项的过程。

2. 默认路由项存在的问题

默认路由项的目的网络地址用 0.0.0.0/0 表示,前缀长度为 0,意味着 32 位子网掩码为 0.0.0.0,由于任何 IP 地址与子网掩码 0.0.0.0 进行"与"操作后的结果等于 0.0.0.0,因此,任何 IP 地址与默认路由项匹配。由于默认路由项具有与任意 IP 地址匹配的特点,如果图 6.28 所示的路由器 R1 和路由器 R2 均使用了默认路由项,可能导致目的网络不是

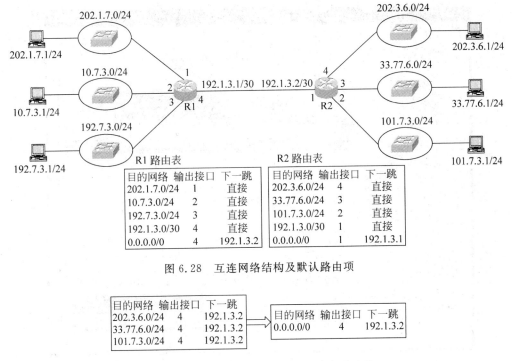

图 6.28　互连网络结构及默认路由项

图 6.29　多项路由项合并为默认路由项过程

图 6.28 所示的互连网络中的任何网络的 IP 分组的传输环路。如果某个 IP 分组的目的 IP 地址不属于如图 6.28 所示的互连网络中的任何一个网络，路由器应该丢弃该 IP 分组，但如果路由器 R1 和路由器 R2 使用了默认路由项，一旦路由器 R1 接收到这样的 IP 分组，由于该 IP 分组的目的 IP 地址只与路由器 R1 的默认路由项匹配，该 IP 分组被转发给路由器 R2，同样，由于该 IP 分组的目的 IP 地址只与路由器 R2 的默认路由项匹配，该 IP 分组又被转发给路由器 R1，这样的 IP 分组在路由器 R1 和路由器 R2 之间来回传输，直到因为 TTL 字段值变零被路由器丢弃。需要强调的是，路由器 R1 的默认路由项不仅仅把目的 IP 地址属于网络地址 202.3.6.0/24、33.77.6.0/24 和 101.7.3.0/24 的 IP 分组转发给路由器 R2，而是把所有目的 IP 地址不属于网络地址 202.1.7.0/24、10.7.3.0/24 和 192.7.3.0/24 的 IP 分组转发给路由器 R2，这些 IP 分组中包含太多因为目的网络不是图 6.28 所示的互连网络中的任何网络而需要被路由器丢弃的那些 IP 分组。因此，为了避免出现 IP 分组的传输环路，需要仔细选择配置默认路由项的路由器。

6.4.3　实验步骤

（1）启动 Packet Tracer，按照图 6.28 所示互连网络结构在逻辑工作区放置和连接设备，由于路由器 2811 常规配置下只有两个快速以太网接口，因此，需要增加两个快速以太网接口，为此，在插槽中插入模块 NM-2FE2W，插入模块过程如图 6.30 所示。完成设备放置和连接后的逻辑工作区界面如图 6.31 所示。

（2）按照图 6.28 所示的各个路由器接口连接的网络的网络地址，为各个路由器接口配置 IP 地址和子网掩码，每一个网络的最大可用 IP 地址作为连接该网络的路由器接口的

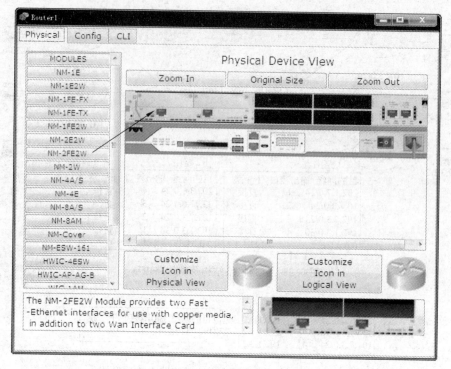

图 6.30 路由器插入模块过程

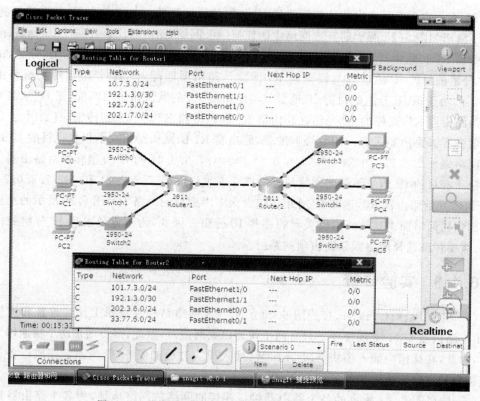

图 6.31 放置和连接设备后的逻辑工作区界面及路由表

IP 地址。如连接网络 202.1.7.0/24 的路由器接口配置 IP 地址 202.1.7.254。完成各个路由器接口的 IP 地址和子网掩码配置后,路由器 Router1 和路由器 Router2 自动生成如图 6.31 所示的直连路由项。

(3) 为路由器 Router1 和路由器 Router2 配置默认路由项,配置默认路由项后的路由器 Router1 和路由器 Router2 的路由表分别如图 6.32 和图 6.33 所示。

Type	Network	Port	Next Hop IP	Metric
C	10.7.3.0/24	FastEthernet0/1	---	0/0
C	192.1.3.0/30	FastEthernet1/1	---	0/0
C	192.7.3.0/24	FastEthernet1/0	---	0/0
C	202.1.7.0/24	FastEthernet0/0	---	0/0
S	0.0.0.0/0	---	192.1.3.2	1/0

图 6.32 Router1 路由表

Type	Network	Port	Next Hop IP	Metric
C	101.7.3.0/24	FastEthernet1/0	---	0/0
C	192.1.3.0/30	FastEthernet1/1	---	0/0
C	202.3.6.0/24	FastEthernet0/0	---	0/0
C	33.77.6.0/24	FastEthernet0/1	---	0/0
S	0.0.0.0/0	---	192.1.3.1	1/0

图 6.33 Router2 路由表

(4) 根据图 6.28 所示的终端配置信息,完成各个终端 IP 地址、子网掩码和默认网关地址配置,终端 PC0 的配置界面如图 6.34 所示。通过 Ping 操作验证终端之间的连通性。

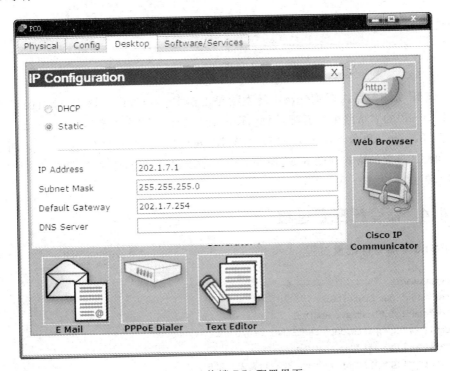

图 6.34 终端 PC0 配置界面

（5）进入模拟操作模式，单击复杂报文工具创建如图 6.35 所示的用户定义的 ICMP 报文，由于封装该 ICMP 报文的 IP 分组的目的 IP 地址 192.1.1.1 不属于图 6.28 所示的互连网络结构中任何网络的网络地址，因此，图 6.28 中的路由器无法将该 IP 分组发送给目的终端。该 IP 分组 TTL 字段的初值为 7。

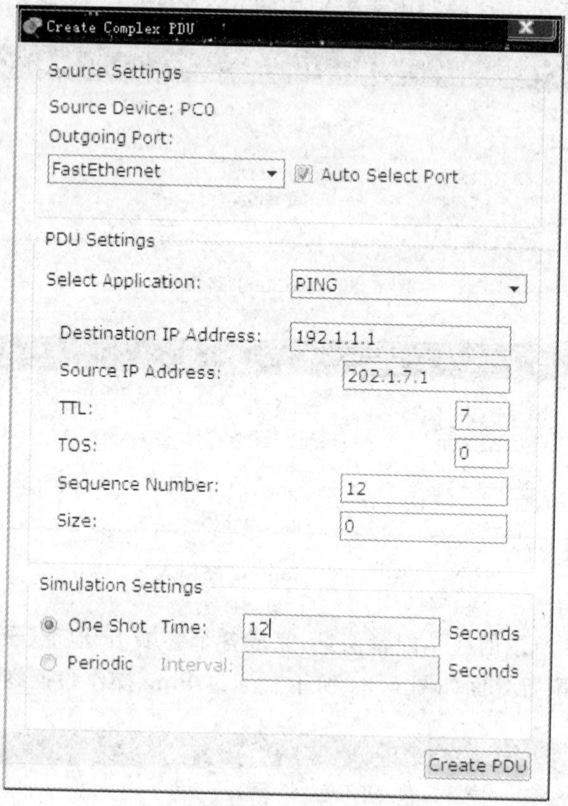

图 6.35　创建的 ICMP 报文

（6）该 IP 分组被路由器 Router1 转发给路由器 Router2，由于该 IP 分组的目的 IP 地址只和 Router2 的默认路由项匹配，因此，Router2 又将该 IP 分组转发给 Router1。模拟操作模式下，Router2 和 Router1 来回转发该 IP 分组的过程如图 6.36 所示。再次到达 Router1 的 IP 分组的格式如图 6.37 所示，TTL 字段值变为 5，表明该 IP 分组已经经过路由器两次转发。

6.4.4　命令行配置过程

1. Router1 命令行配置过程

```
Router > enable
Router # configure terminal
Router(config) # hostname Router1
Router1(config) # interface FastEthernet0/0
Router1(config-if) # no shutdown
Router1(config-if) # ip address 202.1.7.254 255.255.255.0
```

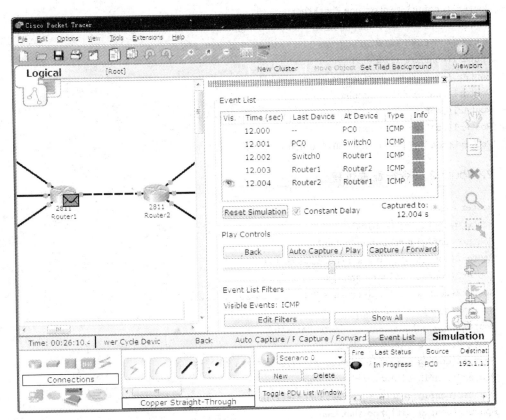

图 6.36 ICMP 报文在 Router1 和 Router2 之间来回转发的过程

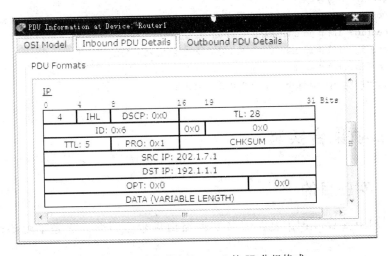

图 6.37 再次到达 Router1 的 IP 分组格式

Router1(config-if)#exit
Router1(config)#interface FastEthernet0/1
Router1(config-if)#no shutdown
Router1(config-if)#ip address 10.7.3.254 255.255.255.0
Router1(config-if)#exit

```
Router1(config)# interface FastEthernet1/0
Router1(config-if)# no shutdown
Router1(config-if)# ip address 192.7.3.254 255.255.255.0
Router1(config-if)# exit
Router1(config)# interface FastEthernet1/1
Router1(config-if)# no shutdown
Router1(config-if)# ip address 192.1.3.1 255.255.255.252
Router1(config-if)# exit
Router1(config)# ip route 0.0.0.0 0.0.0.0 192.1.3.2
```

2. Router2 命令行配置过程

```
Router>enable
Router#configure terminal
Router(config)# hostname Router2
Router2(config)# interface FastEthernet0/0
Router2(config-if)# no shutdown
Router2(config-if)# ip address 202.3.6.254 255.255.255.0
Router2(config-if)# exit
Router2(config)# interface FastEthernet0/1
Router2(config-if)# no shutdown
Router2(config-if)# ip address 33.77.6.254 255.255.255.0
Router2(config-if)# exit
Router2(config)# interface FastEthernet1/0
Router2(config-if)# no shutdown
Router2(config-if)# ip address 101.7.3.254 255.255.255.0
Router2(config-if)# exit
Router2(config)# interface FastEthernet1/1
Router2(config-if)# no shutdown
Router2(config-if)# ip address 192.1.3.2 255.255.255.252
Router2(config-if)# exit
Router2(config)# ip route 0.0.0.0 0.0.0.0 192.1.3.1
```

6.5 路由项聚合实验

6.5.1 实验目的

一是掌握网络地址分配方法。二是掌握路由项聚合过程。三是了解路由项聚合的好处。

6.5.2 实验原理

互连网络结构如图 6.38 所示,网络地址 192.1.4.0/24 与网络地址 192.1.5.0/24 是连续的,可以合并为 CIDR 地址块 192.1.4.0/23,CIDR 地址块 192.1.4.0/23 与网络地址 192.1.6.0/23 是连续的,可以合并为 CIDR 地址块 192.1.4.0/22,合并过程如图 6.39 所示。

对于路由器 R1，一是通往三个目的网络 192.1.4.0/24、192.1.5.0/24 和 192.1.6.0/23 的传输路径有着相同的下一跳，二是这三个网络的网络地址可以合并成 CIDR 地址块 192.1.4.0/22，因此，可以用一项路由项指明通往这三个网络的传输路径，这种路由项合并过程称为路由项聚合，路由器 R1 的路由项聚合过程如图 6.40 所示。

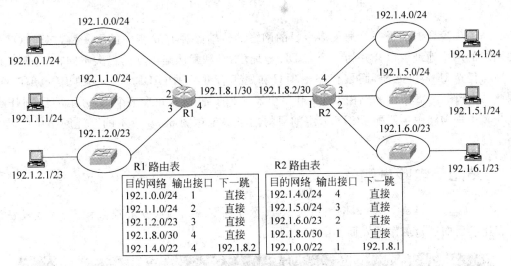

图 6.38 互连网络结构及路由项聚合

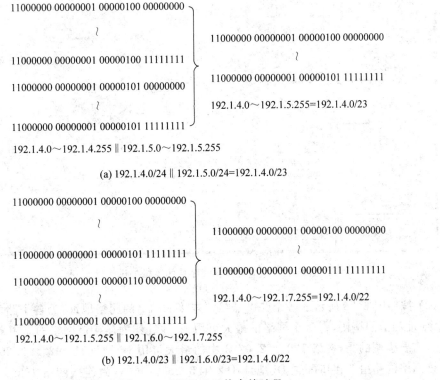

图 6.39 CIDR 地址块合并过程

图 6.40 多项路由项合并为单项路由项过程

路由项聚合的前提一是通往多个目的网络的传输路径有着相同的下一跳，二是这些目的网络的网络地址可以合并为一个 CIDR 地址块，它和默认路由项的最大不同在于，默认路由项与任意 IP 地址匹配，而聚合路由项只和属于合并后的 CIDR 地址块的 IP 地址匹配。因此，对于图 6.38 所示的路由器 R1 和路由器 R2 的路由表，如果某个 IP 分组的目的 IP 地址与其中一项路由项匹配，该 IP 分组的目的网络一定是图 6.38 所示的互连网络中的其中一个网络。

6.5.3 实验步骤

（1）启动 Packet Tracer，按照图 6.38 所示互连网络结构放置和连接设备，完成设备放置和连接后的逻辑工作区界面如图 6.41 所示。

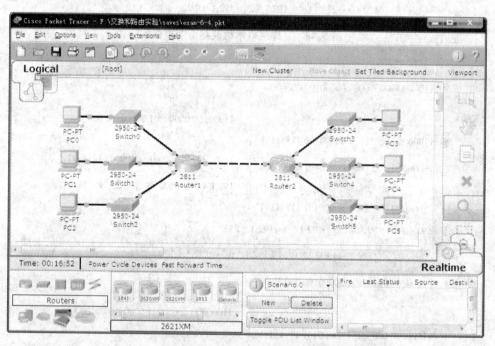

图 6.41 放置和连接设备后的逻辑工作区界面

（2）按照图 6.38 所示的各个路由器接口连接的网络的网络地址，为各个路由器接口配置 IP 地址和子网掩码，每一个网络的最大可用 IP 地址作为连接该网络的路由器接口的 IP 地址。需要强调的是，网络 192.1.2.0/23 中的最大可用 IP 地址是 192.1.3.254，因此，为连接该网络的路由器接口配置 IP 地址 192.1.3.254。同样，为连接网络 192.1.6.0/23 的路由器接口配置 IP 地址 192.1.7.254。

（3）按照图 6.40 所示路由项聚合过程完成路由器 Router1 和路由器 Router2 的路由项聚合，以手工配置静态路由项的方式完成路由器 Router1 和路由器 Router2 聚合路由项配置。配置聚合路由项后的路由器 Router1 和路由器 Router2 的路由表分别如图 6.42 和图 6.43 所示。

Type	Network	Port	Next Hop IP	Metric
C	192.1.0.0/24	FastEthernet0/0	---	0/0
C	192.1.1.0/24	FastEthernet0/1	---	0/0
C	192.1.2.0/23	FastEthernet1/0	---	0/0
C	192.1.8.0/30	FastEthernet1/1	---	0/0
S	192.1.4.0/22	---	192.1.8.2	1/0

图 6.42　Router1 路由表

Type	Network	Port	Next Hop IP	Metric
C	192.1.4.0/24	FastEthernet0/0	---	0/0
C	192.1.5.0/24	FastEthernet0/1	---	0/0
C	192.1.6.0/23	FastEthernet1/0	---	0/0
C	192.1.8.0/30	FastEthernet1/1	---	0/0
S	192.1.0.0/22	---	192.1.8.1	1/0

图 6.43　Router2 路由表

（4）根据图 6.38 所示的终端配置信息，完成各个终端 IP 地址、子网掩码和默认网关地址配置，终端 PC2 的配置界面如图 6.44 所示，默认网关地址是网络 192.1.2.0/23 中的最大可用 IP 地址 192.1.3.254。通过 Ping 操作验证终端之间的连通性。

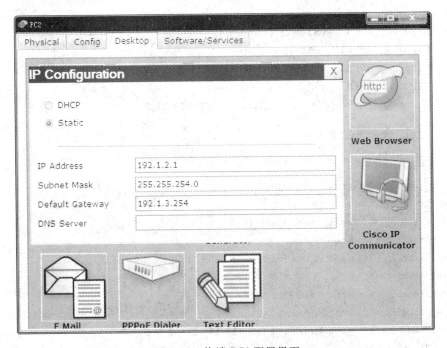

图 6.44　终端 PC2 配置界面

（5）进入模拟操作模式，单击复杂报文工具创建 ICMP 报文，并将封装该 ICMP 报文的 IP 分组的源 IP 地址设置为终端 PC0 的 IP 地址 192.1.0.1、目的 IP 地址设置为 192.1.9.1。由于 IP 地址 192.1.9.1 不属于图 6.38 所示的互连网络中的任何一个网络，因此，该 IP 分组的目的 IP 地址与路由器 Router1 路由表中的所有路由项（包括聚合路由项）均不匹配，路由器 Router1 丢弃该 IP 分组，并向终端 PC0 发送用于指明该 IP 分组不可达的 ICMP 报文。这一点是聚合路由项与默认路由项的主要区别。

6.5.4 命令行配置过程

1. Router1 命令行配置过程

```
Router > enable
Router # configure terminal
Router(config) # hostname Router1
Router1(config) # interface FastEthernet0/0
Router1(config - if) # no shutdown
Router1(config - if) # ip address 192.1.0.254 255.255.255.0
Router1(config - if) # exit
Router1(config) # interface FastEthernet0/1
Router1(config - if) # no shutdown
Router1(config - if) # ip address 192.1.1.254 255.255.255.0
Router1(config - if) # exit
Router1(config) # interface FastEthernet1/0
Router1(config - if) # no shutdown
Router1(config - if) # ip address 192.1.3.254 255.255.254.0
Router1(config - if) # exit
Router1(config) # interface FastEthernet1/1
Router1(config - if) # no shutdown
Router1(config - if) # ip address 192.1.8.1 255.255.255.252
Router1(config - if) # exit
Router1(config) # ip route 192.1.4.0 255.255.252.0 192.1.8.2
```

2. Router2 命令行配置过程

```
Router > enable
Router # configure terminal
Router(config) # hostname Router2
Router2(config) # interface FastEthernet0/0
Router2(config - if) # no shutdown
Router2(config - if) # ip address 192.1.4.254 255.255.255.0
Router2(config - if) # exit
Router2(config) # interface FastEthernet0/1
Router2(config - if) # no shutdown
Router2(config - if) # ip address 192.1.5.254 255.255.255.0
Router2(config - if) # exit
```

```
Router2(config)# interface FastEthernet1/0
Router2(config-if)# no shutdown
Router2(config-if)# ip address 192.1.7.254 255.255.254.0
Router2(config-if)# exit
Router2(config)# interface FastEthernet1/1
Router2(config-if)# no shutdown
Router2(config-if)# ip address 192.1.8.2 255.255.255.252
Router2(config-if)# exit
Router2(config)# ip route 192.1.0.0 255.255.252.0 192.1.8.1
```

6.6 网络设备配置实验

6.6.1 实验目的

一是掌握路由器远程配置过程。二是掌握终端与网络设备之间传输通路的建立过程。三是掌握交换机默认网关地址的配置过程。

6.6.2 实验原理

互连网络结构如图 6.38 所示，终端通过 Telnet 实现网络设备远程配置的前提有二：一是建立终端与网络设备管理地址之间的传输通路，二是完成网络设备与远程配置相关的一些信息的配置，如创建授权用户、设置进入特权模式的口令等。

交换机的管理地址是对 VLAN 接口配置的 IP 地址，交换机默认状态下存在默认 VLAN——VLAN 1，因此可以用 VLAN 1 接口的 IP 地址作为该交换机的管理地址。路由器连接交换机属于 VLAN 1 的端口的 IP 地址和子网掩码确定了交换机 VLAN 1 的网络地址，同时该路由器接口的 IP 地址也成为交换机的默认网关地址。对于图 6.41 中的 Switch5，由于默认状态下，Switch5 的所有端口都属于 VLAN 1，因此，路由器 Router2 连接 Switch5 的接口配置的 IP 地址 192.1.7.254 和子网掩码 255.255.254.0 确定了 VLAN 1 的网络地址 192.1.6.0/23。IP 地址 192.1.7.254 成为 Switch5 的默认网关地址，VLAN 1 接口必须分配属于网络地址 192.1.6.0/23 且没有使用的 IP 地址，如 192.1.6.15。

路由器所有接口配置的 IP 地址均可作为路由器的管理地址，完成路由项建立后，所有终端存在与路由器接口之间的传输通路。和交换机相同，为了实现远程配置，路由器需要创建授权用户，同时配置进入特权模式的口令。

6.6.3 关键命令说明

```
Switch(config)# ip default-gateway 192.1.7.254
```

ip default-gateway 192.1.7.254 是全局模式下使用的命令，该命令为二层交换机指定默认网关地址 192.1.7.254，如果和交换机不在同一个网络的终端需要访问该交换机，该交换机必须配置默认网关地址。和终端一样,如果 IP 分组的目的地和交换机不在同一个网络,交换机首先将该 IP 分组发送给由默认网关地址指定的路由器。默认网关地址只对二层交换机有用。

6.6.4 实验步骤

(1) 该实验在 6.5 节完成的实验基础上进行。为路由器 Router1 和 Router2 配置与实现远程配置有关的信息,如创建授权用户,指定用本地授权用户信息(用户名和口令)鉴别远程登录用户等。为各个交换机配置管理地址和默认网关地址。通过对 VLAN 1 接口配置 IP 地址完成交换机管理地址的配置,将直接连接该交换机的路由器接口的 IP 地址作为该交换机的默认网关地址,同时完成各个交换机与实现远程配置有关的信息的配置。这些配置过程只能通过命令行接口进行。6.6.5 节命令行配置过程给出了完成这些配置需要输入的完整命令序列。

(2) 通过在终端 PC0 命令行提示符下输入命令 Telnet 192.1.7.254 启动对 Router2 的远程配置过程,192.1.7.254 是 Router2 其中一个接口的 IP 地址,可以用路由器任何一个接口的 IP 地址作为该路由器的管理地址。图 6.45 是终端 PC0 远程配置 Router2 的界面。

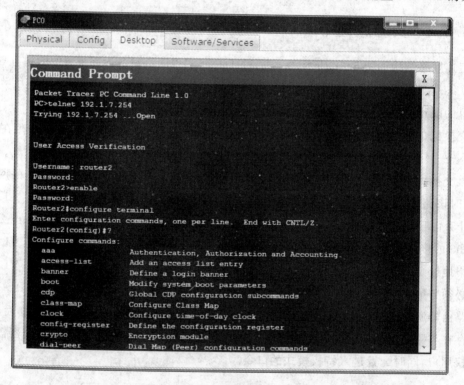

图 6.45 终端 PC0 远程配置 Router2 界面

(3) 通过在终端 PC1 命令行提示符下输入命令 Telnet 192.1.6.15 启动对 Switch5 的远程配置过程,192.1.6.15 是 Switch5 VLAN 1 接口的 IP 地址,这里作为 Switch5 的管理地址。图 6.46 是终端 PC1 远程配置 Switch5 的界面。

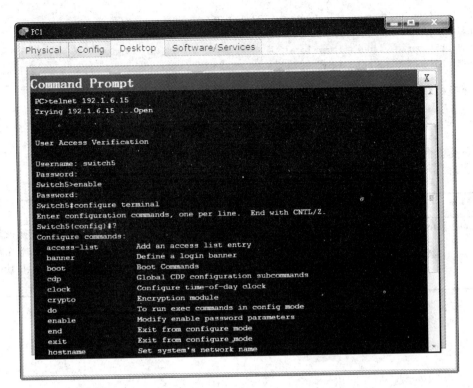

图 6.46　终端 PC1 远程配置 Switch5 界面

6.6.5　命令行配置过程

1. Router2 命令行配置过程

Router2 > enable
Router2 # configure terminal
Router2(config) # username router2 password router2
Router2(config) # enable password router2
Router2(config) # line vty 0 4
Router2(config-line) # login local
Router2(config-line) # exit

Router1 命令行配置过程与此相似，不再赘述。

2. Switch5 命令行配置过程

Switch5 > enable
Switch5 # configure terminal
Switch5(config) # username switch5 password switch5
Switch5(config) # enable password switch5
Switch5(config) # interface vlan 1
Switch5(config-if) # ip address 192.1.6.15 255.255.254.0
Switch5(config-if) # no shutdown
Switch5(config-if) # exit

```
Switch5(config)#ip default-gateway 192.1.7.254
Switch5(config)#line vty 0 4
Switch5(config-line)#login local
Switch5(config-line)#exit
```

其他交换机命令行配置过程与此相似,不再赘述。

3. 命令列表

交换机命令行配置过程中使用的命令及功能说明如表 6.5 所示。

表 6.5 命令列表

命令格式	功能和参数说明
ip default-gateway *ip-address*	为二层交换机配置默认网关地址,二层交换机需要向不在同一个网络的终端发送 IP 分组时,首先将该 IP 分组发送给默认网关。参数 *ip-address* 是默认网关地址

第 7 章 路由协议实验

通过路由协议实验深刻理解路由协议创建动态路由项的过程,掌握内部网关协议与外部网关协议之间的联系与区别,掌握内部网关协议 RIP 和 OSPF 的适用环境。

7.1 RIP 配置实验

7.1.1 实验目的

一是验证路由信息协议(Routing Information Protocol,RIP)创建动态路由项的过程。二是验证直连路由项和 RIP 之间的关联。三是区分动态路由项和静态路由项的差别。四是验证动态路由项的自适应性。

7.1.2 实验原理

互连网络结构如图 7.1 所示。由于路由协议的功能是使得每一个路由器能够在直连路由项的基础上,创建用于指明通往没有与其直接连接的网络的传输路径的动态路由项。因此,路由器的 RIP 配置过程分为两个部分:一是通过配置接口的 IP 地址和子网掩码自动生成直连路由项;二是通过配置 RIP 相关信息,启动通过 RIP 生成用于指明通往没有与其直接连接的网络的传输路径的动态路由项的过程。

7.1.3 关键命令说明

下述命令序列用于完成路由器 RIP 相关信息的配置过程。

```
Router(config)#router rip
Router(config-router)#version 2
Router(config-router)#no auto-summary
Router(config-router)#network 192.1.3.0
Router(config-router)#network 193.1.4.0
```

router rip 是全局模式下使用的命令,该命令的作用是进入 RIP 配置模式,Router(config-router)#是 RIP 配置模式下的命令提示符。在 RIP 配置模式下完成 RIP 相关参数的配置过程。

version 2 是 RIP 配置模式下使用的命令,该命令的作用是启动 RIPv2,Packet Tracer

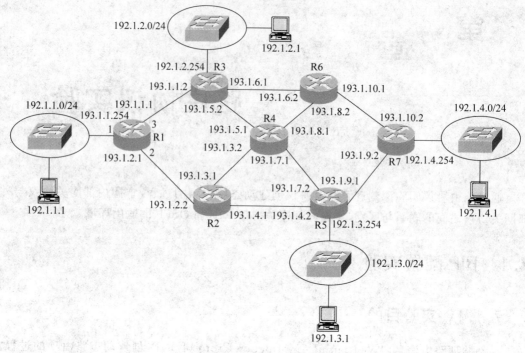

图 7.1 互连网络结构

支持 RIPv1 和 RIPv2,RIPv1 只支持分类编址,RIPv2 支持无分类编址。

  no auto-summary 是 RIP 配置模式下使用的命令,该命令的作用是取消路由项聚合功能。Packet Tracer RIP 允许通过划分某个分类地址对应的网络地址,产生多个子网,并因此产生多项与子网对应的直连路由项,但通过 RIP 路由消息向外发送路由项时,可以将这些子网对应的多项路由项聚合为一项路由项,该路由项的目的网络地址为划分子网前的分类地址所对应的网络地址。RIPv1 由于只支持分类编址,必须启动路由项聚合功能。RIPv2 由于支持无分类编址,可以启动路由项聚合功能,也可以取消路由项聚合功能。no auto-summary 是取消路由项聚合功能的命令,auto-summary 是启动路由项聚合功能的命令。前面已经提过,Cisco IOS 通常通过在某个命令前面加 no 表示取消执行该命令后生成的功能。

  聚合路由项和不聚合路由项的区别如图 7.2 所示,图中三个子网 192.1.1.0/26、192.1.1.64/26 和 192.1.1.128/25 通过划分 C 类网络 192.1.1.0 产生,由于三个子网的地

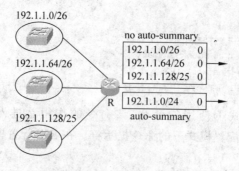

图 7.2 路由项聚合和不聚合的区别

址空间与 C 类网络 192.1.1.0 的地址空间相同,因此,需要启动路由项聚合功能,用一项目的网络地址为 C 类网络地址 192.1.1.0 的路由项取代三项目的网络地址分别为 192.1.1.0/26、192.1.1.64/26 和 192.1.1.128/25 的路由项。但如果图 7.1 中互连路由器 R2 和路由器 R5 的是网络 193.1.4.0/30,一旦启动路由项聚合功能,路由器 R3 和路由器 R5 向外发送的路由项是目的网络地址为 C 类网络地址 192.1.4.0 的路由项,由于网络地址 193.1.4.0/30(193.1.4.0~193.1.4.3)只占用 C 类网络地址 192.1.4.0(193.1.4.0~193.1.4.255)中很少的 IP 地址空间,如果将目的 IP 地址属于 C 类网络地址 192.1.4.0 的 IP 分组都转发给路由器 R2 或路由器 R5,这些 IP 分组中,目的 IP 地址属于 193.1.4.4~193.1.4.255 的 IP 分组是需要被路由器 R2 或路由器 R5 丢弃的,这种情况下,应该取消路由项聚合功能。因此,如果子网地址空间是连续的,且这些子网的地址空间和某个分类网络地址对应的地址空间相同,需要启动路由项聚合功能,如果子网地址空间不是连续的,或者子网地址空间与某个分类网络地址对应的地址空间不相同,应该取消路由项聚合功能。

network 192.1.3.0 是 RIP 配置模式下使用的命令,紧随命令 network 的参数通常是分类网络地址,如果不是分类网络地址,能够自动转换成分类网络地址。192.1.3.0 是 C 类网络地址,其 IP 地址空间为 192.1.3.0~192.1.3.255。该命令的作用有二:一是启动所有接口 IP 地址属于网络地址 192.1.3.0 的路由器接口的 RIP 功能,允许这些接口接收和发送 RIP 路由消息;二是如果网络 192.1.3.0 是该路由器直接连接的网络,或者划分网络 192.1.3.0 后产生的若干个子网是该路由器直接连接的网络,网络 192.1.3.0 对应的直连路由项(启动路由项聚合功能情况),或者若干个子网对应的直连路由项(取消路由项聚合功能情况)参与 RIP 建立动态路由项的过程,即其他路由器的路由表中会生成用于指明通往网络 192.1.3.0(启动路由项聚合功能情况),或者若干个子网(取消路由项聚合功能情况)的传输路径的路由项。对应图 7.2 中的路由器 R,无论是否启动路由项聚合功能,路由器 R 都需输入命令 network 192.1.1.0,如果启动路由项聚合功能,其他路由器的路由表中只有一项目的网络地址为 192.1.1.0/24 的路由项,如果取消路由项聚合功能,其他路由器的路由表中存在三项目的网络地址分别为 192.1.1.0/26、192.1.1.64/26 和 192.1.1.128/25 的路由项。

7.1.4 实验步骤

(1) 启动 Packet Tracer,按照图 7.1 所示的互连网络结构在逻辑工作区放置和连接网络设备,放置和连接网络设备后的逻辑工作区界面如图 7.3 所示。

(2) 按照图 7.1 所示的路由器接口配置信息为各个路由器接口配置 IP 地址和子网掩码,完成接口 IP 地址和子网掩码配置后,各个路由器的路由表中自动生成直连路由项,图 7.4 是路由器 Router5 的直连路由项。

(3) 可以通过图形接口指定路由器直接连接的、且参与 RIP 建立动态路由项过程的网络,但只能指定分类网络,如果输入的 IP 地址不是分类网络地址,能够自动转换为该 IP 地址对应的分类网络地址。图 7.5 所示的是 Router5 RIP 图形接口配置界面。需要强调的是,图形接口只能启动 RIPv1,RIPv1 只需通过输入分类网络地址指定路由器直接连接的、且参与 RIP 建立动态路由项过程的网络。

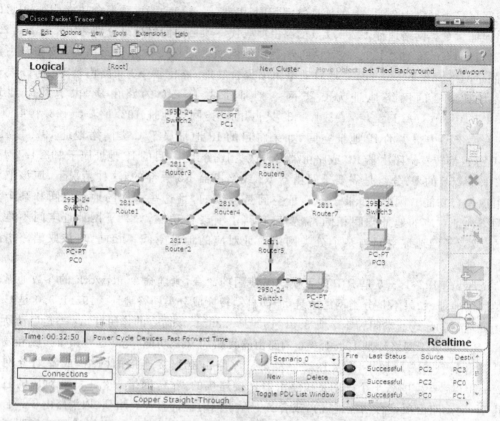

图 7.3　放置和连接设备后的逻辑工作区界面

图 7.4　Router5 直连路由项

（4）完成所有路由器 RIP 相关信息配置后，路由器之间开始通过交换 RIP 路由消息创建用于指明通往没有与其直接连接的网络的传输路径的动态路由项。图 7.6 所示的是 Router5 包括动态路由项的完整路由表。图 7.7 所示的是 Router4 包括动态路由项的完整路由表。类型（Type）字段值为 R，表明是 RIP 创建的动态路由项，距离（Metric）字段值 120/1 中的 120 是管理距离值，用于确定该路由项的优先级，管理距离值越小，对应的路由项的优先级越高。如果存在多项类型不同、目的网络地址相同的路由项，使用优先级高的路由项。120/1 中的 1 是跳数，跳数等于该路由器到达目的网络需要经过的路由器数目（不含该路由器自身）。分析图 7.1 所示的互连网络结构可以看出，路由器 Router4 通往网络 192.1.2.0/24 的传输路径上的下一跳是路由器 Router3（接口 IP 地址为 193.1.5.2），经过的路由器数目为 1（只包含路由器 Router3），图 7.7 中类型为 R，目的网络为 192.1.2.0/24

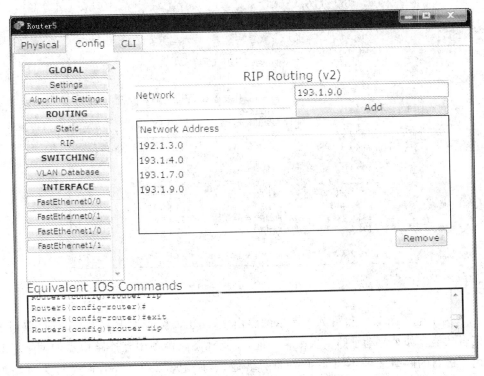

图 7.5 Router5 图形接口配置 RIP 界面

的动态路由项证明了这一点。对于路由器 Router5，通往网络 192.1.2.0/24 的传输路径上的下一跳是路由器 Router4(接口 IP 地址为 193.1.7.1)，经过的路由器数目为 2(包含路由器 Router4 和 Router3)，图 7.6 中类型为 R，目的网络为 192.1.2.0/24 的动态路由项证明了这一点。

图 7.6 Router5 路由表

图 7.7 Router4 路由表

Type	Network	Port	Next Hop IP	Metric
C	193.1.3.0/30	FastEthernet0/0	---	0/0
C	193.1.5.0/30	FastEthernet0/1	---	0/0
C	193.1.7.0/30	FastEthernet1/1	---	0/0
C	193.1.8.0/30	FastEthernet1/0	---	0/0
R	192.1.1.0/24	FastEthernet0/0	193.1.3.1	120/2
R	192.1.1.0/24	FastEthernet0/1	193.1.5.2	120/2
R	192.1.2.0/24	FastEthernet0/1	193.1.5.2	120/1
R	192.1.3.0/24	FastEthernet1/1	193.1.7.2	120/1
R	192.1.4.0/24	FastEthernet1/1	193.1.8.2	120/1
R	192.1.4.0/24	FastEthernet1/1	193.1.7.2	120/1
R	193.1.1.0/30	FastEthernet0/1	193.1.5.2	120/1
R	193.1.10.0/30	FastEthernet1/1	193.1.8.2	120/1
R	193.1.2.0/30	FastEthernet0/0	193.1.3.1	120/1
R	193.1.4.0/30	FastEthernet0/0	193.1.3.1	120/1
R	193.1.4.0/30	FastEthernet1/1	193.1.7.2	120/1
R	193.1.6.0/30	FastEthernet0/0	193.1.5.2	120/1
R	193.1.6.0/30	FastEthernet1/0	193.1.8.2	120/1
R	193.1.9.0/30	FastEthernet1/1	193.1.7.2	120/1

图 7.7 Router4 路由表

(5) 为了生成图 7.6 和图 7.7 所示的路由表,路由器配置 RIP 相关信息时,取消了路由项聚合功能。如果启动了路由项聚合功能,一是动态路由项中互连路由器的网络所对应的路由项的目的网络地址不再是子网的网络地址,如 193.1.4.0/30,而是分类网络地址 193.1.4.0/24。二是由于互连路由器的网络不是末端网络,使得某个路由器对应该网络的直连路由项(以子网地址作为该路由项的目的网络地址)与另一个路由器通过路由消息给出的有关该网络的路由项(以分类网络地址作为该路由项的目的网络地址)不同,有可能满足计数到无穷大的条件。启动路由项聚合功能后生成的 Router5 的路由表如图 7.8 所示,其中存在距离为无穷大(16)的动态路由项。

Type	Network	Port	Next Hop IP	Metric
C	192.1.3.0/24	FastEthernet0/0	---	0/0
C	193.1.4.0/30	FastEthernet0/1	---	0/0
C	193.1.7.0/30	FastEthernet1/0	---	0/0
C	193.1.9.0/30	FastEthernet1/1	---	0/0
R	192.1.1.0/24	FastEthernet0/1	193.1.4.1	120/2
R	192.1.2.0/24	FastEthernet1/0	193.1.7.1	120/2
R	192.1.4.0/24	FastEthernet1/1	193.1.9.2	120/1
R	193.1.1.0/24	FastEthernet0/1	193.1.4.1	120/2
R	193.1.1.0/24	FastEthernet1/0	193.1.7.1	120/2
R	193.1.10.0/24	FastEthernet1/1	193.1.9.2	120/1
R	193.1.2.0/24	FastEthernet1/0	193.1.7.1	120/16
R	193.1.3.0/24	FastEthernet0/1	193.1.4.1	120/1
R	193.1.3.0/24	FastEthernet1/0	193.1.7.1	120/1
R	193.1.4.0/24	FastEthernet1/0	193.1.7.1	120/2
R	193.1.5.0/24	FastEthernet1/0	193.1.7.1	120/1
R	193.1.6.0/24	FastEthernet1/0	193.1.7.1	120/2
R	193.1.6.0/24	FastEthernet1/1	193.1.9.2	120/2
R	193.1.7.0/24	FastEthernet0/0	193.1.4.1	120/16
R	193.1.8.0/24	FastEthernet1/0	193.1.7.1	120/1
R	193.1.9.0/24	FastEthernet1/0	193.1.7.1	120/3

图 7.8 启动路由项聚合功能后的 Router5 路由表

（6）通过路由协议生成动态路由项的好处是每一个路由器能够根据互连网络拓扑结构的变化自动调整路由项，针对图 7.1 所示的互连网络结构，路由器 Router5 通往网络 192.1.1.0/24 的传输路径为 Router5→Router2→Router1→网络 192.1.1.0/24，图 7.6 中类型为 R、目的网络为 192.1.1.0/24 的动态路由项的下一跳地址 193.1.4.1 和跳数 2 证明了这一点。如果删除图 7.1 中路由器 R2 和路由器 R5 之间的物理链路，互连网络拓扑结构变成如图 7.9 所示，路由器 Router5 通往网络 192.1.1.0/24 的传输路径改变为 Router5→Router4→Router3→Router1→网络 192.1.1.0/24，变化后的 Router5 路由表如图 7.10 所示，类型为 R、目的网络为 192.1.1.0/24 的动态路由项的下一跳地址变为 193.1.7.1，跳数变为 3。

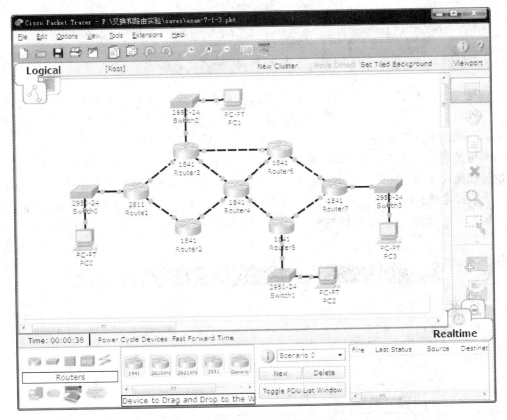

图 7.9　变化后的互连网络拓扑结构

（7）进入模拟操作模式，通过编辑过滤器(Edit Filters)选中 RIP 路由协议，截获路由器 Router4 发送给 Router5 的 RIP 路由消息，封装该 RIP 路由消息的 UDP 报文和 IP 分组格式如图 7.11 所示。UDP 报文的源和目的端口号都是 520，IP 分组的源 IP 地址是 Router4 发送该 RIP 路由消息的接口的 IP 地址 193.1.7.1，目的 IP 地址是组播地址 224.0.0.9。如果接收该 RIP 路由消息的路由器根据该 RIP 路由消息中的某项路由项创建了新的路由项，该项路由项的下一跳地址是封装该 RIP 路由消息的 IP 分组的源 IP 地址。RIP 路由消息格式如图 7.12 所示，其内容是如图 7.7 所示的 Router4 路由表中的全部路由项，每一项路由项由目的网络地址、距离和下一跳地址三部分组成，其中比较重要的信息是

Type	Network	Port	Next Hop IP	Metric
C	192.1.3.0/24	FastEthernet0/0	---	0/0
C	193.1.7.0/30	FastEthernet1/0	---	0/0
C	193.1.9.0/30	FastEthernet1/1	---	0/0
R	192.1.1.0/24	FastEthernet1/0	193.1.7.1	120/3
R	192.1.2.0/24	FastEthernet1/0	193.1.7.1	120/2
R	192.1.4.0/24	FastEthernet1/1	193.1.9.2	120/1
R	193.1.1.0/30	FastEthernet1/0	193.1.7.1	120/2
R	193.1.10.0/30	FastEthernet1/1	193.1.9.2	120/1
R	193.1.2.0/30	FastEthernet1/0	193.1.7.1	120/1
R	193.1.3.0/30	FastEthernet1/0	193.1.7.1	120/1
R	193.1.5.0/30	FastEthernet1/0	193.1.7.1	120/1
R	193.1.6.0/30	FastEthernet1/0	193.1.7.1	120/2
R	193.1.6.0/30	FastEthernet1/1	193.1.9.2	120/2
R	193.1.8.0/30	FastEthernet1/0	193.1.7.1	120/1

图 7.10 调整后的 Router5 路由表

目的网络地址和距离,一般情况下,所有路由项的下一跳地址都是封装该 RIP 路由消息的 IP 分组的源 IP 地址。需要指出的是,路由消息中路由项的距离是图 7.7 中对应路由项距离+1,该路由项距离等于 Router5 通往对应目的网络的传输路径的距离,如路由消息中目的网络地址为 192.1.2.0/24 的路由项的距离为 2,Router5 因为选择以 Router4 为下一跳的传输路径作为 Router5 通往网络 192.1.2.0/24 的传输路径,使得图 7.6 所示的 Router5 路由表中存在目的网络地址为 192.1.2.0/24、距离为 2、下一跳 IP 地址为 193.1.7.1 的路由项。RIPv2 通过 IP 地址和子网掩码给出目的网络地址,因此,支持无分类编址的目的网络地址。

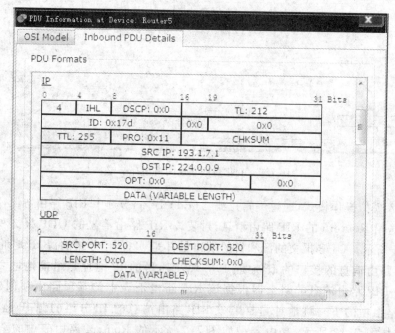

图 7.11 封装 RIP 路由消息的 IP 分组格式

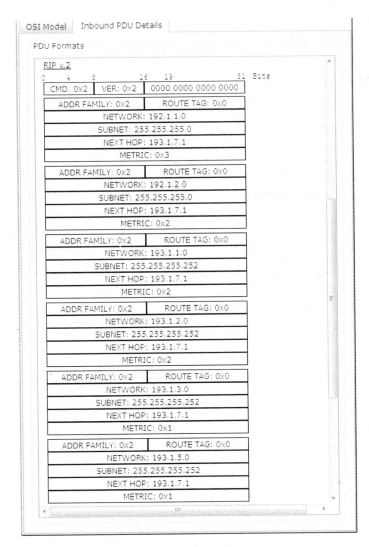

图 7.12 RIP 路由消息格式

(8) 路由器完成动态路由项创建后,可以实现连接在互连网络上的各个终端之间的通信功能。按照图 7.1 所示的终端配置信息完成各个终端的 IP 地址、子网掩码和默认网关地址配置后,通过 Ping 操作验证终端之间的连通性。

7.1.5 命令行配置过程

1. Router4 命令行配置过程

```
Router > enable
Router # configure terminal
Router(config) # hostname Router4
Router4(config) # interface FastEthernet0/0
Router4(config - if) # ip address 193.1.3.2 255.255.255.252
Router4(config - if) # no shutdown
```

```
Router4(config-if)#exit
Router4(config)#interface FastEthernet0/1
Router4(config-if)#ip address 193.1.5.1 255.255.255.252
Router4(config-if)#no shutdown
Router4(config-if)#exit
Router4(config)#interface FastEthernet1/0
Router4(config-if)#ip address 193.1.8.1 255.255.255.252
Router4(config-if)#no shutdown
Router4(config-if)#exit
Router4(config)#interface FastEthernet1/1
Router4(config-if)#ip address 193.1.7.1 255.255.255.252
Router4(config-if)#no shutdown
Router4(config-if)#exit
Router4(config)#router rip
Router4(config-router)#version 2
Router4(config-router)#no auto-summary
Router4(config-router)#network 193.1.3.0
Router4(config-router)#network 193.1.5.0
Router4(config-router)#network 193.1.7.0
Router4(config-router)#network 193.1.8.0
Router4(config-router)#exit
```

2. Router5 命令行配置过程

```
Router>enable
Router#configure terminal
Router(config)#hostname Router5
Router5(config)#interface FastEthernet0/0
Router5(config-if)#ip address 192.1.3.254 255.255.255.0
Router5(config-if)#no shutdown
Router5(config-if)#exit
Router5(config)#interface FastEthernet0/1
Router5(config-if)#ip address 193.1.4.2 255.255.255.252
Router5(config-if)#no shutdown
Router5(config-if)#exit
Router5(config)#interface FastEthernet1/0
Router5(config-if)#ip address 193.1.7.2 255.255.255.252
Router5(config-if)#no shutdown
Router5(config-if)#exit
Router5(config)#interface FastEthernet1/1
Router5(config-if)#ip address 193.1.9.1 255.255.255.252
Router5(config-if)#no shutdown
Router5(config-if)#exit
Router5(config)#router rip
Router5(config-router)#version 2
Router5(config-router)#no auto-summary
Router5(config-router)#network 192.1.3.0
Router5(config-router)#network 193.1.4.0
Router5(config-router)#network 193.1.7.0
Router5(config-router)#network 193.1.9.0
Router5(config-router)#exit
```

其他路由器的命令行配置过程与 Router4 和 Router5 的命令行配置过程相似,不再赘述。

3. 命令列表

路由器命令行配置过程中使用的命令及功能说明如表 7.1 所示。

表 7.1 命令列表

命 令 格 式	功能和参数说明
router rip	进入 RIP 配置模式,在 RIP 配置模式下完成 RIP 相关参数的配置过程
version {1 | 2}	选择 RIP 版本号,可以选择 RIPv1 或 RIPv2
auto-summary	启动路由项聚合功能,将多项以子网地址为目的网络地址的路由项聚合为一项以分类网络地址为目的网络地址的路由项。命令 no auto-summary 的作用是取消路由项聚合功能,Cisco 通过在某个命令前面加 no 表示取消执行该命令后启动的功能
network *ip-address*	指定参与 RIP 创建动态路由项的路由器接口和直接连接的网络。参数 *ip-address* 用于指定分类网络地址

7.2 RIP 计数到无穷大实验

7.2.1 实验目的

一是验证水平分割和非水平分割的区别。二是验证非水平分割下形成路由消息公告环路的情况。三是验证计数到无穷大的过程。四是验证可能构成路由消息公告环路的应用环境。

7.2.2 实验原理

互连网络结构如图 7.13 所示,在路由器 R1 和路由器 R2 启动 RIP 进程后,路由器 R1 和路由器 R2 将生成如图 7.13 所示的稳定的路由表。为了观察 RIP 计数到无穷大的情况,需要满足以下两个条件:①路由器 R1 连接网络 192.1.1.0/24 的链路发生故障;②在路由器 R1 路由表中目的网络地址为 192.1.1.0/24 的路由项无效后,先接收到路由器 R2 发送的路由消息,且路由消息中包含目的网络地址为 192.1.1.0/24 的路由项。为了满足上述两个条件,一是在建立如图 7.13 所示的稳定路由表后,将路由器 R1 接口 2 设置为被动接口,使其成为只能接收路由消息的接口,以此保证在断开路由器 R1 连接网络 192.1.1.0/24 的链路后,路由器 R1 先接收到路由器 R2 发送的路由消息。二是取消路由器 R2 的水平分割功能,使得路由器 R2 通过接口 2 发送的路由消息中包含目的网络地址为 192.1.1.0/24 的路由项,虽然该路由项是路由器 R2 通过处理接口 2 接收到的路由消息生成的。三是将路由器 R1 接口 2 重新设置为正常接口,并取消路由器 R1 的水平分割功能,使得路由器 R1 发送给路由器 R2 的路由消息中包含目的网络地址为 192.1.1.0/24 的路由项,这样,使得路由器 R1 和路由器 R2 路由表中目的网络地址为 192.1.1.0/24 的路由项的距离不断增加,直到无穷大值 16。

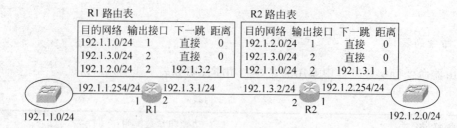

图 7.13　验证 RIP 计数到无穷大的网络结构

只需在路由器 R1 和路由器 R2 启动水平分割功能，图 7.13 所示互连网络结构便不会发生 RIP 计数到无穷大的情况。

7.2.3　关键命令说明

1. 取消路由器接口的水平分割功能

```
Router(config)#interface FastEthernet0/1
Router(config-if)#no ip split-horizon
```

no ip split-horizon 是接口配置模式下使用的命令，该命令的作用是取消该接口的水平分割功能，接口 X 的水平分割功能是指：如果路由器路由表中某项路由项是处理通过接口 X 接收到的路由消息后生成的，以后通过接口 X 发送的路由消息中不能包含该路由项。命令 ip split-horizon 是启动该接口的水平分割功能。

2. 将接口设置为被动接口

```
Router(config)#router rip
Router(config-router)#passive-interface FastEthernet0/1
```

passive-interface FastEthernet0/1 是 RIP 配置模式下使用的命令，该命令的作用是将路由器接口 FastEthernet0/1 设置为被动接口，被动接口只能接收路由消息。

3. 调整 RIP 定时器初值

```
Router(config)#router rip
Router(config-router)#timers basic 30 1200 1200 2400
```

timers basic 30 1200 1200 2400 是 RIP 配置模式下使用的命令，该命令的作用是设置 RIP 相关的定时器初值，四个时间分别是路由消息发送间隔、路由项无效时间、路由项保持时间和删除路由项时间。路由消息发送间隔用于控制路由器通过接口发送路由消息的时间间隔。路由项无效时间是指路由项允许持续不刷新的最长时间，从接收到的路由消息中推导出某项路由项称为路由项刷新。如果长时间没有从接收到的路由消息中推导出某项路由项，表示该项路由项指明的传输路径可能已经不存在，该项路由项被作为无效路由项。无效路由项或者不发送给其他路由器，或者发送给其他路由器时将距离设置为无穷大值。允许路由器继续用无效路由项转发 IP 分组一段时间，这段时间称为路由项保持时间。如果某项路由项持续删除路由项时间没有刷新,将从路由表中删除该路由项。路由器运行 RIP 时使用默认的定时器初值,本实验之所以需要设置这些定时器初值,是为了防止图 7.13 中路由器 R2 因为规定时间内没有接收到路由器 R1 发送的包含目的网络地址为 192.1.1.0/24 的路由项的路由消息,使路由表中目的网络地址为 192.1.1.0/24 的路由项无效而导致实验失败,因为进入模拟操作模式后,手工步进 RIP 运行过程,会使得路由消息的发送间隔变得很长。

7.2.4 实验步骤

(1) 启动 Packet Tracer,在逻辑工作区根据图 7.13 所示的互连网络结构放置和连接设备,放置和连接设备后的逻辑工作区界面如图 7.14 所示。

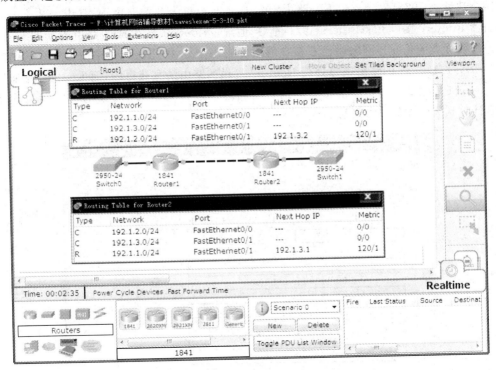

图 7.14 放置和连接设备后的逻辑工作区界面及路由表

(2) 为路由器接口配置 IP 地址和子网掩码,启动 RIP 进程,在路由器 Router1 中配置参与通过 RIP 建立动态路由项过程的网络 192.1.1.0 和 192.1.3.0,在路由器 Router2 中配置参与通过 RIP 建立动态路由项过程的网络 192.1.2.0 和 192.1.3.0。

(3) 查看在路由器 Router1 和 Router2 中建立的路由表。路由器 Router1 和路由器 Router2 的路由表如图 7.14 所示。

(4) 取消路由器 Router2 接口 FastEthernet0/1 的水平分割功能,将路由器 Router1 接口 FastEthernet0/1 设置为被动接口,删除路由器 Router1 连接网络 192.1.1.0/24 的链路。Router1 的路由表变为如图 7.15 所示,路由表中没有了目的网络地址为 192.1.1.0/24 的路由项。

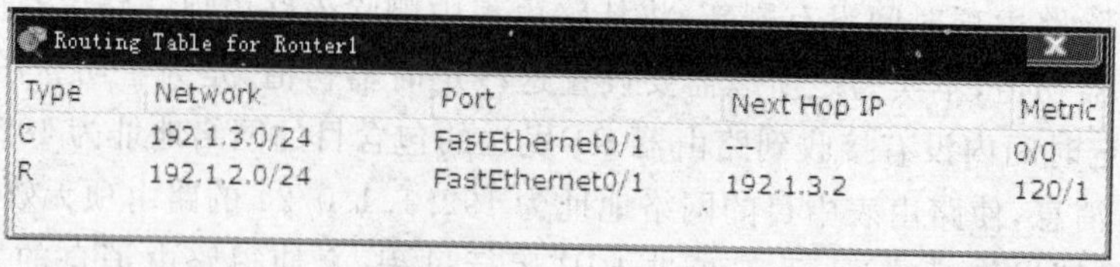

图 7.15 Router1 删除连接网络 192.1.1.0/24 链路后的路由表

（5）进入模拟操作模式，查看路由器 Router2 发送给路由器 Router1 的路由消息，该路由消息格式如图 7.16 所示。由于取消了路由器 Router2 接口 FastEthernet0/1 的水平分割功能，路由消息中包含目的网络地址为 192.1.1.0/24 的路由项（Router2 处理通过接口 FastEthernet0/1 接收到的路由消息获得该路由项），路由器 Router1 根据该路由项生成目的网络地址为 192.1.1.0/24、下一跳为 192.1.3.2、距离为 2 的路由项，其中 192.1.3.2 是路由器 Router2 接口 FastEthernet0/1 的 IP 地址。Router1 新生成的路由表如图 7.17 所示。需要强调的是互连网络中已不存在网络 192.1.1.0/24，Router1 路由表中目的网络地址为 192.1.1.0/24 的路由项是处理 Router2 发送的路由消息获得的，而 Router2 是通过处理 Router1 发送给它的路由消息推导出目的网络地址为 192.1.1.0/24 的路由项，这导致 RIP 计数到无穷大的路由消息公告环路。

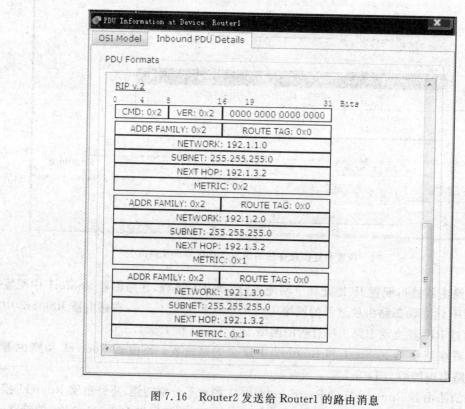

图 7.16 Router2 发送给 Router1 的路由消息

（6）取消在路由器 Router1 接口 FastEthernet0/1 水平分割功能，重新将 Router1 接口 FastEthernet0/1 设置为正常接口（非被动接口）。查看路由器 Router1 发送给路由器

Type	Network	Port	Next Hop IP	Metric
C	192.1.3.0/24	FastEthernet0/1	---	0/0
R	192.1.1.0/24	FastEthernet0/1	192.1.3.2	120/2
R	192.1.2.0/24	FastEthernet0/1	192.1.3.2	120/1

图 7.17 Router1 新的路由表

Router2 的路由消息,该路由消息格式如图 7.18 所示,包含目的网络地址为 192.1.1.0/24 的路由项,路由项的距离为 3。由于路由器 Router2 中目的网络地址为 192.1.1.0/24 的路由项的下一跳是路由器 Router1,用路由消息中目的网络地址为 192.1.1.0/24 的路由项的距离取代路由器 Router2 中目的网络地址为 192.1.1.0/24 的路由项的距离,路由器 Router2 新的路由表如图 7.19 所示。和图 7.14 所示的 Router2 路由表比较,发现目的网络地址为 192.1.1.0/24 的路由项的距离由 1 变为 3。

图 7.18 Router1 发送给 Router2 的路由消息

Type	Network	Port	Next Hop IP	Metric
C	192.1.2.0/24	FastEthernet0/0	---	0/0
C	192.1.3.0/24	FastEthernet0/1	---	0/0
R	192.1.1.0/24	FastEthernet0/1	192.1.3.1	120/3

图 7.19 Router2 新的路由表

(7) 路由器 Router1 和路由器 Router2 反复交换路由消息,最终使得两个路由器中目的网络地址为 192.1.1.0/24 的路由项的距离变为 16,表示网络 192.1.1.0/24 不可达。

7.2.5 命令行配置过程

1. Router1 命令行配置过程

```
Router > enable
Router # configure terminal
Router(config) # hostname Router1
Router1(config) # interface FastEthernet0/0
Router1(config - if) # ip address 192.1.1.254 255.255.255.0
Router1(config - if) # no shutdown
Router1(config - if) # exit
Router1(config) # interface FastEthernet0/1
Router1(config - if) # ip address 192.1.3.1 255.255.255.0
Router1(config - if) # no shutdown
Router1(config - if) # exit
Router1(config) # router rip
Router1(config - router) # version 2
Router1(config - router) # network 192.1.1.0
Router1(config - router) # network 192.1.3.0
Router1(config - router) # exit
```

以上是基本配置。以下配置是为了使 Router1 在断开连接网络 192.1.1.0/24 链路后,首先接收到 Router2 发送的路由消息。

```
Router1(config) # router rip
Router1(config - router) # passive - interface FastEthernet0/1
Router1(config - router) # exit
```

以下配置是为了构成路由消息公告环路,观察计数到无穷大过程。

```
Router1(config) # router rip
Router1(config - router) # no passive - interface FastEthernet0/1
Router1(config - router) # exit
Router1(config) # interface FastEthernet0/1
Router1(config - if) # no ip split - horizon
Router1(config - if) # exit
```

2. Router2 命令行配置过程

```
Router > enable
Router # configure terminal
Router(config) # hostname Router2
Router2(config) # interface FastEthernet0/0
Router2(config - if) # ip address 192.1.2.254 255.255.255.0
Router2(config - if) # no shutdown
Router2(config - if) # exit
Router2(config) # interface FastEthernet0/1
Router2(config - if) # ip address 192.1.3.2 255.255.255.0
```

```
Router2(config-if)#no shutdown
Router2(config-if)#exit
Router2(config)#router rip
Router2(config-router)#version 2
Router2(config-router)#network 192.1.2.0
Router2(config-router)#network 192.1.3.0
Router2(config-router)#exit
```

以上是基本配置,以下配置为了使路由器 Router2 取消水平分割功能,且延长目的网络地址为 192.1.1.0/24 的路由项的有效时间。

```
Router2(config)#interface FastEthernet0/1
Router2(config-if)#no ip split-horizon
Router2(config-if)#exit
Router2(config)#router rip
Router2(config-router)#timers basic 30 1200 1200 2400
Router2(config-router)#exit
```

3. 命令列表

路由器命令行配置过程中使用的命令及功能说明如表 7.2 所示。

表 7.2 命令列表

命令格式	功能和参数说明
ip split-horizon	启动路由器接口的水平分割功能,命令 **no ip split-horizon** 取消路由器接口的水平分割功能
passive-interface *interface-type interface-number*	将路由器接口设置为被动接口,参数 *interface-type interface-number* 用于指定接口。
timers basic *update invalid holddown flush*	设置 RIP 定时器初值,其中参数 *update*、*invalid*、*holddown* 和 *flush* 分别确定路由消息发送间隔、路由项无效时间、路由项保持时间和删除路由项时间

7.3 单区域 OSPF 配置实验

7.3.1 实验目的

一是掌握路由器开放最短路径优先(Open Shortest Path First,OSPF)路由协议的配置过程。二是验证 OSPF 创建动态路由项过程。三是验证 OSPF 聚合网络地址过程。

7.3.2 实验原理

单区域互连网络结构如图 7.20 所示,互连路由器 R11 和路由器 R14 的是 10Mb/s 链路,其他链路都是 100Mb/s 链路。路由器 R11、路由器 R12、路由器 R13、路由器 R14 和网络 192.1.1.0/24、192.1.2.0/24 构成一个 OSPF 区域,为了节省 IP 地址,可用 CIDR 地址块 192.1.3.0/27 涵盖所有分配给实现路由器互连的路由器接口的 IP 地址。各个路由器接

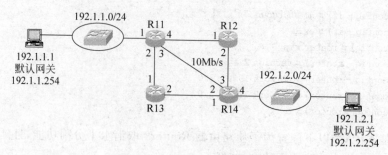

图 7.20 单区域互连网络结构

口配置的 IP 地址和子网掩码如表 7.3 所示。图 7.20 所示的单 OSPF 区域的配置过程分为两个部分，一是完成所有路由器接口的 IP 地址和子网掩码配置，使得各个路由器自动生成用于指明通往直接连接的网络的传输路径的直连路由项。二是各个路由器确定参与 OSPF 创建动态路由项过程的路由器接口和直接连接的网络，确定参与 OSPF 创建动态路由项过程的路由器接口将发送和接收 OSPF 报文，其他路由器创建的动态路由项中包含用于指明通往确定参与 OSPF 创建动态路由项过程的网络的传输路径的动态路由项。

表 7.3 路由器接口配置

路 由 器	接 口	IP 地 址	子 网 掩 码
R11	1	192.1.1.254	255.255.255.0
	2	192.1.3.9	255.255.255.252
	3	192.1.3.5	255.255.255.252
	4	192.1.3.1	255.255.255.252
R12	1	192.1.3.2	255.255.255.252
	2	192.1.3.18	255.255.255.252
R13	1	192.1.3.10	255.255.255.252
	2	192.1.3.13	255.255.255.252
R14	1	192.1.3.14	255.255.255.252
	2	192.1.3.6	255.255.255.252
	3	192.1.3.17	255.255.255.252
	4	192.1.2.254	255.255.255.0

7.3.3 关键命令说明

Router(config)# router ospf 11
Router(config-router)# network 192.1.1.0 0.0.0.255 area 1

router ospf 11 是全局模式下使用的命令，该命令的作用是进入 OSPF 配置模式，和 RIP 不同，Cisco 允许同一个路由器运行多个 OSPF 进程，不同的 OSPF 进程用不同的进程标识符标识，11 是 OSPF 进程标识符，进程标识符只有本地意义。执行该命令后，进入 OSPF 配置模式。

network 192.1.1.0 0.0.0.255 area 1 是 OSPF 配置模式下使用的命令，该命令的作用一是指定参与 OSPF 创建动态路由项过程的路由器接口，所有接口 IP 地址属于 CIDR 地址块 192.1.1.0/24 的路由器接口均参与 OSPF 创建动态路由项的过程。确定参与 OSPF 创建动态路由项过程的路由器接口将接收和发送 OSPF 报文。二是指定参与 OSPF 创建动态路由项过程的网络，直接连接的网络中所有网络地址属于 CIDR 地址块 192.1.1.0/24 的网络均参与 OSPF 创建动态路由项的过程。其他路由器创建的动态路由项中包含用于指明通往确定参与 OSPF 创建动态路由项过程的网络的传输路径的动态路由项。192.1.1.0、0.0.0.255 用于指定 CIDR 地址块 192.1.1.0/24，0.0.0.255 是子网掩码 255.255.255.0 的反码，其作用等同于子网掩码 255.255.255.0。无论是指定参与 OSPF 创建动态路由项过程的路由器接口，还是指定参与 OSPF 创建动态路由项过程的网络都是针对某个 OSPF 区域的，用区域标识符唯一指定该区域，所有路由器中指定属于相同区域的路由器接口和网络必须使用相同的区域标识符。area 1 表示区域标识符为 1，只有主干区域才能使用区域标识符 0。

7.3.4 实验步骤

（1）启动 Packet Tracer，在逻辑工作区按照图 7.20 所示的互连网络结构放置和连接设备，完成设备放置和连接后的逻辑工作区界面如图 7.21 所示。

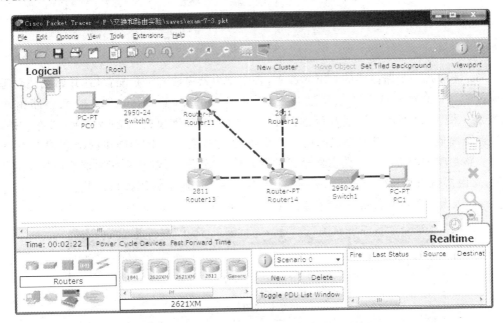

图 7.21　放置和连接设备后的逻辑工作区界面

（2）按照表 7.3 所示内容为各个路由器接口配置 IP 地址和子网掩码，完成接口 IP 地址和子网掩码配置后的路由器 Router11～Router14 的初始路由表如图 7.22～图 7.25 所示。

图 7.22　Router11 直连路由项

```
Routing Table for Router12
Type   Network          Port              Next Hop IP    Metric
C      192.1.3.0/30     FastEthernet0/0   ---            0/0
C      192.1.3.16/30    FastEthernet0/1   ---            0/0
```

图 7.23　Router12 直连路由项

```
Routing Table for Router13
Type   Network          Port              Next Hop IP    Metric
C      192.1.3.12/30    FastEthernet0/1   ---            0/0
C      192.1.3.8/30     FastEthernet0/0   ---            0/0
```

图 7.24　Router13 直连路由项

```
Routing Table for Router14
Type   Network          Port              Next Hop IP    Metric
C      192.1.2.0/24     FastEthernet0/0   ---            0/0
C      192.1.3.12/30    FastEthernet1/0   ---            0/0
C      192.1.3.16/30    FastEthernet7/0   ---            0/0
C      192.1.3.4/30     Ethernet6/0       ---            0/0
```

图 7.25　Router14 直连路由项

（3）完成每一个路由器的 OSPF 配置，各个路由器完成 OSPF 配置后，开始创建动态路由项过程，完成动态路由项创建过程后，路由器 Router11～Router14 的完整路由表如图 7.26～图 7.29 所示。类型为 O 的路由项是由 OSPF 创建的动态路由项，110/3 中 110 是管理距离值，显然，OSPF 创建的动态路由项的优先级高于 RIP 创建的动态路由项，3 是距离。路由项中的距离是该路由器至目的网络传输路径经过的所有路由器输出接口的代价之和，路由器输出接口代价等于 10^8/接口传输速率。快速以太网接口的代价＝$10^8/(100×10^6)$＝1，以太网接口的代价＝$10^8/(10×10^6)$＝10。

```
Routing Table for Router11
Type   Network          Port              Next Hop IP    Metric
C      192.1.1.0/24     FastEthernet0/0   ---            0/0
C      192.1.3.0/30     FastEthernet1/0   ---            0/0
C      192.1.3.4/30     Ethernet6/0       ---            0/0
C      192.1.3.8/30     FastEthernet7/0   ---            0/0
O      192.1.2.0/24     FastEthernet1/0   192.1.3.2      110/3
O      192.1.2.0/24     FastEthernet7/0   192.1.3.10     110/3
O      192.1.3.12/30    FastEthernet7/0   192.1.3.10     110/2
O      192.1.3.16/30    FastEthernet1/0   192.1.3.2      110/2
```

图 7.26　Router11 路由表

（4）通过分析如图 7.26～图 7.29 所示的路由器 Router11～Router14 的完整路由表发现，Router11 通往网络 192.1.2.0/24 的传输路径是 Router11→Router12→Router14→网络 192.1.2.0/24，或者是 Router11→Router13→Router14→网络 192.1.2.0/24，这两条传输路径的距离相同，都为 3（传输路径经过三个 100Mb/s 输出接口）。虽然传输路径 Router11→Router14→网络 192.1.2.0/24 经过的跳数最少，但由于 Router11 连接

Type	Network	Port	Next Hop IP	Metric
C	192.1.3.0/30	FastEthernet0/0	---	0/0
C	192.1.3.16/30	FastEthernet0/1	---	0/0
O	192.1.1.0/24	FastEthernet0/0	192.1.3.1	110/2
O	192.1.2.0/24	FastEthernet0/1	192.1.3.17	110/2
O	192.1.3.12/30	FastEthernet0/1	192.1.3.17	110/2
O	192.1.3.4/30	FastEthernet0/0	192.1.3.1	110/11
O	192.1.3.4/30	FastEthernet0/1	192.1.3.17	110/11
O	192.1.3.8/30	FastEthernet0/0	192.1.3.1	110/2

图 7.27　Router12 路由表

Type	Network	Port	Next Hop IP	Metric
C	192.1.3.12/30	FastEthernet0/1	---	0/0
C	192.1.3.8/30	FastEthernet0/0	---	0/0
O	192.1.1.0/24	FastEthernet0/0	192.1.3.9	110/2
O	192.1.2.0/24	FastEthernet0/1	192.1.3.14	110/2
O	192.1.3.0/30	FastEthernet0/0	192.1.3.9	110/2
O	192.1.3.16/30	FastEthernet0/1	192.1.3.14	110/2
O	192.1.3.4/30	FastEthernet0/0	192.1.3.9	110/11
O	192.1.3.4/30	FastEthernet0/1	192.1.3.14	110/11

图 7.28　Router13 路由表

Type	Network	Port	Next Hop IP	Metric
C	192.1.2.0/24	FastEthernet0/0	---	0/0
C	192.1.3.12/30	FastEthernet1/0	---	0/0
C	192.1.3.16/30	FastEthernet7/0	---	0/0
C	192.1.3.4/30	Ethernet6/0	---	0/0
O	192.1.1.0/24	FastEthernet1/0	192.1.3.13	110/3
O	192.1.1.0/24	FastEthernet7/0	192.1.3.18	110/3
O	192.1.3.0/30	FastEthernet7/0	192.1.3.18	110/2
O	192.1.3.8/30	FastEthernet1/0	192.1.3.13	110/2

图 7.29　Router14 路由表

Router14 的链路的传输速率是 10Mb/s，该传输路径的距离为 11（传输路径经过一个 10Mb/s 输出接口和一个 100Mb/s 输出接口）。根据最短路径原则，该传输路径由于不是 OSPF 最短路径，不被采用。

（5）为终端 PC0 和终端 PC1 配置 IP 地址、子网掩码和默认网关地址，用 Ping 操作验证终端之间的连通性。

（6）进入模拟操作模式，查看路由器之间交换的 OSPF 报文，图 7.30 所示的是路由器 Router12 发送给路由器 Router14 的 OSPF Hello 报文，其中 192.1.3.18 是路由器 Router12 所有接口中值最大的接口 IP 地址，这里被作为 Router12 的标识符（Router ID）。对于互连 Router12 和 Router14 的以太网，Router12 是指定路由器（DR），Router14 是备份指定路由器（BDR），连接在同一个以太网上的多个路由器中，Router ID 最大的路由器为指定路由器。OSPF 报文直接封装成 IP 分组，该 IP 分组的源 IP 地址是发送该 OSPF 报文的路由器接口的 IP 地址，由于是指定路由器发送给其他路由器的 OSPF 报文，目的 IP 地址是组播地址 224.0.0.5。

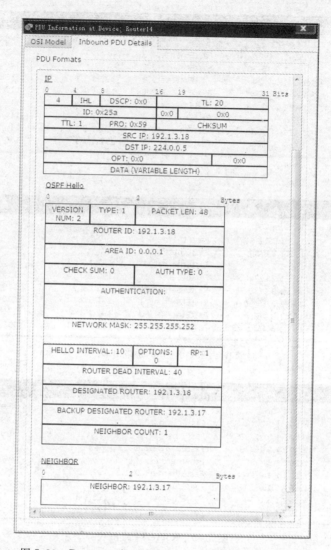

图 7.30 Router12 发送给 Router14 的 OSPF Hello 报文

7.3.5 命令行配置过程

1. Router11 命令行配置过程

```
Router > enable
Router # configure terminal
Router(config) # hostname Router11
Router11(config) # interface FastEthernet0/0
Router11(config - if) # no shutdown
Router11(config - if) # ip address 192.1.1.254 255.255.255.0
Router11(config - if) # exit
Router11(config) # interface FastEthernet1/0
Router11(config - if) # no shutdown
Router11(config - if) # ip address 192.1.3.1 255.255.255.252
Router11(config - if) # exit
```

```
Router11(config)#interface Ethernet6/0
Router11(config-if)#no shutdown
Router11(config-if)#ip address 192.1.3.5 255.255.255.252
Router11(config-if)#exit
Router11(config)#interface FastEthernet7/0
Router11(config-if)#no shutdown
Router11(config-if)#ip address 192.1.3.9 255.255.255.252
Router11(config-if)#exit
Router11(config)#router ospf 11
Router11(config-router)#network 192.1.1.0 0.0.0.255 area 1
Router11(config-router)#network 192.1.3.0 0.0.0.31 area 1
Router11(config-router)#exit
```

2. Router12 命令行配置过程

```
Router>enable
Router#configure terminal
Router(config)#hostname Router12
Router12(config)#interface FastEthernet0/0
Router12(config-if)#no shutdown
Router12(config-if)#ip address 192.1.3.2 255.255.255.252
Router12(config-if)#exit
Router12(config)#interface FastEthernet0/1
Router12(config-if)#no shutdown
Router12(config-if)#ip address 192.1.3.18 255.255.255.252
Router12(config-if)#exit
Router12(config)#router ospf 12
Router12(config-router)#network 192.1.3.0 0.0.0.31 area 1
Router12(config-router)#exit
```

其他路由器的命令行配置过程与 Router11 和 Router12 的命令行配置过程相似,不再赘述。

3. 命令列表

路由器命令行配置过程中使用的命令及功能说明如表 7.4 所示。

表 7.4 命令列表

命令格式	功能和参数说明
router ospf *process-id*	进入 OSPF 配置模式,参数 *process-id* 是 OSPF 进程标识符,只有本地意义
network *ip-address wildcard-mask* **area** *area-id*	用于指定参与 OSPF 创建动态路由项过程的路由器接口和路由器直接连接的网络,参数 *ip-address* 和参数 *wildcard-mask* 用于指定 CIDR 地址块,*wildcard-mask* 的形式是子网掩码反码,其作用等同于子网掩码。如 192.1.3.0 0.0.0.31 指定的 CIDR 地址块为 192.1.3.0/27。0.0.0.31 是子网掩码 255.255.255.224 的反码。参数 *area-id* 是区域标识符,所有属于相同区域的接口和网络必须配置相同的区域标识符

7.4 多区域 OSPF 配置实验

7.4.1 实验目的

一是进一步验证 OSPF 工作机制。二是掌握划分网络区域的方法和步骤。三是掌握路由器多区域 OSPF 配置过程。四是验证 OSPF 聚合网络地址过程。

7.4.2 实验原理

互连网络结构如图 7.31 所示，路由器 R11、路由器 R12、路由器 R01 的接口 3 和接口 4、路由器 R02 的接口 1 和网络 192.1.1.0/24 构成一个 OSPF 区域(区域 1)，路由器 R21、路由器 R22、路由器 R03 的接口 2 和接口 3、网络 192.1.2.0/24 构成另一个 OSPF 区域(区域 2)，路由器 R01 接口 1 和接口 2、路由器 R02 接口 2 和接口 3、路由器 R03 接口 1 和接口 4 构成 OSPF 主干区域(区域 0)，路由器 R01、路由器 R02 和路由器 R03 为区域边界路由器，用于实现本地区域和主干区域的互连，其中路由器 R01、路由器 R02 用于实现区域 1 和主干区域的互连，路由器 R03 用于实现区域 2 和主干区域的互连。为了节省 IP 地址，区域 1 内，可用 CIDR 地址块 192.1.3.0/28 涵盖所有分配给实现区域 1 内路由器互连的路由器接口的 IP 地址。区域 2 内，可用 CIDR 地址块 192.1.5.0/28 涵盖所有分配给实现区域 2 内路由器互连的路由器接口的 IP 地址。主干区域内，可用 CIDR 地址块 192.1.4.0/28 涵盖所有分配给实现主干区域内路由器互连的路由器接口的 IP 地址。路由器各个接口的 IP 地址和子网掩码如表 7.5 所示。

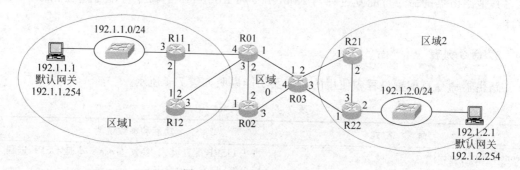

图 7.31 多区域互连网络结构

表 7.5 路由器接口配置

路由器	接口	IP 地址	子网掩码
R11	1	192.1.3.5	255.255.255.252
	2	192.1.3.1	255.255.255.252
	3	192.1.1.254	255.255.255.0
R12	1	192.1.3.2	255.255.255.252
	2	192.1.3.9	255.255.255.252
	3	192.1.3.13	255.255.255.252

续表

路 由 器	接 口	IP 地 址	子网掩码
R01	1	192.1.4.9	255.255.255.252
	2	192.1.4.1	255.255.255.252
	3	192.1.3.10	255.255.255.252
	4	192.1.3.6	255.255.255.252
R02	1	192.1.3.14	255.255.255.252
	2	192.1.4.2	255.255.255.252
	3	192.1.4.5	255.255.255.252
R03	1	192.1.4.10	255.255.255.252
	2	192.1.5.1	255.255.255.252
	3	192.1.5.5	255.255.255.252
	4	192.1.4.6	255.255.255.252
R21	1	192.1.5.2	255.255.255.252
	2	192.1.5.10	255.255.255.252
R22	1	192.1.5.6	255.255.255.252
	2	192.1.2.254	255.255.255.0
	3	192.1.5.9	255.255.255.252

7.4.3 实验步骤

（1）启动 Packet Tracer，根据图 7.31 所示的互连网络结构在逻辑工作区放置和连接设备，放置和连接设备后的逻辑工作区界面如图 7.32 所示。

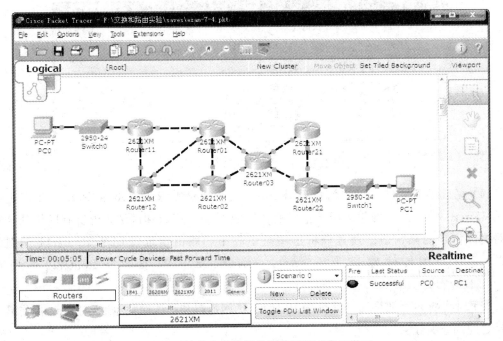

图 7.32 放置和连接设备后的逻辑工作区界面

(2) 按照表 7.5 所示内容为各个路由器接口配置 IP 地址和子网掩码。

(3) 完成区域 1 和区域 2 的 OSPF 配置，对于区域边界路由器 Router01 和 Router02，通过配置指定参与区域 1 OSPF 创建动态路由项过程的路由器接口和路由器直接连接的网络，对于区域边界路由器 Router03，通过配置指定参与区域 2 OSPF 创建动态路由项过程的路由器接口和路由器直接连接的网络。完成区域 1 内 OSPF 配置后，Router01 产生如图 7.33 所示的路由表，路由表中包含用于指明通往区域 1 内所有网络的传输路径的路由项，但不包含用于指明通往区域 2 内网络的传输路径的路由项。同样，完成区域 2 内 OSPF 配置后，Router03 产生如图 7.34 所示的路由表，路由表中包含用于指明通往区域 2 内所有网络的传输路径的路由项，但不包含用于指明通往区域 1 内网络的传输路径的路由项。

Routing Table for Router01

Type	Network	Port	Next Hop IP	Metric
C	192.1.3.4/30	FastEthernet0/0	---	0/0
C	192.1.3.8/30	FastEthernet0/1	---	0/0
C	192.1.4.0/30	FastEthernet1/0	---	0/0
C	192.1.4.8/30	FastEthernet1/1	---	0/0
O	192.1.1.0/24	FastEthernet0/0	192.1.3.5	110/2
O	192.1.3.0/30	FastEthernet0/0	192.1.3.5	110/2
O	192.1.3.0/30	FastEthernet0/1	192.1.3.9	110/2
O	192.1.3.12/30	FastEthernet0/1	192.1.3.9	110/2

图 7.33　Router01 区域 1 内路由项

Routing Table for Router03

Type	Network	Port	Next Hop IP	Metric
C	192.1.4.4/30	FastEthernet0/1	---	0/0
C	192.1.4.8/30	FastEthernet0/0	---	0/0
C	192.1.5.0/30	FastEthernet1/0	---	0/0
C	192.1.5.4/30	FastEthernet1/1	---	0/0
O	192.1.2.0/24	FastEthernet1/1	192.1.5.6	110/2
O	192.1.5.8/30	FastEthernet1/0	192.1.5.2	110/2
O	192.1.5.8/30	FastEthernet1/1	192.1.5.6	110/2

图 7.34　Router03 区域 2 内路由项

(4) 完成主干区域 OSPF 配置后，Router11、Router01、Router03 和 Router22 产生如图 7.35～图 7.38 所示的包含用于指明通往区域 1、主干区域和区域 2 内所有网络的传输路径的路由项的路由表。通过分析这些路由表中的路由项可以发现，Router11 至网络 192.1.2.0/24 的传输路径为 Router11 → Router01 → Router03 → Router22 → 网络 192.1.2.0/24。

(5) 对终端 PC0 和终端 PC1 配置 IP 地址、子网掩码和默认网关地址，用 Ping 操作验证终端之间的连通性。

Routing Table for Router11

Type	Network	Port	Next Hop IP	Metric
C	192.1.1.0/24	FastEthernet1/0	---	0/0
C	192.1.3.0/30	FastEthernet0/0	---	0/0
C	192.1.3.4/30	FastEthernet0/1	---	0/0
O	192.1.2.0/24	FastEthernet0/1	192.1.3.6	110/4
O	192.1.3.12/30	FastEthernet0/0	192.1.3.2	110/2
O	192.1.3.8/30	FastEthernet0/0	192.1.3.2	110/2
O	192.1.3.8/30	FastEthernet0/1	192.1.3.6	110/2
O	192.1.4.0/30	FastEthernet0/1	192.1.3.6	110/2
O	192.1.4.4/30	FastEthernet0/0	192.1.3.2	110/3
O	192.1.4.4/30	FastEthernet0/1	192.1.3.6	110/3
O	192.1.4.8/30	FastEthernet0/1	192.1.3.6	110/2
O	192.1.5.0/30	FastEthernet0/1	192.1.3.6	110/3
O	192.1.5.4/30	FastEthernet0/1	192.1.3.6	110/3
O	192.1.5.8/30	FastEthernet0/1	192.1.3.6	110/4

图 7.35　Router11 路由表

Routing Table for Router01

Type	Network	Port	Next Hop IP	Metric
C	192.1.3.4/30	FastEthernet0/0	---	0/0
C	192.1.3.8/30	FastEthernet0/1	---	0/0
C	192.1.4.0/30	FastEthernet1/0	---	0/0
C	192.1.4.8/30	FastEthernet1/1	---	0/0
O	192.1.1.0/24	FastEthernet0/0	192.1.3.5	110/2
O	192.1.2.0/24	FastEthernet1/1	192.1.4.10	110/3
O	192.1.3.0/30	FastEthernet0/0	192.1.3.5	110/2
O	192.1.3.0/30	FastEthernet0/1	192.1.3.9	110/2
O	192.1.3.12/30	FastEthernet0/1	192.1.3.9	110/2
O	192.1.3.12/30	FastEthernet1/0	192.1.4.2	110/2
O	192.1.4.4/30	FastEthernet1/0	192.1.4.2	110/2
O	192.1.4.4/30	FastEthernet1/1	192.1.4.10	110/2
O	192.1.5.0/30	FastEthernet1/1	192.1.4.10	110/2
O	192.1.5.4/30	FastEthernet1/1	192.1.4.10	110/2
O	192.1.5.8/30	FastEthernet1/1	192.1.4.10	110/3

图 7.36　Router01 路由表

Routing Table for Router03

Type	Network	Port	Next Hop IP	Metric
C	192.1.4.4/30	FastEthernet0/1	---	0/0
C	192.1.4.8/30	FastEthernet0/0	---	0/0
C	192.1.5.0/30	FastEthernet1/0	---	0/0
C	192.1.5.4/30	FastEthernet1/1	---	0/0
O	192.1.1.0/24	FastEthernet0/0	192.1.4.9	110/3
O	192.1.2.0/24	FastEthernet1/1	192.1.5.6	110/2
O	192.1.3.0/30	FastEthernet0/0	192.1.4.9	110/3
O	192.1.3.0/30	FastEthernet0/1	192.1.4.5	110/3
O	192.1.3.12/30	FastEthernet0/1	192.1.4.5	110/2
O	192.1.3.4/30	FastEthernet0/0	192.1.4.9	110/2
O	192.1.3.8/30	FastEthernet0/0	192.1.4.9	110/2
O	192.1.4.0/30	FastEthernet0/0	192.1.4.9	110/2
O	192.1.4.0/30	FastEthernet0/1	192.1.4.5	110/2
O	192.1.5.8/30	FastEthernet1/0	192.1.5.2	110/2
O	192.1.5.8/30	FastEthernet1/1	192.1.5.6	110/2

图 7.37　Router03 路由表

Type	Network	Port	Next Hop IP	Metric
C	192.1.2.0/24	FastEthernet0/1	---	0/0
C	192.1.5.4/30	FastEthernet0/0	---	0/0
C	192.1.5.8/30	FastEthernet1/0	---	0/0
O	192.1.1.0/24	FastEthernet0/0	192.1.5.5	110/4
O	192.1.3.0/30	FastEthernet0/0	192.1.5.5	110/4
O	192.1.3.12/30	FastEthernet0/0	192.1.5.5	110/3
O	192.1.3.4/30	FastEthernet0/0	192.1.5.5	110/3
O	192.1.3.8/30	FastEthernet0/0	192.1.5.5	110/3
O	192.1.4.0/30	FastEthernet0/0	192.1.5.5	110/3
O	192.1.4.4/30	FastEthernet0/0	192.1.5.5	110/2
O	192.1.4.8/30	FastEthernet0/0	192.1.5.5	110/2
O	192.1.5.0/30	FastEthernet0/0	192.1.5.5	110/2
O	192.1.5.0/30	FastEthernet1/0	192.1.5.10	110/2

图 7.38 Router22 路由表

7.4.4 命令行配置过程

1. Router11 命令行配置过程

```
Router>enable
Router#configure terminal
Router(config)#hostname Router11
Router11(config)#interface FastEthernet0/0
Router11(config-if)#no shutdown
Router11(config-if)#ip address 192.1.3.1 255.255.255.252
Router11(config-if)#exit
Router11(config)#interface FastEthernet0/1
Router11(config-if)#no shutdown
Router11(config-if)#ip address 192.1.3.5 255.255.255.252
Router11(config-if)#exit
Router11(config)#interface FastEthernet1/0
Router11(config-if)#no shutdown
Router11(config-if)#ip address 192.1.1.254 255.255.255.0
Router11(config-if)#exit
Router11(config)#router ospf 11
Router11(config-router)#network 192.1.1.0 0.0.0.255 area 1
Router11(config-router)#network 192.1.3.0 0.0.0.15 area 1
Router11(config-router)#exit
```

2. Router01 命令行配置过程

```
Router>enable
Router#configure terminal
Router(config)#hostname Router01
Router01(config)#interface FastEthernet0/0
Router01(config-if)#no shutdown
Router01(config-if)#ip address 192.1.3.6 255.255.255.252
Router01(config-if)#exit
Router01(config)#interface FastEthernet0/1
```

```
Router01(config-if)#no shutdown
Router01(config-if)#ip address 192.1.3.10 255.255.255.252
Router01(config-if)#exit
Router01(config)#interface FastEthernet1/0
Router01(config-if)#no shutdown
Router01(config-if)#ip address 192.1.4.1 255.255.255.252
Router01(config-if)#exit
Router01(config)#interface FastEthernet1/1
Router01(config-if)#no shutdown
Router01(config-if)#ip address 192.1.4.9 255.255.255.252
Router01(config-if)#exit
Router01(config)#router ospf 01
Router01(config-router)#network 192.1.3.0 0.0.0.15 area 1
Router01(config-router)#network 192.1.4.0 0.0.0.15 area 0
Router01(config-router)# exit
```

3. Router02 命令行配置过程

```
Router>enable
Router#configure terminal
Router(config)#hostname Router02
Router02(config)#interface FastEthernet0/0
Router02(config-if)#no shutdown
Router02(config-if)#ip address 192.1.3.14 255.255.255.252
Router02(config-if)#exit
Router02(config)#interface FastEthernet0/1
Router02(config-if)#no shutdown
Router02(config-if)#ip address 192.1.4.2 255.255.255.252
Router02(config-if)#exit
Router02(config)#interface FastEthernet1/0
Router02(config-if)#no shutdown
Router02(config-if)#ip address 192.1.4.5 255.255.255.252
Router02(config-if)#exit
Router02(config)#router ospf 02
Router02(config-router)#network 192.1.3.0 0.0.0.15 area 1
Router02(config-router)#network 192.1.4.0 0.0.0.15 area 0
Router02(config-router)#exit
```

4. Router03 命令行配置过程

```
Router>enable
Router#configure terminal
Router(config)#hostname Router03
Router03(config)#interface FastEthernet0/1
Router03(config-if)#no shutdown
Router03(config-if)#ip address 192.1.4.6 255.255.255.252
Router03(config-if)#exit
Router03(config)#interface FastEthernet0/0
Router03(config-if)#no shutdown
Router03(config-if)#ip address 192.1.4.10 255.255.255.252
Router03(config-if)#exit
```

```
Router03(config)# interface FastEthernet1/0
Router03(config-if)# no shutdown
Router03(config-if)# ip address 192.1.5.1 255.255.255.252
Router03(config-if)# exit
Router03(config)# interface FastEthernet1/1
Router03(config-if)# no shutdown
Router03(config-if)# ip address 192.1.5.5 255.255.255.252
Router03(config-if)# exit
Router03(config)# router ospf 03
Router03(config-router)# network 192.1.4.0 0.0.0.15 area 0
Router03(config-router)# network 192.1.5.0 0.0.0.15 area 2
Router03(config-router)# exit
```

5. Router22 命令行配置过程

```
Router> enable
Router# configure terminal
Router (config)# hostname Router22
Router22(config)# interface FastEthernet0/0
Router22(config-if)# no shutdown
Router22(config-if)# ip address 192.1.5.6 255.255.255.252
Router22(config-if)# exit
Router22(config)# interface FastEthernet0/1
Router22(config-if)# no shutdown
Router22(config-if)# ip address 192.1.2.254 255.255.255.0
Router22(config-if)# exit
Router22(config)# interface FastEthernet1/0
Router22(config-if)# no shutdown
Router22(config-if)# ip address 192.1.5.9 255.255.255.252
Router22(config-if)# exit
Router22(config)# router ospf 22
Router22 (config-router)# network 192.1.5.0 0.0.0.15 area 2
Router22 (config-router)# network 192.1.2.0 0.0.0.255 area 2
Router22(config-router)# exit
```

其他路由器的命令行配置过程不再赘述。

7.5 BGP 配置实验

7.5.1 实验目的

一是验证分层路由机制。二是验证边界网关协议（Border Gateway Protocol，BGP）工作原理。三是掌握网络自治系统划分方法。四是掌握路由器 BGP 配置过程。五是验证自治系统之间的连通性。

7.5.2 实验原理

互连网络结构如图 7.39 所示，由三个自治系统号分别为 100、200 和 300 的自治系统组成。R14 和 R13 是 AS100 的 BGP 发言人，R22 和 R23 是 AS200 的 BGP 发言人，R31 和 R34 是 AS300 的 BGP 发言人，它们同时都是自治系统边界路由器。R14 和 R22、R13 和 R31、R34 和 R23 构成外部邻居关系。每一个自治系统内部通过 OSPF 建立用于指明通往同一自治系统内网络的传输路径的动态路由项。为了节省 IP 地址，可用 CIDR 地址块 X/28 涵盖所有分配给同一自治系统内用于实现路由器互连的路由器接口的 IP 地址，其中 AS100 使用的 CIDR 地址块为 192.1.4.0/28，AS200 使用的 CIDR 地址块为 192.1.5.0/28，AS300 使用的 CIDR 地址块为 192.1.6.0/28。互连 Router14 和 Router22 的网络为 192.1.7.0/30，互连 Router13 和 Router31 的网络为 192.1.8.0/30，互连 Router34 和 Router23 的网络为 192.1.9.0/30。路由器各个接口的 IP 地址和子网掩码如表 7.6 所示。

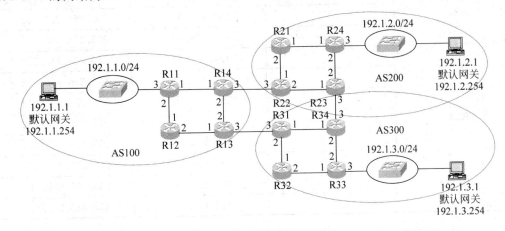

图 7.39　多自治系统网络结构

表 7.6　路由器接口配置

路 由 器	接 口	IP 地 址	子 网 掩 码
R11	1	192.1.4.1	255.255.255.252
	2	192.1.4.5	255.255.255.252
	3	192.1.1.254	255.255.255.0
R12	1	192.1.4.6	255.255.255.252
	2	192.1.4.9	255.255.255.252
R13	1	192.1.4.10	255.255.255.252
	2	192.1.4.13	255.255.255.252
	3	192.1.8.1	255.255.255.252
R14	1	192.1.4.2	255.255.255.252
	2	192.1.4.14	255.255.255.252
	3	192.1.7.1	255.255.255.252
R21	1	192.1.5.5	255.255.255.252
	2	192.1.5.1	255.255.255.252
R22	1	192.1.5.2	255.255.255.252
	2	192.1.5.9	255.255.255.252
	3	192.1.7.2	255.255.255.252

续表

路由器	接口	IP 地址	子网掩码
R23	1	192.1.5.10	255.255.255.252
	2	192.1.5.13	255.255.255.252
	3	192.1.9.2	255.255.255.252
R24	1	192.1.5.6	255.255.255.252
	2	192.1.5.14	255.255.255.252
	3	192.1.2.254	255.255.255.0
R31	1	192.1.6.1	255.255.255.252
	2	192.1.6.5	255.255.255.252
	3	192.1.8.2	255.255.255.252
R32	1	192.1.6.6	255.255.255.252
	2	192.1.6.9	255.255.255.252
R33	1	192.1.6.10	255.255.255.252
	2	192.1.6.13	255.255.255.252
	3	192.1.3.254	255.255.255.0
R34	1	192.1.6.2	255.255.255.252
	2	192.1.6.14	255.255.255.252
	3	192.1.9.1	255.255.255.252

7.5.3 关键命令说明

1. 分配自治系统号

```
Router(config)# router bgp 100
Router(config-router)#
```

router bgp 100 是全局模式下使用的命令,该命令的作用是分配自治系统号 100,并进入 BGP 配置模式。自治系统号 100,一是作为自治系统标识符,在路由器发送的路由消息中用于标识路由器所在的自治系统,二是 BGP 进程标识符,用于唯一标识在该路由器上运行的 BGP 进程。由于只需在两个位于不同自治系统的 BGP 发言人之间交换 BGP 报文,因此,每一个自治系统只需对作为 BGP 发言人的路由器配置 BGP 相关信息。Router(config-router)# 是 BGP 配置模式下的命令提示符。

2. 建立 BGP 发言人之间的邻居关系

```
Router(config)# router bgp 100
Router(config-router)# neighbor 192.1.8.2 remote-as 300
```

neighbor 192.1.8.2 remote-as 300 是 BGP 配置模式下使用的命令,该命令的作用是将位于自治系统号为 300 的自治系统、且 IP 地址为 192.1.8.2 的路由器作为相邻路由器。相邻路由器是另一个自治系统的 BGP 发言人。每一个自治系统中的 BGP 发言人通过与相邻路由器交换 BGP 报文,获得相邻路由器所在自治系统的路由消息,并因此创建用于指明通往位于另一个自治系统的网络的传输路径的路由项。

3. BGP 分发自制系统内路由项

```
Router(config)#router bgp 100
Router(config-router)#redistribute ospf 13
```

redistribute ospf 13 是 BGP 配置模式下使用的命令,该命令表明当前路由器根据进程标识符为 13 的 OSPF 进程创建的动态路由项和直连路由项构建 BGP 路由消息,并将该 BGP 路由消息发送给相邻路由器。进程标识符为 13 的 OSPF 进程创建的动态路由项和直连路由项中的目的网络是位于当前路由器所在自治系统内的网络,相邻路由器所在的自治系统中的路由器只能够创建用于指明通往这些网络的传输路径的路由项,因此,当前路由器通过 redistribute 命令指定的路由项范围确定了其他自治系统中路由器获得的当前路由器所在自治系统的网络范围。

4. OSPF 分发其他自治系统路由项

```
Router(config)#router ospf 13
Router(config-router)#redistribute bgp 100
```

redistribute bgp 100 是 OSPF 配置模式下使用的命令,该命令表明作为 BGP 发言人的路由器构建 OSPF LSA 时,包含通过 BGP 获得的有关位于其他自治系统中网络的信息。作为自治系统号为 100 的自治系统的 BGP 发言人,它一方面通过 BGP 获得有关位于其他自治系统中网络的信息,同时该路由器也需要通过内部网关路由协议向自治系统内的其他路由器发送路由消息,该命令指定该路由器在向自治系统内的其他器发送的路由消息中包含作为自治系统号为 100 的自治系统的 BGP 发言人获得的有关位于其他自治系统的网络的信息,使得该自治系统内的其他路由器能够创建用于指明通往位于其他自治系统内网络的传输路径的路由项。

7.5.4 实验步骤

(1) 启动 Packet Tracer,在逻辑工作区根据图 7.39 所示互连网络结构放置和连接设备,完成设备放置和连接后的逻辑工作区界面如图 7.40 所示。

(2) 根据表 7.6 所示内容配置各个路由器接口的 IP 地址和子网掩码,需要强调的是,位于不同自治系统的两个相邻路由器通常连接在同一个网络上,如 Router14 和 Router22 连接在网络 192.1.7.0/30 上,Router13 和 Router31 连接在网络 192.1.8.0/30 上,Router23 和 Router34 连接在网络 192.1.9.0/30 上,这样做的目的有二:一是某个自治系统内的路由器能够建立通往位于另一个自治系统的相邻路由器的传输路径,二是两个相邻路由器可以直接交换 BGP 路由消息。由于 Router22 存在直接连接网络 192.1.7.0/30 的接口,Router14 所在自治系统内的其他路由器建立通往网络 192.1.7.0/30 的传输路径的同时,建立了通往 Router22 连接网络 192.1.7.0/30 的接口的传输路径。

(3) 完成各个自治系统内路由器有关 OSPF 的配置,不同自治系统内的路由器通过

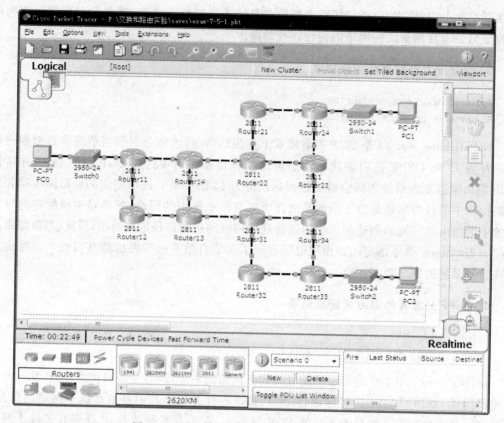

图 7.40　放置和连接设备后的逻辑工作区界面

OSPF 创建用于指明通往自治系统内网络的传输路径的路由项，Router11、Router13、Router31、Router14 和 Router22 中的直连路由项和 OSPF 创建的动态路由项如图 7.41～图 7.45 所示。通过分析这些路由器的路由表可以得出两点结论：一是 OSPF 创建的动态路由项只包含用于指明通往自治系统内网络的传输路径的动态路由项；二是路由器 Router11 包含用于指明通往网络 192.1.7.0/30 和网络 192.1.8.0/30 的传输路径的动态路由项，这两项动态路由项实际上也指明了通往路由器 Router22 和 Router31 的传输路径，而路由器 Router22 和 Router31 是路由器 Router11 通往位于自治系统 200 和自治系统 300 的网络的传输路径上的自治系统边界路由器。

Type	Network	Port	Next Hop IP	Metric
C	192.1.1.0/24	FastEthernet0/0	---	0/0
C	192.1.4.0/30	FastEthernet1/0	---	0/0
C	192.1.4.4/30	FastEthernet0/1	---	0/0
O	192.1.4.12/30	FastEthernet1/0	192.1.4.2	110/2
O	192.1.4.8/30	FastEthernet0/1	192.1.4.6	110/2
O	192.1.7.0/30	FastEthernet1/0	192.1.4.2	110/2
O	192.1.8.0/30	FastEthernet0/1	192.1.4.6	110/3
O	192.1.8.0/30	FastEthernet1/0	192.1.4.2	110/3

图 7.41　Router11 直连路由项和 OSPF 动态路由项

Type	Network	Port	Next Hop IP	Metric
C	192.1.4.12/30	FastEthernet0/1	---	0/0
C	192.1.4.8/30	FastEthernet0/0	---	0/0
C	192.1.8.0/30	FastEthernet1/0	---	0/0
O	192.1.1.0/24	FastEthernet0/0	192.1.4.9	110/3
O	192.1.1.0/24	FastEthernet0/1	192.1.4.14	110/3
O	192.1.4.0/30	FastEthernet0/1	192.1.4.14	110/2
O	192.1.4.4/30	FastEthernet0/0	192.1.4.9	110/2
O	192.1.7.0/30	FastEthernet0/1	192.1.4.14	110/2

图 7.42 Router13 直连路由项和 OSPF 动态路由项

Type	Network	Port	Next Hop IP	Metric
C	192.1.6.0/30	FastEthernet0/1	---	0/0
C	192.1.6.4/30	FastEthernet1/0	---	0/0
C	192.1.8.0/30	FastEthernet0/0	---	0/0
O	192.1.3.0/24	FastEthernet0/0	192.1.6.2	110/3
O	192.1.3.0/24	FastEthernet1/0	192.1.6.6	110/3
O	192.1.6.12/30	FastEthernet0/0	192.1.6.2	110/2
O	192.1.6.8/30	FastEthernet1/0	192.1.6.6	110/2
O	192.1.9.0/30	FastEthernet0/0	192.1.6.2	110/2

图 7.43 Router31 直连路由项和 OSPF 动态路由项

Type	Network	Port	Next Hop IP	Metric
C	192.1.4.0/30	FastEthernet0/1	---	0/0
C	192.1.4.12/30	FastEthernet0/0	---	0/0
C	192.1.7.0/30	FastEthernet1/0	---	0/0
O	192.1.1.0/24	FastEthernet0/1	192.1.4.1	110/2
O	192.1.4.4/30	FastEthernet0/1	192.1.4.1	110/2
O	192.1.4.8/30	FastEthernet0/0	192.1.4.13	110/2
O	192.1.8.0/30	FastEthernet0/0	192.1.4.13	110/2

图 7.44 Router14 直连路由项和 OSPF 动态路由项

Type	Network	Port	Next Hop IP	Metric
C	192.1.5.0/30	FastEthernet0/1	---	0/0
C	192.1.5.8/30	FastEthernet1/0	---	0/0
C	192.1.7.0/30	FastEthernet0/0	---	0/0
O	192.1.2.0/24	FastEthernet0/1	192.1.5.1	110/3
O	192.1.2.0/24	FastEthernet1/0	192.1.5.10	110/3
O	192.1.5.12/30	FastEthernet1/0	192.1.5.10	110/2
O	192.1.5.4/30	FastEthernet0/1	192.1.5.1	110/2
O	192.1.9.0/30	FastEthernet1/0	192.1.5.10	110/2

图 7.45 Router22 直连路由项和 OSPF 动态路由项

（4）完成各个自治系统 BGP 发言人有关 BGP 的配置，Router13 和 Router14 是自治系统 100 的 BGP 发言人，Router22 和 Router23 是自治系统 200 的 BGP 发言人，Router31 和 Router34 是自治系统 300 的 BGP 发言人。Router14 和 Router22、Router13 和 Router31、Router23 和 Router34 互为相邻路由器。BGP 发言人向相邻路由器发送的 BGP 路由消息中包含直连路由项和 OSPF 创建的动态路由项。图 7.46 所示的 Router13 完整路由表中存在三种类型的路由项，第一类是直连路由项，第二类是通过 OSPF 创建的用于指明通往自治系统内网络的传输路径的动态路由项，第三类是类型为 B、通过 BGP 创建的动态路由项。Router13 完整路由表中类型为 B 的路由项可以分为两类，一类路由项中的目的网络和图 7.43 所示的 Router31 中直连路由项中的目的网络相同，这类路由项的距离是 BGP 的默认距离 20，如图 7.46 中目的网络为 192.1.6.0/30 的路由项中的距离。另一类路由项中的目的网络和图 7.43 所示的 Router31 通过 OSPF 创建的动态路由项中的目的网络（除了互连 Router13 和 Router31 的网络 192.1.8.0/30）相同，这类路由项的距离等于 Router31 中对应动态路由项中的距离，如图 7.46 中目的网络为 192.1.3.0/24 的路由项中的距离。Router13 中所有通过和 Router31 交换 BGP 路由消息创建的类型为 B 的动态路由项的下一跳 IP 地址是 Router31 连接网络 192.1.8.0/30 的接口的 IP 地址 192.1.8.2。Router14 的完整路由表如图 7.47 所示，Router14 中所有通过和 Router22 交换 BGP 路由消息创建的类型为 B 的动态路由项的下一跳 IP 地址是 Router22 连接网络 192.1.7.0/30 的接口的 IP 地址 192.1.7.2。

Type	Network	Port	Next Hop IP	Metric
B	192.1.3.0/24	FastEthernet1/0	192.1.8.2	20/3
B	192.1.6.0/30	FastEthernet1/0	192.1.8.2	20/20
B	192.1.6.12/30	FastEthernet1/0	192.1.8.2	20/2
B	192.1.6.4/30	FastEthernet1/0	192.1.8.2	20/20
B	192.1.6.8/30	FastEthernet1/0	192.1.8.2	20/2
B	192.1.9.0/30	FastEthernet1/0	192.1.8.2	20/2
C	192.1.4.12/30	FastEthernet0/1	---	0/0
C	192.1.4.8/30	FastEthernet0/0	---	0/0
C	192.1.8.0/30	FastEthernet1/0	---	0/0
O	192.1.1.0/24	FastEthernet0/0	192.1.4.9	110/3
O	192.1.1.0/24	FastEthernet0/1	192.1.4.14	110/3
O	192.1.2.0/24	FastEthernet0/1	192.1.4.14	110/20
O	192.1.4.0/30	FastEthernet0/1	192.1.4.14	110/2
O	192.1.4.4/30	FastEthernet0/0	192.1.4.9	110/2
O	192.1.7.0/30	FastEthernet0/1	192.1.4.14	110/2

图 7.46　Router13 完整路由表

（5）Router13 和 Router14 向自治系统内的其他路由器泛洪 LSA 时，LSA 中包含 BGP 创建的动态路由项，但 Cisco 只包含 BGP 创建的、且目的网络地址是分类网络地址的动态路由项，这里只有 192.1.2.0/24 和 192.1.3.0/24 是分类网络地址。Router14 和 Router13 发送给 Router11 的针对目的网络 192.1.2.0/24 和 192.1.3.0/24 的路由项的下一跳分别是 192.1.7.2 和 192.1.8.2。Router11 创建用于指明通往网络 192.1.2.0/24 和 192.1.3.0/24 的传输路径的路由项时，用通往网络 192.1.7.0/30 和 192.1.8.0/30 传输路径上的下一跳作为通往网络 192.1.2.0/24 和 192.1.3.0/24 传输路径上的下一跳。通往网络 192.1.7.0/30 和

Routing Table for Router14

Type	Network	Port	Next Hop IP	Metric
B	192.1.2.0/24	FastEthernet1/0	192.1.7.2	20/3
B	192.1.5.0/30	FastEthernet1/0	192.1.7.2	20/20
B	192.1.5.12/30	FastEthernet1/0	192.1.7.2	20/2
B	192.1.5.4/30	FastEthernet1/0	192.1.7.2	20/2
B	192.1.5.8/30	FastEthernet1/0	192.1.7.2	20/20
B	192.1.9.0/30	FastEthernet1/0	192.1.7.2	20/2
C	192.1.4.0/30	FastEthernet0/1	---	0/0
C	192.1.4.12/30	FastEthernet0/0	---	0/0
C	192.1.7.0/30	FastEthernet1/0	---	0/0
O	192.1.1.0/24	FastEthernet0/1	192.1.4.1	110/2
O	192.1.3.0/24	FastEthernet0/0	192.1.4.13	110/20
O	192.1.4.4/30	FastEthernet0/1	192.1.4.1	110/2
O	192.1.4.8/30	FastEthernet0/0	192.1.4.13	110/2
O	192.1.8.0/30	FastEthernet0/0	192.1.4.13	110/2

图 7.47 Router14 完整路由表

192.1.8.0/30 传输路径上的下一跳其实就是通往 IP 地址分别为 192.1.7.2 和 192.1.8.2 的 Router22 和 Router31 接口的传输路径上的下一跳。Router11 完整路由表如图 7.48 所示,目的网络为 192.1.2.0/24 和 1921.3.0/24 的路由项的下一跳 IP 地址与目的网络为 192.1.7.0/30 和 192.1.8.0/30 的路由项的下一跳 IP 地址相同,目的网络为 192.1.7.0/30 和 192.1.8.0/30 的路由项是 Router11 创建的用于指明通往自治系统内网络的传输路径的动态路由项。由于 Router11 中目的网络为 192.1.2.0/24 和 1921.3.0/24 的路由项是通过 Router14 和 Router13 中 BGP 创建的动态路由项得出的,其距离为 BGP 的默认距离 20。OSPF 创建的动态路由项可以包含在 BGP 的路由消息中,其距离是 OSPF 创建该路由项时得出的距离,BGP 创建的动态路由项可以包含在 OSPF 的 LSA 中,其距离是 BGP 的默认距离 20。

Routing Table for Router11

Type	Network	Port	Next Hop IP	Metric
C	192.1.1.0/24	FastEthernet0/0	---	0/0
C	192.1.4.0/30	FastEthernet1/0	---	0/0
C	192.1.4.4/30	FastEthernet0/1	---	0/0
O	192.1.2.0/24	FastEthernet1/0	192.1.4.2	110/20
O	192.1.3.0/24	FastEthernet0/1	192.1.4.6	110/20
O	192.1.3.0/24	FastEthernet1/0	192.1.4.2	110/20
O	192.1.4.12/30	FastEthernet1/0	192.1.4.2	110/2
O	192.1.4.8/30	FastEthernet0/1	192.1.4.6	110/2
O	192.1.7.0/30	FastEthernet1/0	192.1.4.2	110/2
O	192.1.8.0/30	FastEthernet0/1	192.1.4.6	110/3
O	192.1.8.0/30	FastEthernet1/0	192.1.4.2	110/3

图 7.48 Router11 完整路由表

(6) 由此可以得出建立图 7.48 所示的 Router11 完整路由表的过程:一是 Router11 通过 OSPF 创建用于指明通往自治系统内网络的传输路径的动态路由项,其中包含用于指明通往网络 192.1.7.0/30 和 192.1.8.0/30 的传输路径的路由项;二是自治系统 100 的 BGP 发言人 Router14 和 Router13 通过和相邻路由器交换 BGP 路由消息创建用于指明通往位于自治系统 200 和自治系统 300 的网络的传输路径的路由项,这些路由项中的下一跳 IP 地址分别是 Router22 和 Router31 连接网络 192.1.7.0/30 和 192.1.8.0/30 的接口的 IP 地址；三是 Router14 和 Router13 向 Router11 发送的 LSA 中包含用于指明通往网络 192.1.2.0/24 和 192.1.3.0/24 的传输路径的路由项，但路由项中的下一跳 IP 地址是 Router22 和 Router31 连接网络 192.1.7.0/30 和 192.1.8.0/30 的接口的 IP 地址；四是 Router11 结合用于指明通往网络 192.1.7.0/30 和 192.1.8.0/30 的传输路径的路由项，创建用于指明通往网络 192.1.2.0/24 和 192.1.3.0/24 的传输路径的路由项。

（7）Router11 通往网络 192.1.2.0/24 的传输路径分为两段，一段是 RouteR11 通往 Router22 连接网络 192.1.7.0/30 的接口的传输路径，这一段传输路径由自治系统 100 内的路由器通过 OSPF 创建的动态路由项确定。另一段是 Router22 通往网络 192.1.2.0/24 的传输路径，这一段传输路径由自治系统 200 内路由器通过 OSPF 创建的动态路由项确定。BGP 的作用只是让 Router11 得知，这两段传输路径的连接点是 Router22 连接网络 192.1.7.0/30 的接口。

（8）为各个终端配置 IP 地址、子网掩码和默认网关地址，通过 Ping 操作验证终端之间的连通性。

7.5.5 命令行配置过程

1. Router13 命令行配置过程

```
Router > enable
Router # configure terminal
Router(config) # interface FastEthernet0/0
Router(config-if) # no shutdown
Router(config-if) # ip address 192.1.4.10 255.255.255.252
Router(config-if) # exit
Router(config) # interface FastEthernet1/0
Router(config-if) # no shutdown
Router(config-if) # ip address 192.1.8.1 255.255.255.252
Router(config-if) # exit
Router(config) # interface FastEthernet0/1
Router(config-if) # no shutdown
Router(config-if) # ip address 192.1.4.13 255.255.255.252
Router(config-if) # exit
Router(config) # router ospf 13
Router(config-router) # network 192.1.4.0 0.0.0.15 area 1
Router(config-router) # network 192.1.8.0 0.0.0.3 area 1
Router(config-router) # exit
Router(config) # router ospf 13
Router(config-router) # redistribute bgp 100
Router(config-router) # exit
Router(config) # router bgp 100
Router(config-router) # neighbor 192.1.8.2 remote-as 300
Router(config-router) # redistribute ospf 13
Router(config-router) # exit
```

2. Router14 命令行配置过程

```
Router>enable
Router#configure terminal
Router(config)#interface FastEthernet0/0
Router(config-if)#no shutdown
Router(config-if)#ip address 192.1.4.14 255.255.255.252
Router(config-if)#exit
Router(config)#interface FastEthernet1/0
Router(config-if)#no shutdown
Router(config-if)#ip address 192.1.7.1 255.255.255.252
Router(config-if)#exit
Router(config)#interface FastEthernet0/1
Router(config-if)#no shutdown
Router(config-if)#ip address 192.1.4.2 255.255.255.252
Router(config-if)#exit
Router(config)#router ospf 14
Router(config-router)#network 192.1.4.0 0.0.0.15 area 1
Router(config-router)#network 192.1.7.0 0.0.0.3 area 1
Router(config-router)#exit
Router(config)#router ospf 14
Router(config-router)#redistribute bgp 100
Router(config-router)#exit
Router(config)#router bgp 100
Router(config-router)#neighbor 192.1.7.2 remote-as 200
Router(config-router)#redistribute ospf 14
Router(config-router)#exit
```

3. Router22 命令行配置过程

```
Router>enable
Router#configure terminal
Router(config)#interface FastEthernet0/1
Router(config-if)#no shutdown
Router(config-if)#ip address 192.1.5.2 255.255.255.252
Router(config-if)#exit
Router(config)#interface FastEthernet1/0
Router(config-if)#no shutdown
Router(config-if)#ip address 192.1.5.9 255.255.255.252
Router(config-if)#exit
Router(config)#interface FastEthernet0/0
Router(config-if)#no shutdown
Router(config-if)#ip address 192.1.7.2 255.255.255.252
Router(config-if)#exit
Router(config)#router ospf 22
Router(config-router)#network 192.1.5.0 0.0.0.15 area 2
Router(config-router)#network 192.1.7.0 0.0.0.3 area 2
```

```
Router(config-router)#exit
Router(config)#router ospf 22
Router(config-router)#redistribute bgp 200
Router(config-router)#exit
Router(config)#router bgp 200
Router(config-router)#neighbor 192.1.7.1 remote-as 100
Router(config-router)#redistribute ospf 22
Router(config-router)#exit
```

4. Router23 命令行配置过程

```
Router>enable
Router#configure terminal
Router(config)#interface FastEthernet0/1
Router(config-if)#no shutdown
Router(config-if)#ip address 192.1.5.10 255.255.255.252
Router(config-if)#exit
Router(config)#interface FastEthernet0/0
Router(config-if)#no shutdown
Router(config-if)#ip address 192.1.5.13 255.255.255.252
Router(config-if)#exit
Router(config)#interface FastEthernet1/0
Router(config-if)#no shutdown
Router(config-if)#ip address 192.1.9.2 255.255.255.252
Router(config-if)#exit
Router(config)#router ospf 23
Router(config-router)#network 192.1.5.0 0.0.0.15 area 2
Router(config-router)#network 192.1.9.0 0.0.0.3 area 2
Router(config-router)#exit
Router(config)#router ospf 23
Router(config-router)#redistribute bgp 200
Router(config-router)#exit
Router(config)#router bgp 200
Router(config-router)#neighbor 192.1.9.1 remote-as 300
Router(config-router)#redistribute ospf 23
Router(config-router)#exit
```

5. Router31 命令行配置过程

```
Router>enable
Router#configure terminal
Router(config)#interface FastEthernet0/1
Router(config-if)#no shutdown
Router(config-if)#ip address 192.1.6.1 255.255.255.252
Router(config-if)#exit
Router(config)#interface FastEthernet1/0
Router(config-if)#no shutdown
Router(config-if)#ip address 192.1.6.5 255.255.255.252
```

```
Router(config-if)#exit
Router(config)#interface FastEthernet0/0
Router(config-if)#no shutdown
Router(config-if)#ip address 192.1.8.2 255.255.255.252
Router(config-if)#exit
Router(config)#router ospf 31
Router(config-router)#network 192.1.6.0 0.0.0.15 area 3
Router(config-router)#network 192.1.8.0 0.0.0.3 area 3
Router(config-router)#exit
Router(config)#router ospf 31
Router(config-router)#redistribute bgp 300
Router(config-router)#exit
Router(config)#router bgp 300
Router(config-router)#neighbor 192.1.8.1 remote-as 100
Router(config-router)#redistribute ospf 31
Router(config-router)#exit
```

6. Router34 命令行配置过程

```
Router>enable
Router#configure terminal
Router(config)#interface FastEthernet0/0
Router(config-if)#no shutdown
Router(config-if)#ip address 192.1.6.2 255.255.255.252
Router(config-if)#exit
Router(config)#interface FastEthernet1/0
Router(config-if)#no shutdown
Router(config-if)#ip address 192.1.6.14 255.255.255.252
Router(config-if)#exit
Router(config)#interface FastEthernet0/1
Router(config-if)#no shutdown
Router(config-if)#ip address 192.1.9.1 255.255.255.252
Router(config-if)#exit
Router(config)#router ospf 34
Router(config-router)#network 192.1.6.0 0.0.0.15 area 3
Router(config-router)#network 192.1.9.0 0.0.0.3 area 3
Router(config-router)#exit
Router(config)#router ospf 34
Router(config-router)#redistribute bgp 300
Router(config-router)#exit
Router(config)#router bgp 300
Router(config-router)#neighbor 192.1.9.2 remote-as 200
Router(config-router)#redistribute ospf 34
Router(config-router)#exit
```

其他路由器命令行配置过程与单区域 OSPF 配置实验的命令行配置过程相似,这里不再赘述。

7. 命令列表

路由器命令行配置过程中使用的命令及功能说明如表 7.7 所示。

表 7.7 命令列表

命令格式	功能和参数说明
router bgp *autonomous-system-number*	分配自治系统号，并进入 BGP 配置模式，参数 *autonomous-system-number* 是自治系统号
neighbor *ip-address* **remote-as** *autonomous-system-number*	指定相邻路由器，BGP 发言人只和相邻路由器交换 BGP 报文，参数 *ip-address* 是相邻路由器的 IP 地址，参数 *autonomous-system-number* 是相邻路由器所在自治系统的自治系统号
redistribute *protocol as-number*	将路由器通过 BGP 获得的外部路由项通过内部网关协议通报给自治系统内的其他路由器，参数 *protocol* 只能是 BGP，用于指定 BGP，参数 *as-number* 是自治系统号，用于指定获得外部路由项的 BGP 进程
redistribute *protocol* [*process-id*]	将路由器通过内部网关协议获得的路由项通过 BGP 通报给其他相邻路由器。参数 *protocol* 用于指定内部网关协议，如果内部网关协议是 OSPF，还需通过参数 *process-id* 指定 OSPF 进程标识符

第 8 章 网络地址转换实验

通过网络地址转换实验深刻理解各种网络地址转换机制的工作过程，了解网络地址转换的适用环境，掌握路由器各种网络地址转换机制的配置方法，掌握 IP 分组和 TCP 报文的格式转换过程。

8.1 PAT 配置实验

8.1.1 实验目的

一是掌握内部网络设计过程和私有地址使用方法。二是验证端口地址转换（Port Address Translation，PAT）工作机制。三是掌握路由器 PAT 配置过程。四是验证私有地址与全球地址之间的转换过程。五是验证 IP 分组和 TCP 报文的格式转换过程。

8.1.2 实验原理

互连网络结构如图 8.1 所示，内部网络 192.168.1.0/24 通过路由器 R1 接入公共网络，但网络地址 192.168.1.0/24 是私有地址，公共网络不能路由以私有地址为目的地址的 IP 分组，因此，图 8.1 中路由器 R2 的路由表中没有包含以 192.168.1.0/24 为目的网络地址的路由项，这意味着路由器 R2 将丢弃公共网络终端（如终端 C 和终端 D）直接发送给内

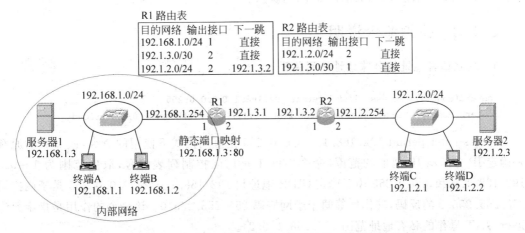

图 8.1 实现内部网络与公共网络互连的互连网络结构

部网络终端(如终端 A 和终端 B)的 IP 分组。

　　由于没有为内部网络分配全球 IP 地址池,内部网络终端只能以路由器 R1 连接公共网络的接口的 IP 地址 192.1.3.1 作为发送给公共网络终端的 IP 分组的源 IP 地址,同样,公共网络终端必须以 192.1.3.1 作为发送给内部网络终端的 IP 分组的目的 IP 地址。公共网络终端用 IP 地址 192.1.3.1 标识整个内部网络,为了能够正确区分内部网络中的每一个终端,TCP/UDP 报文用端口号唯一标识每一个内部网络终端,ICMP 报文用标识符唯一标识每一个内部网络终端。由于端口号和标识符只有本地意义,不同内部网络终端发送的 TCP/UDP 报文(或 ICMP 报文)可能使用相同的端口号(或标识符),因此,需要由路由器 R1 为每一个不同的内部网络终端分配唯一的端口号或标识符,并通过地址转换项＜私有 IP 地址,本地端口号(或本地标识符),全球 IP 地址,全球端口号(或全球标识符)＞建立该端口号或标识符与某个内部网络终端之间的关联。这里私有 IP 地址是某个内部网络终端的私有 IP 地址,本地端口号(或本地标识符)是该终端为 TCP/UDP 报文(或 ICMP 报文)分配的端口号(或标识符),全球 IP 地址是路由器 R1 连接公共网络的接口的 IP 地址 192.1.3.1,全球端口号(或全球标识符)是路由器 R1 为唯一标识 TCP/UDP 报文(或 ICMP 报文)的发送终端而生成的、内部网络内唯一的端口号(或标识符)。

　　地址转换项在内部网络终端向公共网络终端发送 TCP/UDP 报文(或 ICMP 报文)时创建,因此,动态 PAT 只能解决内部网络终端发起访问公共网络终端的情况,如果需要解决公共网络终端发起访问内部网络终端的情况,必须手工配置静态地址转换项。如果需要实现由公共网络终端发起访问内部网络服务器 1 的过程,必须在路由器 R1 建立全球端口号 80 与服务器 1 的私有地址 192.168.1.3 之间的关联,公共网络终端可以用全球 IP 地址 192.1.3.1 和全球端口 80 访问内部网络中的服务器 1。

　　图 8.1 所示的内部网络中的终端 A 访问公共网络终端时发送的 IP 分组以终端 A 的私有地址 192.168.1.1 为源 IP 地址、以公共网络终端的全球 IP 地址为目的 IP 地址,路由器 R1 通过连接公共网络的接口输出该 IP 分组时,该 IP 分组的源 IP 地址转换为全球 IP 地址 192.1.3.1,同时用路由器 R1 生成的内部网络内唯一的全球端口号或全球标识符替换该 IP 分组封装的 TCP/UDP 报文的源端口号或者 ICMP 报文的标识符,建立该全球端口号或全球标识符与私有地址 192.168.1.1 之间的映射。

8.1.3　关键命令说明

1. 建立私有地址与全球地址之间关联

```
Router2(config) # access-list 1 permit 192.168.1.0 0.0.0.255
Router2(config) # ip nat inside source list 1 interface FastEthernet0/1 overload
```

　　access-list 1 permit 192.168.1.0 0.0.0.255 是全局模式下使用的命令,该命令的原意是确定 IP 分组源 IP 地址的范围,命令中的 1 是访问控制列表编号,取值范围为 1～99。192.168.1.0 和 0.0.0.255 用于确定 CIDR 地址块 192.168.1.0/24,0.0.0.255 是子网掩码 255.255.255.0 的反码,其作用等同于子网掩码 255.255.255.0。该命令的作用是指定允许进行 NAT 操作的私有地址范围 192.168.1.0/24。

　　ip nat inside source list 1 interface FastEthernet0/1 overload 是全局模式下使用的命

令，该命令的作用是表明需要将源 IP 地址属于编号为 1 的访问控制列表指定的私有地址范围的 IP 分组进行 PAT 操作，全球地址采用接口 FastEthernet0/1 的 IP 地址，由路由器生成唯一的端口号（或标识符），并因此创建用于指明私有地址与全球端口号或全球标识符之间关联的动态地址转换项。

执行上述两条命令后，当路由器通过连接内部网络的接口接收到某个 IP 分组且该 IP 分组满足下述条件：

- IP 分组源 IP 地址属于 CIDR 地址块 192.168.1.0/24；
- 确定 IP 分组通过连接公共网络的接口输出。

路由器对其进行 PAT 操作，生成唯一的端口号或标识符（全球端口号或全球标识符），创建地址转换项＜IP 分组源 IP 地址，TCP/UDP 报文端口号（或 ICMP 报文标识符），接口 FastEthernet0/1 的 IP 地址，全球端口号（或全球标识符）＞，其中 IP 分组源 IP 地址为本地地址、TCP/UDP 报文端口号（或 ICMP 报文标识符）为本地端口号（或本地标识符）、接口 FastEthernet0/1 的 IP 地址为全球 IP 地址。用接口 FastEthernet0/1 的 IP 地址取代 IP 分组的源 IP 地址，用全球端口号（或全球标识符）取代 TCP/UDP 报文的源端口号（或 ICMO 报文的标识符）。

当路由器通过连接公共网络的接口接收到某个 IP 分组，首先用该 IP 分组的目的 IP 地址和 TCP/UDP 报文的目的端口号（或 ICMP 报文的标识符）检索地址转换表，如果找到全球地址和全球端口号（或全球标识符）与该 IP 分组的目的 IP 地址和 TCP/UDP 报文的目的端口号（或 ICMP 报文的标识符）相同的地址转换项，用地址转换项中的本地地址和本地端口号（或本地标识符）取代 IP 分组的目的 IP 地址和 TCP/UDP 报文的目的端口号（或 ICMP 报文的标识符）。

2. 创建静态地址转换项

```
Router(config)# ip nat inside source static tcp 192.168.1.3 80 192.1.3.1 80
```

ip nat inside source static tcp 192.168.1.3 80 192.1.3.1 80 是全局模式下使用的命令，该命令的作用是创建静态地址转换项＜192.168.1.3（本地地址），80（本地端口号），192.1.3.1（全球地址），80（全球端口号）＞。

路由器执行该命令后，对于通过连接内部网络的接口接收到的，源 IP 地址为 192.168.1.3、TCP 报文源端口为 80 的 IP 分组，用全球地址 192.1.3.1 取代源 IP 地址 192.168.1.3，用全球端口号 80 取代 TCP 报文源端口 80。对于通过连接公共网络的接口接收到的，目的 IP 地址为 192.1.3.1、TCP 报文目的端口为 80 的 IP 分组，用本地地址 192.168.1.3 取代目的 IP 地址 192.1.3.1，用本地端口号 80 取代 TCP 报文目的端口 80。

3. 指定内部网络与公共网络

```
Router(config)# interface FastEthernet0/0
Router(config-if)# ip nat inside
Router(config-if)# exit
Router(config)# interface FastEthernet0/1
Router(config-if)# ip nat outside
Router(config-if)# exit
```

ip nat inside 是接口配置模式下使用的命令,该命令的作用是将接口 FastEthernet0/0 指定为连接内部网络的接口。

ip nat outside 是接口配置模式下使用的命令,该命令的作用是将接口 FastEthernet0/1 指定为连接公共网络(也称外部网络)的接口。

8.1.4 实验步骤

(1) 启动 Packet Tracer,在逻辑工作区按照图 8.1 所示的互连网络结构放置和连接设备,完成设备放置和连接后的逻辑工作区界面如图 8.2 所示。

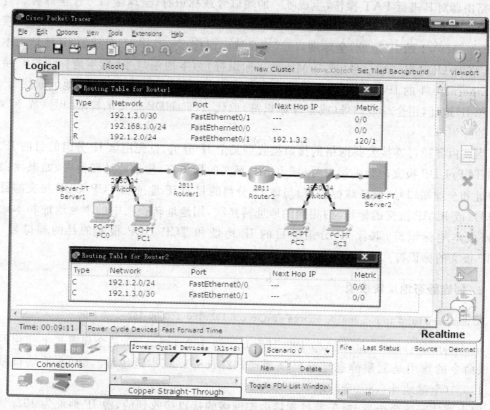

图 8.2　放置和连接设备后的逻辑工作区界面及路由表

(2) 根据图 8.1 所示的路由器接口配置信息为各个路由器接口配置 IP 地址和子网掩码,完成路由器 Router1 和 Router2 的 RIP 配置,在配置 Router1 参与 RIP 创建动态路由项过程的网络时,不能包含网络 192.168.1.0/24,因此 Router2 的路由表中不包含目的网络地址为 192.168.1.0/24 的路由项。Router1 和 Router2 的路由表如图 8.2 所示。

(3) 完成路由器 Router1 有关 PAT 的配置过程,主要配置三部分信息,一是指定允许进行 PAT 操作的私有地址范围及用于与私有地址建立映射的全球 IP 地址,二是配置允许公共网络终端发起访问内部网络服务器的静态地址转换项,三是指定连接内部网络和公共网络的路由器接口。

(4) 根据图 8.1 所示的终端配置信息完成各个终端 IP 地址、子网掩码和默认网关地址配置，通过 Ping 操作验证由内部网络终端发起的、与公共网络终端之间的通信过程。验证无法完成由公共网络终端发起的、与内部网络终端之间的通信过程。

(5) 通过 Ping 操作完成由内部网络终端发起的、与公共网络终端之间的通信过程后，Router1 创建如图 8.3 所示的地址转换表。其中 Inside Local 是内部网络终端在内部网络中使用的配置信息(私有 IP 地址和终端本地标识符)，Inside Global 是内部网络终端在公共网络中使用的配置信息(全球 IP 地址和全球标识符)。Outside Local 是公共网络终端在内部网络中使用的配置信息，Outside Global 是公共网络终端在公共网络中使用的配置信息。由于公共网络终端无论在内部网络，还是公共网络都使用相同的全球 IP 地址，因此，Outside Local 和 Outside Global 中只有标识符是不同的，Outside Local 中是终端本地标识符，Outside Global 中是全球标识符。由于不同终端可能选择相同的本地标识符，如图 8.3 中 PC0(私有地址为 192.168.1.1)和 PC1(私有地址为 192.168.1.2)选择了相同的标识符 12 和 13。路由器 Router1 用全球标识符 1024 和 1025 取代 PC1 选择的本地标识符 12 和 13，以便用标识符唯一标识每一个内部网络终端。

NAT Table for Router1

Protocol	Inside Global	Inside Local	Outside Local	Outside Global
icmp	192.1.3.1:1024	192.168.1.2:12	192.1.2.1:12	192.1.2.1:1024
icmp	192.1.3.1:1025	192.168.1.2:13	192.1.2.2:13	192.1.2.2:1025
icmp	192.1.3.1:12	192.168.1.1:12	192.1.2.1:12	192.1.2.1:12
icmp	192.1.3.1:13	192.168.1.1:13	192.1.2.2:13	192.1.2.2:13
tcp	192.1.3.1:80	192.168.1.3:80	---	---

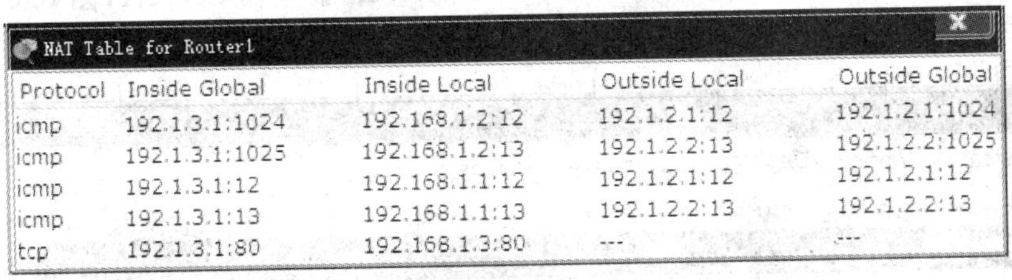

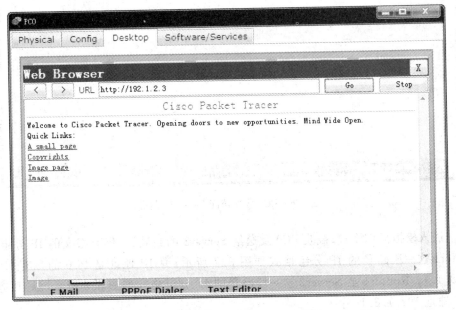

图 8.3 Ping 操作后的 Router1 地址转换表

(6) 内部网络终端可以通过浏览器访问公共网络中的服务器，图 8.4 所示是 PC0 桌面(Desktop)下 Web 浏览器(Web Browser)的用户界面，192.1.2.3 是 Server2 的全球 IP 地

图 8.4 PC0 成功访问 Server2 界面

址。内部网络终端完成对公共网络服务器的访问后，Router1 创建如图 8.5 所示的地址转换表。图 8.5 所示的地址转换表和图 8.3 所示的地址转换表相似，只是用本地端口号和全球端口号取代了图 8.3 所示的地址转换表中的本地标识符和全球标识符。

NAT Table for Router1

Protocol	Inside Global	Inside Local	Outside Local	Outside Glol
tcp	192.1.3.1:1024	192.168.1.2:1025	192.1.2.3:80	192.1.2.3:80
tcp	192.1.3.1:1025	192.168.1.1:1025	192.1.2.3:80	192.1.2.3:80
tcp	192.1.3.1:80	192.168.1.3:80	---	---

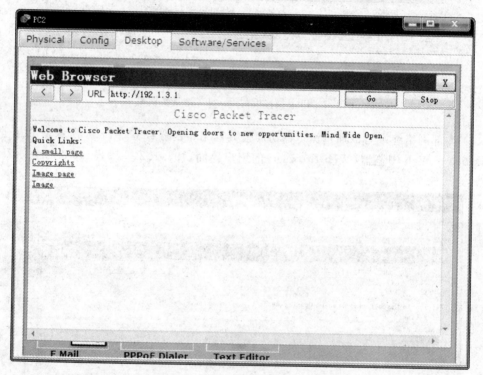

图 8.5　内部网络终端成功访问 Server2 后的 Router1 地址转换表

(7) 由于通过配置静态地址转换项＜192.1.3.1:80,192.168.1.3:80＞已经建立了内部网络终端全球 IP 地址、全球端口号(192.1.3.1:80)和私有 IP 地址、本地端口号(192.168.1.3:80)之间的关联，公共网络终端可以通过全球 IP 地址 192.1.3.1 和端口号 80 访问内部网络中私有 IP 地址为 192.168.1.3 的 Web 服务器 Server1，图 8.6 是 PC2 通过浏览器成功访问 Server1 的界面。

图 8.6　PC2 成功访问 Server1 界面

(8) 进入模拟操作模式，截获 PC0 发送给 Server2 的封装了 TCP 报文的 IP 分组，PC0 至 Router1 这一段路径的 IP 分组格式如图 8.7 所示，源 IP 地址是 PC0 的私有 IP 地址 192.168.1.1。Router1 至 Server2 这一段路径的 IP 分组格式如图 8.8 所示，源 IP 地址是全球 IP 地址 192.1.3.1。

(9) 同样截获 PC1 发送给 Server2 的封装了 TCP 报文的 IP 分组，PC1 至 Router1 这一

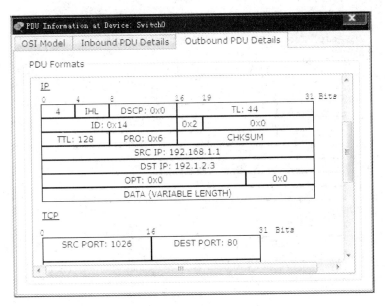

图 8.7　PC0→Server2 IP 分组 PC0 至 Router1 这一段的格式

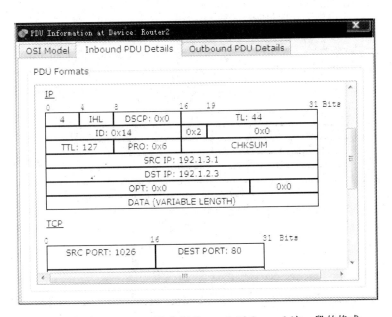

图 8.8　PC0→Server2 IP 分组 Router1 至 Server2 这一段的格式

段路径的 IP 分组格式如图 8.9 所示，源 IP 地址是 PC1 的私有 IP 地址 192.168.1.2。Router1 至 Server2 这一段路径的 IP 分组格式如图 8.10 所示，源 IP 地址是全球 IP 地址 192.1.3.1。为了用端口号唯一标识内部网络终端，在用端口号 1026 标识 PC0 后，Router1 接收到 PC1 发送的、源端口号为 1026 的 TCP 报文时，用唯一的全球端口号 1027 标识 PC1，并用全球端口号 1027 取代 PC1 发送的 TCP 报文的源端口号，其过程如图 8.9 和图 8.10 所示。

（10）截获 PC2 发送给 Server1 的封装了 TCP 报文的 IP 分组，PC2 至 Router1 这一段

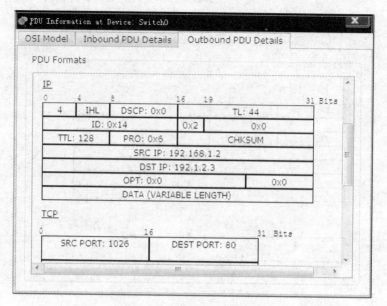

图 8.9　PC1→Server2 IP 分组 PC1 至 Router1 这一段的格式

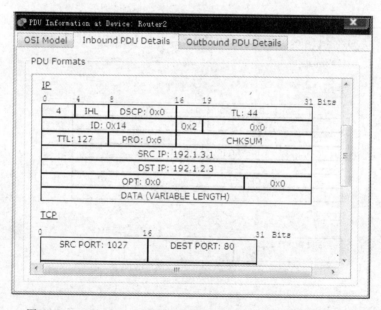

图 8.10　PC1→Server2 IP 分组 Router1 至 Server2 这一段的格式

路径的 IP 分组格式如图 8.11 所示,目的 IP 地址是与 Server1 私有 IP 地址 192.168.1.3 建立关联的全球 IP 地址 192.1.3.1、目的端口号为 80。Router1 至 Server1 这一段路径的 IP 分组格式如图 8.12 所示,目的 IP 地址是 Server1 私有 IP 地址 192.168.1.3。PC2 用目的端口 80 唯一标识 Server1,如果内部网络中存在多个允许公共网络终端发起访问的 Web 服务器,必须用不同的端口号唯一标识每一个 Web 服务器,这种情况下,PC2 无法用目的端口 80 访问所有的 Web 服务器。

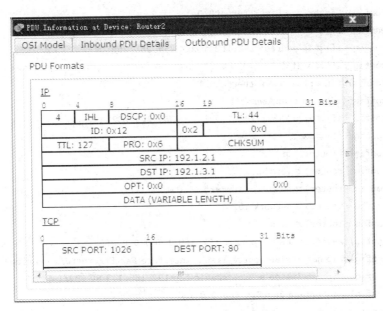

图 8.11 PC2→Server1 IP 分组 PC2 至 Router1 这一段的格式

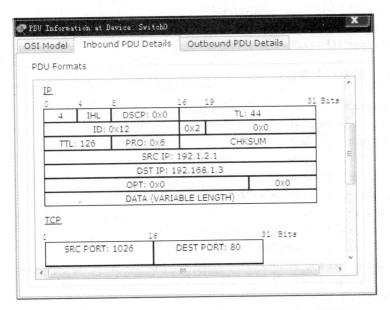

图 8.12 PC2→Server1 IP 分组 Router1 至 Server1 这一段的格式

8.1.5 命令行配置过程

1. Router1 命令行配置过程

```
Router > enable
Router # configure terminal
Router(config) # hostname Router1
```

```
Router1(config)#interface FastEthernet0/0
Router1(config-if)#no shutdown
Router1(config-if)#ip address 192.168.1.254 255.255.255.0
Router1(config-if)#exit
Router1(config)#interface FastEthernet0/1
Router1(config-if)#no shutdown
Router1(config-if)#ip address 192.1.3.1 255.255.255.252
Router1(config-if)#exit
Router1(config)#router rip
Router1(config-router)#version 2
Router1(config-router)#no auto-summary
Router1(config-router)#network 192.1.3.0
Router1(config-router)#exit
Router1(config)#access-list 1 permit 192.168.1.0 0.0.0.255
Router1(config)#ip nat inside source list 1 interface FastEthernet0/1 overload
Router1(config)#ip nat inside source static tcp 192.168.1.3 80 192.1.3.1 80
Router1(config)#interface FastEthernet0/0
Router1(config-if)#ip nat inside
Router1(config-if)#exit
Router1(config)#interface FastEthernet0/1
Router1(config-if)#ip nat outside
Router1(config-if)#exit
```

2．Router2 命令行配置过程

```
Router>enable
Router#configure terminal
Router(config)#hostname Router2
Router2(config)#interface FastEthernet0/1
Router2(config-if)#no shutdown
Router2(config-if)#ip address 192.1.3.2 255.255.255.252
Router2(config-if)#exit
Router2(config)#interface FastEthernet0/0
Router2(config-if)#no shutdown
Router2(config-if)#ip address 192.1.2.254 255.255.255.0
Router2(config-if)#exit
Router2(config)#router rip
Router2(config-router)#version 2
Router2(config-router)#no auto-summary
Router2(config-router)#network 192.1.3.0
Router2(config-router)#network 192.1.2.0
Router2(config-router)#exit
```

3．命令列表

路由器命令行配置过程中使用的命令及功能说明如表 8.1 所示。

表 8.1　命令列表

命令格式	功能和参数说明
access-list *access-list-number* permit *source* [*source-wildcard*]	指定允许进行地址转换的私有地址范围，参数 *access-list-number* 是访问控制列表编号，取值范围 1~99，参数 *source* 和 *source-wildcard* 用于指定 CIDR 地址块，参数 *source-wildcard* 使用子网掩码反码的形式
ip nat inside source list *access-list-number* interface *type number* overload	用于将允许进行地址转换的私有地址范围与某个全球 IP 地址绑定在一起。参数 *access-list-number* 是用于指定允许进行地址转换的私有地址范围的访问控制列表的编号，参数 *type number* 用于指定路由器接口，该接口的 IP 地址作为用于实现地址转换的全球 IP 地址
ip nat inside source static tcp *local-ip local-port global-ip global-port*	用于创建静态地址转换项，参数 *local-ip* 和 *local-port* 用于指定本地地址（也称私有地址）和本地端口号，参数 *global-ip* 和 *global-port* 用于指定全球 IP 地址和全球端口号
ip nat inside ip nat outside	指定连接内部网络的路由器接口 指定连接外部网络（也称公共网络）的路由器接口

8.2　动态 NAT 配置实验

8.2.1　实验目的

一是掌握内部网络设计过程和私有地址使用方法。二是验证网络地址转换（Network address translation，NAT）的工作过程。三是掌握路由器动态 NAT 配置过程。四是验证私有地址与全球地址之间的转换过程。五是验证 IP 分组的格式转换过程。

8.2.2　实验原理

PAT 要求将私有 IP 地址映射到单个全球 IP 地址，因此，无法用全球 IP 地址唯一标识内部网络终端，需要通过全球端口号或全球标识符唯一标识内部网络终端，因此，只能对封装 TCP/UDP 报文的 IP 分组，或是封装 ICMP 报文的 IP 分组实施 PAT 操作。动态 NAT 和 PAT 不同，允许将私有地址映射到一组全球 IP 地址，通过定义全球 IP 地址池指定这一组全球 IP 地址，全球 IP 地址池中的全球 IP 地址数量决定了可以同时访问公共网络的内部网络终端数量。某个内部网络终端的私有地址与全球 IP 地址池中某个全球 IP 地址之间的映射是动态建立的，该内部网络终端一旦完成对公共网络的访问，将撤销已经建立的私有地址与全球 IP 地址之间的映射，其他内部网络终端可以通过建立自己的私有地址与该全球 IP 地址之间的映射访问公共网络。

实现动态 NAT 的互连网络结构如图 8.13 所示，内部网络私有 IP 地址 192.168.1.0/24 不能参与 RIP 创建动态路由项的过程，因此，路由器 R2 路由表不包含目的网络地址为 192.168.1.0/24 的路由项。需要为路由器 R1 配置全球 IP 地址池，创建用于指明某个内部网络私有地址与全球 IP 地址池中某个全球 IP 地址之间映射的动态地址转换项后，公共网络用该全球 IP 地址标识内部网络中配置该私有地址的终端,因此,路由器 R2 中必须建立目的网络地址为全球 IP 地址池指定的一组全球 IP 地址,下一跳为路由器 R1 的静态路由项,保证将目的 IP 地址属于这一组全球 IP 地址的 IP 分组转发给路由器 R1。

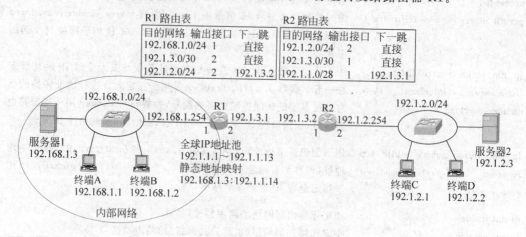

图 8.13 实现动态 NAT 的互连网络结构

对于公共网络终端,私有地址空间 192.168.1.0/24 是不可见的,在建立私有地址与全球 IP 地址之间映射前,公共网络终端是无法访问内部网络终端的,因此,如果需要实现由公共网络终端发起访问内部网络中服务器 1 的访问过程,必须静态建立服务器 1 的私有地址 192.168.1.3 与全球 IP 地址 192.1.1.14 之间的映射,公共网络终端可以用全球 IP 地址 192.1.1.14 访问内部网络中的服务器 1。

图 8.13 所示的内部网络中的终端 A 访问公共网络终端时发送的 IP 分组以终端 A 的私有地址 192.168.1.1 为源 IP 地址、以公共网络终端的全球 IP 地址为目的 IP 地址。该 IP 分组通过路由器 R1 连接公共网络的接口输出时,源 IP 地址转换为属于分配给路由器 R1 的全球 IP 地址池中的某个全球 IP 地址,路由器 R1 动态建立私有地址 192.168.1.1 与该全球 IP 地址之间的映射。

动态 NAT 可以对封装任何类型报文的 IP 分组进行 NAT 操作,PAT 只能对封装 TCP/UDP 报文的 IP 分组,或是封装 ICMP 报文的 IP 分组实施 PAT 操作。

8.2.3 关键命令说明

1. 建立全球 IP 地址池与一组私有地址之间的关联

```
Router(config)#access-list 1 permit 192.168.1.0 0.0.0.255
Router(config)#ip nat pool a1 192.1.1.1 192.1.1.13 netmask 255.255.255.240
Router(config)#ip nat inside source list 1 pool a1
```

access-list 1 permit 192.168.1.0 0.0.0.255 的功能与 PAT 相同,定义允许进行 NAT 操作的私有 IP 地址范围 192.168.1.0/24。

ip nat pool a1 192.1.1.1 192.1.1.13 netmask 255.255.255.240 是全局模式下使用的命令,该命令用于定义全球 IP 地址池,a1 是全球 IP 地址池名,192.1.1.1 是一组全球 IP 地址的起始地址,192.1.1.13 是一组全球 IP 地址的结束地址,全球 IP 地址池是一组从起始地址到结束地址且包含起始和结束地址的连续全球 IP 地址。255.255.255.240 是这一组全球 IP 地址的子网掩码。

ip nat inside source list 1 pool a1 是全局模式下使用的命令,该命令的作用是将编号为 1 的访问控制列表指定的私有地址范围与名为 a1 的全球 IP 地址池绑定在一起。

执行上述命令后,如果路由器通过连接内部网络的接口接收到某个 IP 分组且该 IP 分组满足下述条件:

- IP 分组源 IP 地址属于 CIDR 地址块 192.168.1.0/24;
- 确定 IP 分组通过连接公共网络的接口输出。

路由器对其进行 NAT 操作,从全球 IP 地址池中选择一个未分配的全球 IP 地址,创建地址转换项<IP 分组源 IP 地址(Inside Local),全球 IP 地址(Inside Global)>,IP 分组的源 IP 地址作为地址转换项中的内部本地地址,从全球 IP 地址池中选择的全球 IP 地址作为地址转换项中的内部全球地址,用内部全球地址取代 IP 分组的源 IP 地址。

当路由器通过连接公共网络的接口接收到某个 IP 分组,首先用该 IP 分组的目的 IP 地址检索地址转换表,如果找到内部全球地址与该 IP 分组的目的 IP 地址相同的地址转换项,用地址转换项中的内部本地地址取代 IP 分组的目的 IP 地址。

2. 创建静态地址转换项

```
Router(config)# ip nat inside source static 192.168.1.3 192.1.1.14
```

ip nat inside source static 192.168.1.3 192.1.1.14 是全局模式下使用的命令,该命令的作用是创建静态地址转换项<192.168.1.3(Inside Local),192.1.1.14(Inside Global)>。

路由器执行该命令后,对于通过连接内部网络的接口接收到的、源 IP 地址为 192.168.1.3 的 IP 分组,用内部全球地址 192.1.1.14 取代源 IP 地址 192.168.1.3。对于通过连接公共网络的接口接收到的、目的 IP 地址为 192.1.1.14 的 IP 分组,用内部本地地址 192.168.1.3 取代目的 IP 地址 192.1.1.14。

8.2.4 实验步骤

(1) 启动 Packet Tracer,在逻辑工作区按照图 8.13 所示的互连网络结构放置和连接设备,完成设备放置和连接后的逻辑工作区界面如图 8.14 所示。

(2) 根据图 8.13 所示的路由器接口配置信息为各个路由器接口配置 IP 地址和子网掩码,完成路由器 Router1 和 Router2 的 RIP 配置,在配置 Router1 参与 RIP 创建动态路由项过程的网络时,不能包含网络 192.168.1.0/24,因此 Router2 的路由表中不包含目的网络地址为 192.168.1.0/24 的路由项。在 Router2 中配置目的网络地址为 192.1.1.0/28,下一跳地址为 192.1.3.1 的静态路由项。完成上述配置过程后,Router1 和 Router2 的路由表如图 8.14 所示。

(3) 完成路由器 Router1 有关 NAT 的配置过程,一是指定允许进行 NAT 操作的私有地址范围,二是定义全球 IP 地址池,三是建立允许进行 NAT 操作的私有地址范围与全球 IP 地址池之间的关联,四是配置允许公共网络终端发起访问内部网络服务器的静态地址转换项,五是指定连接内部网络和公共网络的路由器接口。

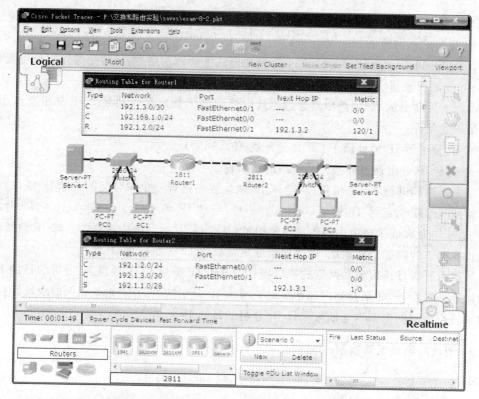

图 8.14 放置和连接设备后的逻辑工作区界面及路由表

（4）根据图 8.13 所示的终端配置信息完成各个终端 IP 地址、子网掩码和默认网关地址配置，通过 Ping 操作验证由内部网络终端发起的、与公共网络终端之间的通信过程。验证无法完成由公共网络终端发起的、与内部网络终端之间的通信过程。

（5）通过 Ping 操作完成由内部网络终端发起的、与公共网络终端之间的通信过程后，Router1 创建如图 8.15 所示的地址转换表。其中 Inside Local 是内部网络终端在内部网络中使用的配置信息（私有 IP 地址和 ICMP 报文标识符），Inside Global 是内部网络终端在公共网络中使用的配置信息（全球 IP 地址和 ICMP 报文标识符）。Outside Local 是公共网络终端在内部网络中使用的配置信息，Outside Global 是公共网络终端在公共网络中使用的配置信息。由于公共网络终端无论在内部网络，还是公共网络都使用相同的全球 IP 地址，因此，Outside Local 和 Outside Global 是相同的。值得强调的是，动态 NAT 用不同的全球 IP 地址标识内部网络中不同的终端，因此，地址转换表中的地址转换项主要建立内部网络终端的私有地址与全球 IP 地址池中某个全球 IP 地址之间的关联，对 IP 分组封装的 ICMP

Protocol	Inside Global	Inside Local	Outside Local	Outside Global
---	192.1.1.14	192.168.1.3	---	---
icmp	192.1.1.1:1	192.168.1.1:1	192.1.2.1:1	192.1.2.1:1
icmp	192.1.1.1:2	192.168.1.1:2	192.1.2.2:2	192.1.2.2:2
icmp	192.1.1.2:1	192.168.1.2:1	192.1.2.1:1	192.1.2.1:1
icmp	192.1.1.2:2	192.168.1.2:2	192.1.2.2:2	192.1.2.2:2

图 8.15 Ping 操作后的 Router1 地址转换表

报文不做修改。

(6) 内部网络终端可以通过浏览器访问公共网络中的服务器，内部网络终端完成对公共网络服务器的访问后，Router1 创建如图 8.16 所示的地址转换表。同样，地址转换表中的地址转换项主要建立内部网络终端的私有地址与全球 IP 地址池中某个全球 IP 地址之间的关联，对 IP 分组封装的 TCP 报文不做修改。

NAT Table for Router1

Protocol	Inside Global	Inside Local	Outside Local	Outside Global
---	192.1.1.14	192.168.1.3	---	---
tcp	192.1.1.14:80	192.168.1.3:80	192.1.2.1:1026	192.1.2.1:1026
tcp	192.1.1.2:1025	192.168.1.1:1025	192.1.2.3:80	192.1.2.3:80
tcp	192.1.1.3:1025	192.168.1.2:1025	192.1.2.3:80	192.1.2.3:80

图 8.16　内部网络终端成功访问 Server2 后的 Router1 地址转换表

(7) 由于通过配置静态地址转换项＜192.1.1.14,192.168.1.3＞已经建立了内部网络终端全球 IP 地址(192.1.1.14)和私有 IP 地址(192.168.1.3)之间的关联，公共网络终端可以通过全球 IP 地址 192.1.1.4 访问内部网络中私有 IP 地址为 192.168.1.3 的 Web 服务器 Server1，由于不需要用 TCP 报文的目的端口号 80 标识内部网络中的 Server1，因此，对公共网络终端访问 Server1 所使用的协议没有限制，图 8.17 是 PC2 创建的用于对 Server1 进行 Ping 操作的 ICMP 报文及封装 ICMP 报文的 IP 分组。

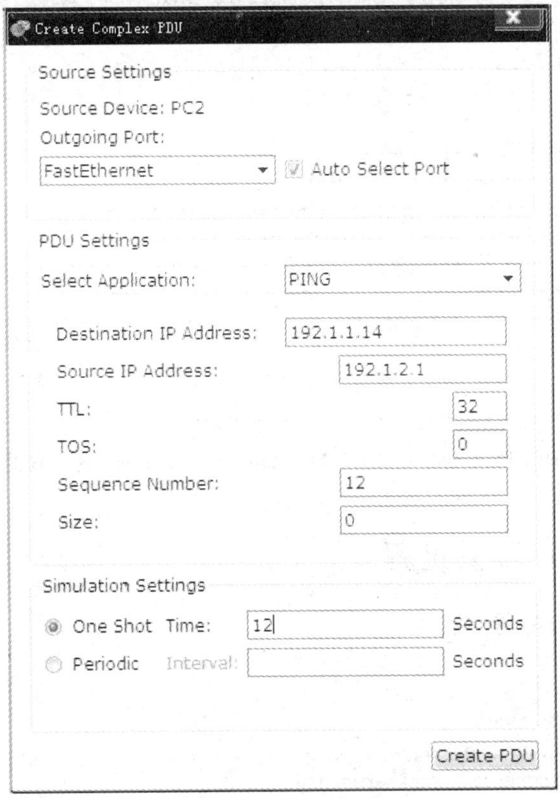

图 8.17　PC2 创建的用于对 Server1 进行 Ping 操作的报文

(8) 进入模拟操作模式,截获 PC0 发送给 Server2 的 IP 分组,PC0 至 Router1 这一段路径的 IP 分组格式如图 8.18 所示,源 IP 地址是 PC0 的私有 IP 地址 192.168.1.1。Router1 至 Server2 这一段路径的 IP 分组格式如图 8.19 所示,源 IP 地址是从全球 IP 地址池中选择的全球 IP 地址 192.1.1.2。

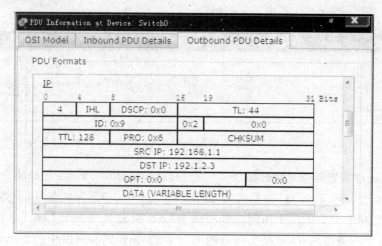

图 8.18　PC0→Server2 IP 分组 PC0 至 Router1 这一段的格式

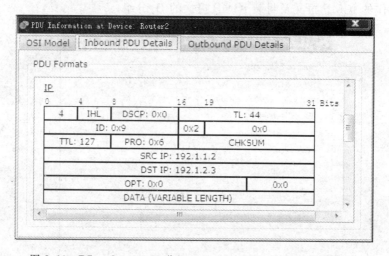

图 8.19　PC0→Server2 IP 分组 Router1 至 Server2 这一段的格式

8.2.5　命令行配置过程

1. Router1 命令行配置过程

```
Router>enable
Router#configure terminal
Router(config)#hostname Router1
Router1(config)#interface FastEthernet0/0
Router1(config-if)#no shutdown
Router1(config-if)#ip address 192.168.1.254 255.255.255.0
```

```
Router1(config-if)#exit
Router1(config)#interface FastEthernet0/1
    Router1(config-if)#no shutdown
Router1(config-if)#ip address 192.1.3.1 255.255.255.252
Router1(config-if)#exit
Router1(config)#router rip
Router1(config-router)#version 2
Router1(config-router)#no auto-summary
Router1(config-router)#network 192.1.3.0
Router1(config-router)#exit
Router1(config)#access-list 1 permit 192.168.1.0 0.0.0.255
Router1(config)#ip nat pool a1 192.1.1.1 192.1.1.13 netmask 255.255.255.240
Router1(config)#ip nat inside source list 1 pool a1
Router1(config)#ip nat inside source static 192.168.1.3 192.1.1.14
Router1(config)#interface FastEthernet0/0
Router1(config-if)#ip nat inside
Router1(config-if)#exit
Router1(config)#interface FastEthernet0/1
Router1(config-if)#ip nat outside
Router1(config-if)#exit
```

2. Router2 命令行配置过程

```
Router>enable
Router#configure terminal
Router(config)#hostname Router2
Router2(config)#interface FastEthernet0/1
Router2(config-if)#no shutdown
Router2(config-if)#ip address 192.1.3.2 255.255.255.252
Router2(config-if)#exit
Router2(config)#interface FastEthernet0/0
Router2(config-if)#no shutdown
Router2(config-if)#ip address 192.1.2.254 255.255.255.0
Router2(config-if)#exit
Router2(config)#router rip
Router2(config-router)#version 2
Router2(config-router)#no auto-summary
Router2(config-router)#network 192.1.3.0
Router2(config-router)#network 192.1.2.0
Router2(config-router)#exit
Router2(config)#ip route 192.1.1.0 255.255.255.240 192.1.3.1
```

3. 命令列表

路由器命令行配置过程中使用的命令及功能说明如表 8.2 所示。

表 8.2 命令列表

命令格式	功能和参数说明
ip nat pool *name start-ip end-ip* netmask *netmask*	定义全球 IP 地址池，参数 *name* 是全球 IP 地址池名，参数 *start-ip* 是起始地址，参数 *end-ip* 是结束地址，参数 *netmask* 是定义的一组全球 IP 地址的子网掩码

续表

命令格式	功能和参数说明
ip nat inside source list *access-list-number* pool *name*	用于将允许进行地址转换的私有地址范围与某个全球 IP 地址池绑定在一起。参数 *access-list-number* 是用于指定允许进行地址转换的私有地址范围的访问控制列表的编号,参数 *name* 是已经定义的全球 IP 地址池的名字
ip nat inside source static *local-ip global-ip*	创建用于指明私有地址与全球地址之间关联的静态地址转换项,参数 *local-ip* 用于指定私有地址,参数 *global-ip* 用于指定全球 IP 地址

8.3 静态 NAT 配置实验

8.3.1 实验目的

一是掌握内部网络设计过程和私有地址使用方法。二是验证 NAT 工作过程。三是掌握路由器 NAT 配置过程。四是验证私有地址与全球地址之间的转换过程。五是验证 IP 分组格式转换过程。六是验证两个分配相同私有地址空间的内部网络之间的通信过程。

8.3.2 实验原理

分配给某个内部网络的私有地址空间对另一个内部网络中的终端是不可见的,因此,任何一个内部网络中的终端必须用全球 IP 地址访问其他内部网络中的终端,这一方面使得每一个内部网络分配的私有地址只有本地意义,不同内部网络可以分配相同的私有地址空间。另一方面在建立内部网络私有地址与全球 IP 地址之间映射前,其他内部网络中的终端无法访问该内部网络中的终端。虽然不同内部网络可以分配相同的私有地址空间,但与这些私有地址建立映射的全球 IP 地址必须是全球唯一的。如图 8.20 所示,虽然内部网络 1 和内部网络 2 分配了相同的私有地址空间 192.168.1.0/24,但分配给这两个内部网络的全球 IP 地址池必须是不同的,如分配给内部网络 1 的全球 IP 地址池是 192.1.1.0/28,分配给内部

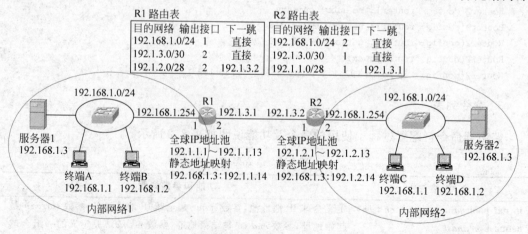

图 8.20 实现两个内部网络互连的互连网络结构

网络2的全球 IP 地址池是 192.1.2.0/28。这样，其他网络可以用唯一的全球 IP 地址标识某个内部网络中的终端。如内部网络1中某个终端用属于全球 IP 地址池1的全球 IP 地址访问其他网络，其他网络中的终端用该全球 IP 地址唯一标识该内部网络1中的终端。

同样，如果需要实现由其他网络中的终端发起访问内部网络1中服务器1的过程，必须建立服务器1的私有地址 192.168.1.3 与某个全球 IP 地址（这里是 192.1.1.14）之间的映射，其他网络中的终端用该全球 IP 地址访问服务器1。根据图 8.20 配置，内部网络1中终端可以用全球 IP 地址 192.1.2.14 访问内部网络2中的服务器2，内部网络2中的终端可以用全球 IP 地址 192.1.1.14 访问内部网络1中的服务器1。

图 8.20 所示的内部网络1中的终端 A 访问内部网络2中的服务器2时发送的 IP 分组以终端 A 的私有地址 192.168.1.1 为源 IP 地址、以与服务器2的私有地址 192.168.1.3 建立映射的全球 IP 地址 192.1.2.14 为目的 IP 地址。该 IP 分组通过路由器 R1 连接公共网络的接口输出时，源 IP 地址转换为属于分配给路由器 R1 的全球 IP 地址池中的某个全球 IP 地址，路由器 R1 动态建立私有地址 192.168.1.1 与该全球 IP 地址之间的映射。当路由器 R2 通过连接内部网络2的接口输出该 IP 分组时，该 IP 分组的目的 IP 地址转换为服务器2的私有地址 192.168.1.3。

8.3.3 实验步骤

（1）启动 Packet Tracer，在逻辑工作区按照图 8.20 所示的互连网络结构放置和连接设备，完成设备放置和连接后的逻辑工作区界面如图 8.21 所示。

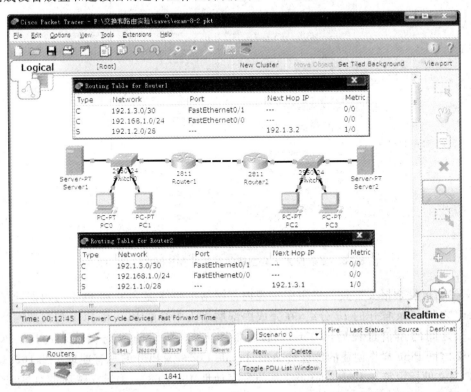

图 8.21 放置和连接设备后的逻辑工作区界面及路由表

（2）根据图8.20所示的路由器接口配置信息为各个路由器接口配置IP地址和子网掩码。在Router1中配置目的网络地址为192.1.2.0/28，下一跳地址为192.1.3.2的静态路由项，在Router2中配置目的网络地址为192.1.1.0/28，下一跳地址为192.1.3.1的静态路由项。完成上述配置过程后，Router1和Router2的路由表如图8.21所示。

（3）完成路由器Router1和Router2有关NAT的配置过程，一是指定允许进行NAT操作的私有地址范围，二是定义全球IP地址池，三是建立允许进行NAT操作的私有地址范围与全球IP地址池之间的关联，四是配置允许其他网络中的终端发起访问内部网络服务器的静态地址转换项，五是指定连接内部网络和公共网络的路由器接口。

（4）根据图8.20所示的终端配置信息完成各个终端IP地址、子网掩码和默认网关地址配置。由于两个内部网络分配了相同的私有地址空间，通过简单报文工具进行的内部网络1中终端与内部网络2中终端之间的Ping操作实际上是内部网络内两个终端之间进行的Ping操作，不能证明已经成功完成内部网络1中终端与内部网络2中终端之间的通信过程。为了验证内部网络1中PC0与内部网络2中Server2之间的通信过程，需要通过复杂报文工具创建如图8.22所示的封装ICMP报文的IP分组。

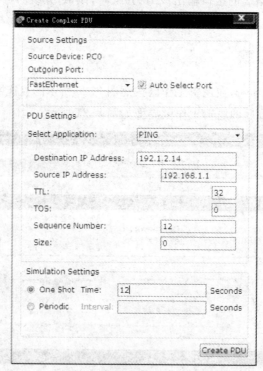

图8.22 复杂报文工具创建的封装ICMP报文的IP分组

（5）通过复杂报文工具创建用于实现内部网络1中终端PC0和PC1与内部网络2中Server2之间Ping操作的IP分组，在完成内部网络1中终端PC0和PC1与内部网络2中Server2之间的通信过程后，Router1创建如图8.23所示的地址转换表，对于PC0与Server2之间Ping操作创建的地址转换项，Inside Local是PC0的私有地址192.168.1.1和ICMP报文的标识符6，Inside Global是与私有地址192.168.1.1建立映射的全球IP地址192.1.1.4和ICMP报文的标识符6，全球IP地址192.1.1.4是从Router1全球IP地址池中选择的某个未使用的全球 IP 地址。Outside Local 和 Outside Global 都是与 Server2 的私有地址 192.168.1.3 建立映射的全球 IP 地址 192.1.2.14 和 ICMP 报文的标识符 6。Router2 创建如图 8.24 所示的地址转换表，对于 PC0 与 Server2 之间 Ping 操作创建的地址转换项，Inside Local 是 Server2 的私有地址 192.168.1.3 和 ICMP 报文的标识符 6，Inside Global 是与私有地址 192.168.1.3 建立映射的全球 IP 地址 192.1.2.14 和 ICMP 报文的标识符 6。Outside Local 和 Outside Global 都是与 PC0 的私有地址 192.168.1.1 建立映射的全球 IP 地址 192.1.1.4 和 ICMP 报文的标识符 6。

Protocol	Inside Global	Inside Local	Outside Local	Outside Global
---	192.1.1.14	192.168.1.3	---	---
icmp	192.1.1.4:6	192.168.1.1:6	192.1.2.14:6	192.1.2.14:6
icmp	192.1.1.5:4	192.168.1.2:4	192.1.2.14:4	192.1.2.14:4

图 8.23　完成两个内部网络之间 Ping 操作后的 Router1 地址转换表

Protocol	Inside Global	Inside Local	Outside Local	Outside Global
---	192.1.2.14	192.168.1.3	---	---
icmp	192.1.2.14:4	192.168.1.3:4	192.1.1.5:4	192.1.1.5:4
icmp	192.1.2.14:6	192.168.1.3:6	192.1.1.4:6	192.1.1.4:6

图 8.24　完成两个内部网络之间 Ping 操作后的 Router2 地址转换表

（6）内部网络终端可以通过浏览器访问另一个内部网络中的服务器，但必须使用与该内部网络中的服务器的私有地址建立映射的全球 IP 地址，内部网络 1 中终端用全球 IP 地址 192.1.2.14 访问内部网络 2 中的 Server2，图 8.25 是 PC0 访问 Server2 的浏览器界面。同样，内部网络 2 中终端用全球 IP 地址 192.1.1.14 访问内部网络 1 中的 Server1，图 8.26 是 PC2 访问 Server1 的浏览器界面。内部网络 1 中终端用浏览器访问内部网络 2 中的

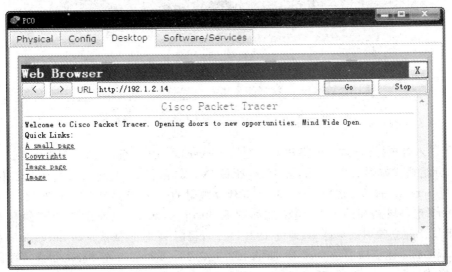

图 8.25　PC0 访问 Server2 的浏览器界面

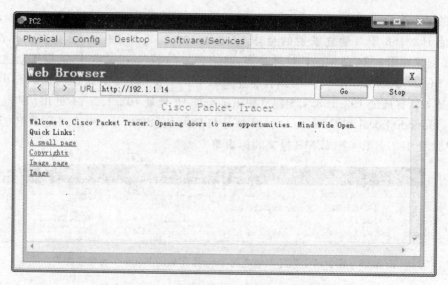

图 8.26 PC2 访问 Server1 的浏览器界面

Server2 和内部网络 2 中终端用浏览器访问内部网络 1 中的 Server1 后,Router1 创建如图 8.27 所示的地址转换表,Router2 创建如图 8.28 所示的地址转换表。

Protocol	Inside Global	Inside Local	Outside Local	Outside Global
---	192.1.1.14	192.168.1.3	---	---
tcp	192.1.1.14:80	192.168.1.3:80	192.1.2.1:1026	192.1.2.1:1026
tcp	192.1.1.14:80	192.168.1.3:80	192.1.2.2:1025	192.1.2.2:1025
tcp	192.1.1.5:1027	192.168.1.1:1027	192.1.2.14:80	192.1.2.14:80
tcp	192.1.1.6:1025	192.168.1.2:1025	192.1.2.14:80	192.1.2.14:80

图 8.27 完成服务器访问后的 Router1 地址转换表

Protocol	Inside Global	Inside Local	Outside Local	Outside Global
---	192.1.2.14	192.168.1.3	---	---
tcp	192.1.2.1:1026	192.168.1.1:1026	192.1.1.14:80	192.1.1.14:80
tcp	192.1.2.14:80	192.168.1.3:80	192.1.1.5:1027	192.1.1.5:1027
tcp	192.1.2.14:80	192.168.1.3:80	192.1.1.6:1025	192.1.1.6:1025
tcp	192.1.2.2:1025	192.168.1.2:1025	192.1.1.14:80	192.1.1.14:80

图 8.28 完成服务器访问后的 Router2 地址转换表

(7) 进入模拟操作模式,截获 PC0 发送给 Server2 的 IP 分组,PC0 至 Router1 这一段路径的 IP 分组格式如图 8.29 所示,源 IP 地址是 PC0 的私有 IP 地址 192.168.1.1、目的 IP 地址是与 Server2 的私有地址 192.168.1.3 建立映射的全球 IP 地址 192.1.2.14。Router1 至 Router2 这一段路径的 IP 分组格式如图 8.30 所示,源 IP 地址是与 PC0 的私有地址 192.168.1.1 建立映射的全球 IP 地址 192.1.1.5,目的 IP 地址依然是与 Server2 的私有地址 192.168.1.3 建立映射的全球 IP 地址 192.1.2.14。Router2 至 Server2 这一段路径的 IP 分组格式如图 8.31 所示,源 IP 地址依然是与 PC0 的私有地址 192.168.1.1 建立映射的全球 IP 地址 192.1.1.5,目的 IP 地址是 Server2 的私有地址 192.168.1.3。

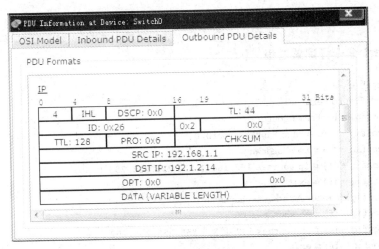

图 8.29 PC0→Server2 IP 分组 PC0 至 Router1 这一段路径的格式

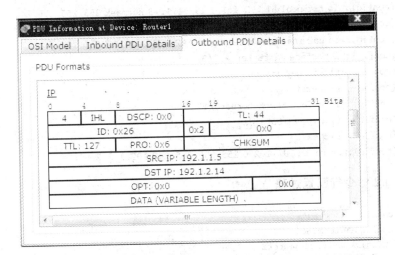

图 8.30 PC0→Server2 IP 分组 Router1 至 Router2 这一段路径的格式

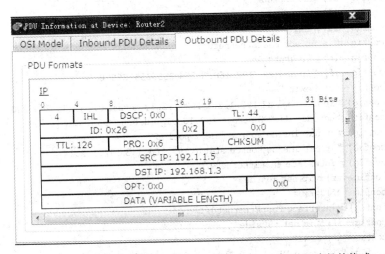

图 8.31 PC0→Server2 IP 分组 Router2 至 Server2 这一段路径的格式

8.3.4 命令行配置过程

1. Router1 命令行配置过程

```
Router > enable
Router # configure terminal
Router(config) # hostname Router1
Router1(config) # interface FastEthernet0/0
Router1(config - if) # no shutdown
Router1(config - if) # ip address 192.168.1.254 255.255.255.0
Router1(config - if) # exit
Router1(config) # interface FastEthernet0/1
Router1(config - if) # no shutdown
Router1(config - if) # ip address 192.1.3.1 255.255.255.252
Router1(config - if) # exit
Router1(config) # access - list 1 permit 192.168.1.0 0.0.0.255
Router1(config) # ip nat pool a1 192.1.1.1 192.1.1.13 netmask 255.255.255.240
Router1(config) # ip nat inside source list 1 pool a1
Router1(config) # ip nat inside source static 192.168.1.3 192.1.1.14
Router1(config) # interface FastEthernet0/0
Router1(config - if) # ip nat inside
Router1(config - if) # exit
Router1(config) # interface FastEthernet0/1
Router1(config - if) # ip nat outside
Router1(config - if) # exit
Router1(config) # ip route 192.1.2.0 255.255.255.240 192.1.3.2
```

2. Router2 命令行配置过程

```
Router > enable
Router # configure terminal
Router(config) # hostname Router2
Router2(config) # interface FastEthernet0/1
Router2(config - if) # no shutdown
Router2(config - if) # ip address 192.1.3.2 255.255.255.252
Router2(config - if) # exit
Router2(config) # interface FastEthernet0/0
Router2(config - if) # no shutdown
Router2(config - if) # ip address 192.168.1.254 255.255.255.0
Router2(config - if) # exit
Router2(config) # ip nat pool a2 192.1.2.1 192.1.2.13 netmask 255.255.255.240
Router2(config) # access - list 2 permit 192.168.1.0 0.0.0.255
Router2(config) # ip nat inside source list 2 pool a2
Router2(config) # ip nat inside source static 192.168.1.3 192.1.2.14
Router2(config) # interface FastEthernet0/0
Router2(config - if) # ip nat inside
Router2(config - if) # exit
Router2(config) # interface FastEthernet0/1
Router2(config - if) # ip nat outside
Router2(config - if) # exit
Router2(config) # ip route 192.1.1.0 255.255.255.240 192.1.3.1
```

8.4 综合 NAT 配置实验

8.4.1 实验目的

一是掌握内部网络设计过程和私有地址使用方法。二是验证 NAT 工作过程。三是掌握路由器 NAT 配置过程。四是验证私有地址与全球地址之间的转换过程。五是验证 IP 分组格式转换过程。六是验证地址重叠的内部网络与公共网络之间的通信过程。七是掌握公共网络全球地址与外部本地地址之间的转换过程。

8.4.2 实验原理

图 8.32 所示的内部网络中的其中一个子网和公共网络中的其中一个子网都分配了网络地址 192.1.2.0/24,这就使得内部网络中的终端无法直接用公共网络地址访问公共网络中的终端,如果图 8.32 中的 PC0 用 192.1.2.3 访问公共网络中的服务器 3,其结果是访问内部网络中的服务器 2。为了解决内部网络与存在地址重叠的公共网络之间的通信问题,需要在内部网络为这一部分与内部网络地址重叠的公共网络地址分配内部网络唯一的本地地址空间,如图 8.32 所示的外部本地地址池 192.168.2.0/28,内部网络用该组本地地址映射与内部网络地址重叠的公共网络地址。和前面 NAT 实例不同,不仅内部网络终端发送给公共网络终端的 IP 分组,离开内部网络时,需要转换为全球 IP 地址池中某个与内部网络地址建立映射的全球 IP 地址,IP 地址与内部网络地址重叠的公共网络终端发送给内部网络终端的 IP 分组,进入内部网络时,需要转换为本地地址池中某个与公共网络地址建立映射的本地 IP 地址。在建立某个公共网络地址与本地地址池某个本地地址之间映射前,内部网络终端无法访问 IP 地址与内部网络地址重叠的公共网络终端,如果内部网络终端想要发起访问公共网络中的服务器 3,必须建立某个本地地址与服务器 3 的公共网络地址之间的

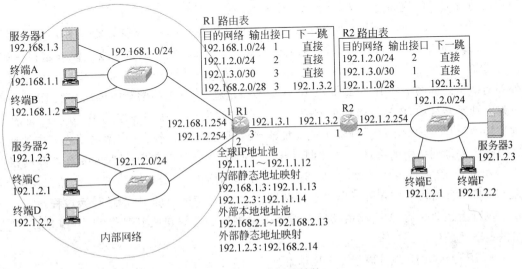

图 8.32 互连网络结构

映射,如建立图 8.32 所示的公共网络地址 192.1.2.3 与本地地址 192.168.2.14 之间的静态映射 192.1.2.3:192.168.2.14。

图 8.32 中,公共网络终端用全球 IP 地址 192.1.1.13 和 192.1.1.14 访问内部网络中的服务器 1 和服务器 2,公共网络终端发送给内部网络中服务器 1 和服务器 2 的 IP 分组一旦进入内部网络,其目的 IP 地址由 192.1.1.13 和 192.1.1.4 转换为 192.168.1.3 和 192.1.2.3。内部网络终端发送给公共网络终端的 IP 分组一旦离开内部网络,其源 IP 地址转换为全球 IP 地址池中与该内部网络终端地址建立映射的全球 IP 地址。

图 8.32 中,内部网络终端用外部本地地址 192.168.2.14 访问公共网络中的服务器 3,内部网络终端发送给公共网络中服务器 3 的 IP 分组一旦离开内部网络,其目的 IP 地址由 192.168.2.14 转换为服务器 3 的公共网络地址 192.1.2.3。公共网络终端发送给内部网络终端的 IP 分组一旦进入内部网络,其源 IP 地址转换为外部本地地址池中与该公共网络终端地址建立映射的外部本地地址。

8.4.3 关键命令说明

1. 建立外部本地地址池与一组公共网络地址之间的关联

```
Router(config) # access-list 2 permit 192.1.2.0 0.0.0.255
Router(config) # ip nat pool a2 192.168.2.1 192.168.2.13 netmask 255.255.255.240
Router(config) # ip nat outside source list 2 pool a2
```

access-list 2 permit 192.1.2.0 0.0.0.255 定义需要进行 NAT 操作的公共网络地址范围 192.1.2.0/24。

ip nat pool a2 192.168.2.1 192.168.2.13 netmask 255.255.255.240 是全局模式下使用的命令,该命令用于定义外部本地地址池,a2 是外部本地地址池名,192.168.2.1 是一组本地地址的起始地址,192.168.2.13 是一组本地地址的结束地址,外部本地地址池是一组从起始地址到结束地址且包含起始和结束地址的连续本地地址。255.255.255.240 是这一组本地地址的子网掩码。

ip nat outside source list 2 pool a2 是全局模式下使用的命令,该命令的作用是将编号为 2 的访问控制列表指定的公共网络地址范围与名为 a2 的外部本地地址池绑定在一起。需要强调一下命令中关键词 outside 与 inside 的区别,关键词 outside 指明该命令用于实现外部网络至内部网络的 IP 分组的源 IP 地址转换过程,由外部网络至内部网络的 IP 分组触发建立地址转换项,该地址转换项同时用于实现内部网络至外部网络的 IP 分组的目的 IP 地址转换过程。之所以称为外部本地地址池或外部本地地址是因为内部网络用该本地地址唯一标识外部网络中的终端。关键词 inside 指明该命令用于实现内部网络至外部网络的 IP 分组的源 IP 地址转换过程,由内部网络至外部网络的 IP 分组触发建立地址转换项,该地址转换项同时用于实现外部网络至内部网络的 IP 分组的目的 IP 地址转换过程。

执行上述命令后,如果路由器通过连接公共网络的接口接收到某个 IP 分组且该 IP 分组满足下述条件:
- IP 分组源 IP 地址属于 CIDR 地址块 192.1.2.0/24;
- 确定 IP 分组通过连接内部网络的接口输出。

路由器对其进行 NAT 操作,从外部本地地址池中选择一个未分配的本地地址,创建地址转换项<IP 分组源 IP 地址(Outside Global),本地地址(Outside Local)>,IP 分组的源 IP 地址作为地址转换项中的外部全球地址,从外部本地地址池中选择的本地地址作为外部本地地址,用外部本地地址取代 IP 分组的源 IP 地址。

当路由器通过连接内部网络的接口接收到某个 IP 分组,首先用该 IP 分组的目的 IP 地址检索地址转换表,如果找到外部本地地址与该 IP 分组的目的 IP 地址相同的地址转换项,用地址转换项中的外部全球地址取代 IP 分组的目的 IP 地址。

2. 创建静态地址转换项

```
Router (config)# ip nat outside source static 192.1.2.3 192.168.2.14
```

ip nat outside source static 192.1.2.3 192.168.2.14 是全局模式下使用的命令,该命令的作用是创建静态地址转换项<192.1.2.3(外部全球地址),192.168.2.14(外部本地地址)>。

路由器执行该命令后,对于通过连接公共网络接口接收到的、源 IP 地址为 192.1.2.3 的 IP 分组,用外部本地地址 192.168.2.14 取代源 IP 地址 192.1.2.3。对于通过连接内部网络接口接收到的、目的 IP 地址为 192.168.2.14 的 IP 分组,用外部全球地址 192.1.2.3 取代目的 IP 地址 192.168.2.14。

8.4.4 实验步骤

(1) 启动 Packet Tracer,在逻辑工作区按照图 8.32 所示的互连网络结构放置和连接设备,完成设备放置和连接后的逻辑工作区界面如图 8.33 所示。

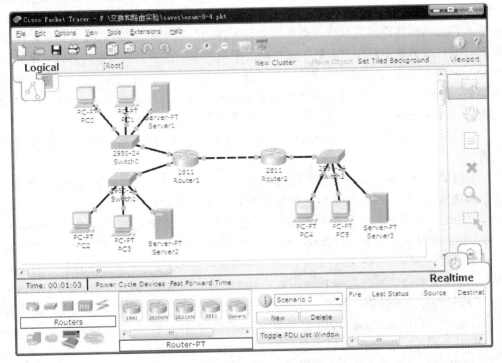

图 8.33 放置和连接设备后的逻辑工作区界面

(2) 根据图 8.32 所示的路由器接口配置信息为各个路由器接口配置 IP 地址和子网掩码。在 Router1 中配置目的网络地址为 192.168.2.0/28，下一跳地址为 192.1.3.2 的静态路由项，在 Router2 中配置目的网络地址为 192.1.1.0/28，下一跳地址为 192.1.3.1 的静态路由项。完成上述配置过程后，Router1 和 Router2 的路由表如图 8.34 和图 8.35 所示。

Type	Network	Port	Next Hop IP	Metric
C	192.1.2.0/24	FastEthernet0/1	---	0/0
C	192.1.3.0/30	FastEthernet1/0	---	0/0
C	192.168.1.0/24	FastEthernet0/0	---	0/0
S	192.168.2.0/28	---	192.1.3.2	1/0

图 8.34　Router1 路由表

Type	Network	Port	Next Hop IP	Metric
C	192.1.2.0/24	FastEthernet0/0	---	0/0
C	192.1.3.0/30	FastEthernet0/1	---	0/0
S	192.1.1.0/28	---	192.1.3.1	1/0

图 8.35　Router2 路由表

(3) 完成路由器 Router1 有关 NAT 的配置过程，这里涉及两方面的 NAT 操作：一是内部网络终端本地地址至全球地址之间的相互转换过程，二是公共网络中与内部网络重叠的地址与外部本地地址之间的相互转换过程。针对内部网络终端本地地址至全球地址之间的相互转换过程：一是指定允许进行 NAT 操作的内部网络私有地址范围，二是定义全球 IP 地址池，三是建立允许进行 NAT 操作的私有地址范围与全球 IP 地址池之间的关联，四是配置允许公共网络终端发起访问内部网络服务器的静态地址转换项，五是指定连接内部网络和公共网络的路由器接口。针对公共网络中与内部网络重叠的地址与外部本地地址之间的相互转换过程，一是指定允许进行 NAT 操作的公共网络地址范围，二是定义外部本地地址池，三是建立允许进行 NAT 操作的公共网络地址范围与外部本地地址池之间的关联，四是配置允许内部终端发起访问公共网络服务器的静态地址转换项。

(4) 根据图 8.32 所示的终端配置信息完成各个终端 IP 地址、子网掩码和默认网关地址配置。

(5) 内部网络终端可以通过浏览器访问公共网络中的 Server3，但必须使用与 Server3 的公共网络地址 192.1.2.3 建立映射的外部本地地址 192.168.2.14，图 8.36 是 PC0 访问 Server3 的浏览器界面。公共网络终端可以通过浏览器访问内部网络中的 Server1 和 Server2，但必须使用与 Server1 和 Server2 的本地地址 192.168.1.3 和 192.1.2.3 建立映射的全球 IP 地址 192.1.1.13 和 192.1.1.14。内部网络终端 PC0、PC2 用浏览器访问公共网络中的 Server3 和公共网络终端 PC4 用浏览器访问内部网络的 Server1 后，Router1 创建如图 8.37 所示的地址转换表。对于 PC0 访问 Server3 的过程，PC0 在内部网络中使用私有地址 192.168.1.1(Inside Local)，内部网络终端用外部本地地址 192.168.2.14(Outside Local)标识 Server3，公共网络用全球 IP 地址池中选择的全球地址 192.1.1.1(Inside Global)标识 PC0，Server3 在公共网络中的地址为 192.1.2.3(Outside Global)。对于 PC4

访问 Server1 的过程，PC4 在公共网络中使用公共网络地址 192.1.2.1(Outside Global)，PC4 在公共网络用全球 IP 地址 192.1.1.13(Inside Global)标识 Server1，PC4 在内部网络使用外部本地地址池中选择的外部本地地址 192.168.2.1(Outside Local)，Server1 在内部网络使用私有地址 192.168.1.3(Inside Local)。

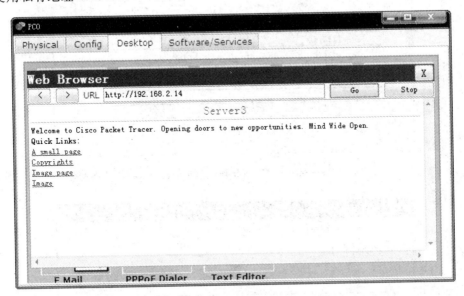

图 8.36 PC0 访问 Server3 的浏览器界面

NAT Table for Router1

Protocol	Inside Global	Inside Local	Outside Local	Outside Global
---	---	---	192.168.2.14	192.1.2.3
---	192.1.1.13	192.168.1.3	---	---
---	192.1.1.14	192.1.2.3	---	---
tcp	192.1.1.1:1025	192.168.1.1:1025	192.168.2.14:80	192.1.2.3:80
tcp	192.1.1.13:80	192.168.1.3:80	192.168.2.1:1025	192.1.2.1:1025
tcp	192.1.1.2:1025	192.1.2.1:1025	192.168.2.14:80	192.1.2.3:80

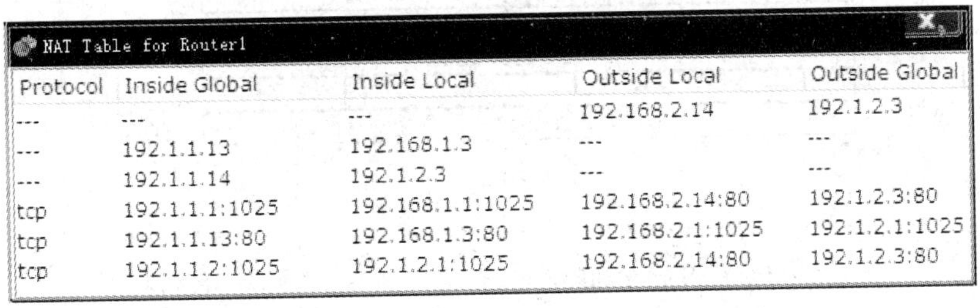

图 8.37 完成服务器访问后的 Router1 地址转换表

(6) 进入模拟操作模式，截获 PC0 发送给 Server3 的 IP 分组，PC0 至 Router1 这一段路径的 IP 分组格式如图 8.38 所示，源 IP 地址是 PC0 的私有 IP 地址 192.168.1.1、目的 IP 地址是与 Server3 的公共网络地址 192.1.2.3 建立映射的外部本地地址 192.168.2.14。Router1 至 Server3 这一段路径的 IP 分组格式如图 8.39 所示，源 IP 地址是与 PC0 的私有地址 192.168.1.1 建立映射的全球 IP 地址 192.1.1.1，目的 IP 地址是 Server3 的公共网络地址 192.1.2.3。

(7) 截获 PC4 发送给 Server2 的 IP 分组，PC4 至 Router1 这一段路径的 IP 分组格式如图 8.40 所示，源 IP 地址是 PC4 的公共网络地址 192.1.2.1、目的 IP 地址是与 Server2 的内部网络地址 192.1.2.3 建立映射的全球 IP 地址 192.1.1.14。Router1 至 Server2 这一段路径的 IP 分组格式如图 8.41 所示，源 IP 地址是与 PC4 的公共地址 192.1.2.1 建立映射的外部本地地址 192.168.2.1，目的 IP 地址是 Server2 的内部网络地址 192.1.2.3。

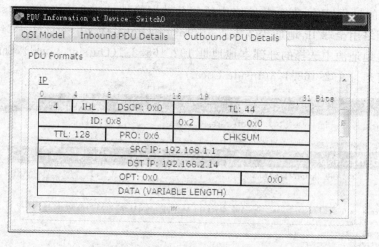

图 8.38　PC0→Server3 IP 分组 PC0 至 Router1 这一段的格式

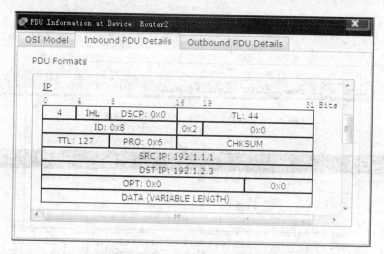

图 8.39　PC0→Server3 IP 分组 Router1 至 Server3 这一段的格式

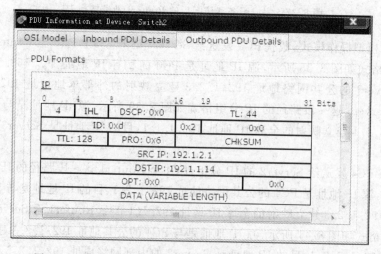

图 8.40　PC4→Server2 IP 分组 PC4 至 Router1 这一段的格式

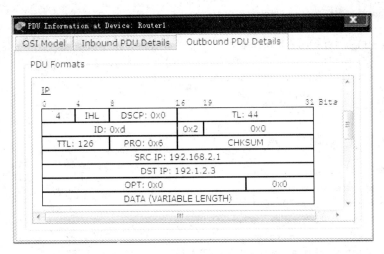

图 8.41 PC4→Server2 IP 分组 Router1 至 Server2 这一段的格式

8.4.5 命令行配置过程

1. Router1 命令行配置过程

```
Router>enable
Router#configure terminal
Router(config)#hostname Router1
Router1(config)#interface FastEthernet0/0
Router1(config-if)#no shutdown
Router1(config-if)#ip address 192.168.1.254 255.255.255.0
Router1(config-if)#exit
Router1(config)#interface FastEthernet0/1
Router1(config-if)#no shutdown
Router1(config-if)#ip address 192.1.2.254 255.255.255.0
Router1(config-if)#exit
Router1(config)#interface FastEthernet1/0
Router1(config-if)#no shutdown
Router1(config-if)#ip address 192.1.3.1 255.255.255.252
Router1(config-if)#exit
Router1(config)#ip route 192.168.2.0 255.255.255.240 192.1.3.2
Router1(config)#access-list 1 permit 192.168.1.0 0.0.0.255
Router1(config)#access-list 1 permit 192.1.2.0 0.0.0.255
Router1(config)#access-list 2 permit 192.1.2.0 0.0.0.255
Router1(config)#ip nat pool a1 192.1.1.1 192.1.1.12 netmask 255.255.255.240
Router1(config)#ip nat pool a2 192.168.2.1 192.168.2.13 netmask 255.255.255.240
Router1(config)#ip nat inside source list 1 pool a1
Router1(config)#ip nat outside source list 2 pool a2
Router1(config)#ip nat inside source static 192.168.1.3 192.1.1.13
Router1(config)#ip nat inside source static 192.1.2.3 192.1.1.14
Router1(config)#ip nat outside source static 192.1.2.3 192.168.2.14
Router1(config)#interface FastEthernet0/0
Router1(config-if)#ip nat inside
```

```
Router1(config-if)#exit
Router1(config)#interface FastEthernet0/1
Router1(config-if)#ip nat inside
Router1(config-if)#exit
Router1(config)#interface FastEthernet1/0
Router1(config-if)#ip nat outside
Router1(config-if)#exit
```

2. Router2 命令行配置过程

```
Router>enable
Router#configure terminal
Router(config)#hostname Router2
Router2(config)#interface FastEthernet0/0
Router2(config-if)#no shutdown
Router2(config-if)#ip address 192.1.2.254 255.255.255.0
Router2(config-if)#exit
Router2(config)#interface FastEthernet0/1
Router2(config-if)#no shutdown
Router2(config-if)#ip address 192.1.3.2 255.255.255.252
Router2(config-if)#exit
Router2(config)#ip route 192.1.1.0 255.255.255.240 192.1.3.1
```

3. 命令列表

路由器命令行配置过程中使用的命令及功能说明如表 8.3 所示。

表 8.3 命令列表

命令格式	功能和参数说明
ip nat outside source list *access-list-number* **pool** *name*	用于将需要进行地址转换的公共网络地址范围与某个外部本地地址池绑定在一起。参数 *access-list-number* 是用于指定需要进行地址转换的公共网络地址范围的访问控制列表的编号,参数 *name* 是已经定义的外部本地地址池的名字
ip nat outside source static *global-ip local-ip*	创建用于指明外部本地地址与公共网络地址之间映射的静态地址转换项、参数 *local-ip* 用于指定外部本地地址,参数 *global-ip* 用于指定公共网络地址

第 9 章 三层交换机和三层交换实验

通过三层交换机和三层交换实验深刻了解三层交换机 IP 分组转发机制和实现 VLAN 间通信的原理,掌握用三层交换机设计、实现校园网的方法和步骤,正确区分路由器和三层交换机之间的差别,深刻体会三层交换机集路由和交换功能于一身的含义。

9.1 多端口路由器互连 VLAN 实验

9.1.1 实验目的

一是掌握交换机 VLAN 配置过程。二是掌握路由器接口配置过程。三是验证 VLAN 间 IP 分组传输过程。

9.1.2 实验原理

图 9.1(a)给出了用路由器实现三个 VLAN 互连的物理结构图。在交换机上创建三个 VLAN: VLAN 2、VLAN 3 和 VLAN 4,VLAN 2 包括交换机端口 1、端口 2 和端口 3, VLAN 3 包括交换机端口 4、端口 5 和端口 6,VLAN 4 包括交换机端口 7、端口 8 和端口 9, 用一个拥有三个物理接口的路由器互连 3 个 VLAN,路由器三个物理接口分别连接属于三个 VLAN 的交换机端口:端口 3、端口 6 和端口 9,需要强调的是,交换机连接终端的端口和连接路由器物理接口的端口都是接入端口。图 9.1(b)给出了用路由器实现三个 VLAN

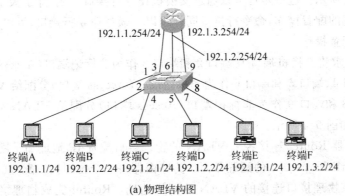

(a) 物理结构图

图 9.1 互连网络结构和设备配置图

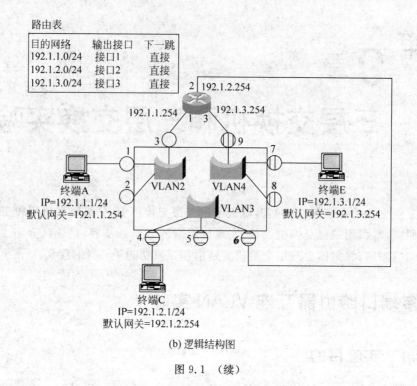

(b) 逻辑结构图

图 9.1 （续）

互连的逻辑结构图,为不同 VLAN 分配不同的网络地址,连接在同一个 VLAN 上的路由器物理接口和终端分配网络号相同的 IP 地址,路由器物理接口的 IP 地址成为这些终端的默认网关地址。连接在某个 VLAN 上的终端可以与连接在该 VLAN 上的其他终端和路由器物理接口直接通信,连接在不同 VLAN 上的终端之间通信需要经过路由器转发。

9.1.3 实验步骤

(1) 启动 Packet Tracer,在逻辑工作区根据图 9.1(a)所示的互连网络结构放置和连接设备,逻辑工作区完成设备放置和连接后的界面如图 9.2 所示。

(2) 通过交换机的配置界面在交换机中创建 VLAN2、VLAN3 和 VLAN4,创建 VLAN 的界面如图 9.3 所示。这一步也可以通过交换机命令行接口完成,除了极个别配置操作,图形接口可以实现的配置操作,命令行接口同样可以。通过命令行接口,可以完成许多图形接口无法完成的配置操作。

(3) 按照要求将交换机端口 1、端口 2 和端口 3 作为非标记端口(Access)分配给 VLAN 2,将交换机端口 4、端口 5 和端口 6 作为非标记端口(Access 端口)分配给 VLAN 3,将交换机端口 7、端口 8 和端口 9 作为非标记端口(Access 端口)分配给 VLAN 4,将端口分配给 VLAN 的界面如图 9.4 所示。

(4) 为路由器 Router 连接各个 VLAN 的物理接口配置 IP 地址和子网掩码,图 9.5 是路由器接口 FastEthernet0/0 的配置界面。为路由器每一个物理接口配置的 IP 地址和子网掩码可以确定该物理接口连接的 VLAN 的网络地址。Router 完成物理接口 IP 地址和子网掩码配置后,自动生成如图 9.2 所示的路由表。

第9章 三层交换机和三层交换实验

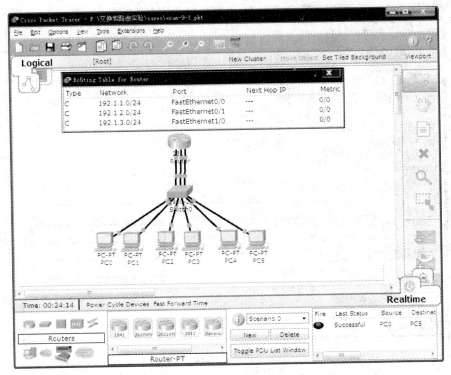

图 9.2 放置和连接设备后的逻辑工作区界面及路由表

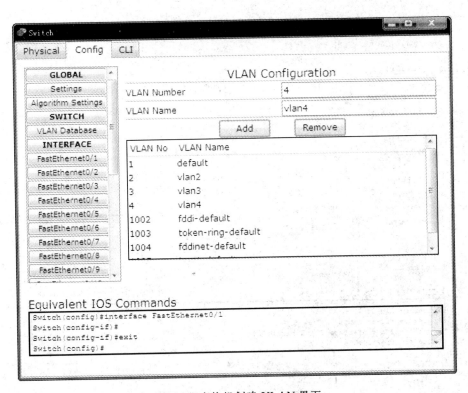

图 9.3 交换机创建 VLAN 界面

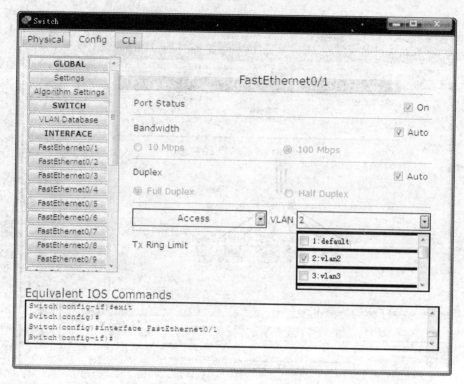

图 9.4 交换机将端口分配给 VLAN 界面

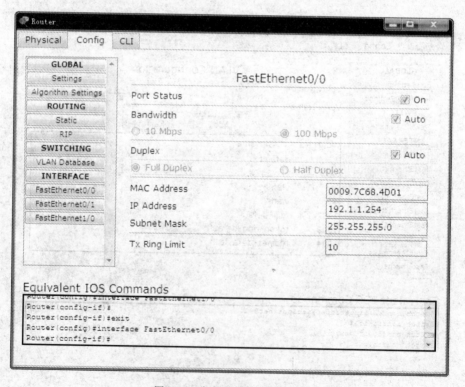

图 9.5 路由器接口配置界面

（5）为各个终端配置 IP 地址和子网掩码，每一个终端配置的 IP 地址和子网掩码必须和该终端所连接的 VLAN 的网络地址一致，和该终端连接在同一个 VLAN 的路由器物理接口的 IP 地址就是该终端的默认网关地址。

（6）通过 Ping 操作验证属于不同 VLAN 的终端之间的 IP 分组传输过程。

（7）进入模拟操作模式，在报文类型过滤框中单选 ICMP 报文类型，通过简单报文工具启动 PC0 和 PC5 之间的 Ping 操作。截获 PC0 发送给 PC5 的 IP 分组，根据表 9.1 所示的 PC0、PC5 与路由器连接 VLAN 2 和 VLAN 4 的物理接口的 MAC 地址发现，PC0 至 PC5 传输过程中，IP 分组的源和目的 IP 地址不变，分别是 PC0 和 PC5 以太网接口的 IP 地址，但 IP 分组 PC0 至 PC5 传输过程中分别经过连接 PC0 与 Router 的 VLAN 2 和连接 Router 与 PC5 的 VLAN 4 这两个独立的以太网，需要封装成适合这两个以太网传输的 MAC 帧，经过 VLAN 2 实现 IP 分组 PC0 至 Router 的传输过程中，IP 分组被封装成以 PC0 以太网接口 MAC 地址为源地址、Router 连接 VLAN 2 接口的 MAC 地址为目的地址的 MAC 帧，该 MAC 帧格式如图 9.6 所示，类型字段值十六进制 800 表示数据字段中的数据是 IP 分组。经过 VLAN 4 实现 IP 分组 Router 至 PC5 的传输过程中，IP 分组被封装成以 Router 连接 VLAN 4 接口的 MAC 地址为源地址、PC5 以太网接口的 MAC 地址为目的地址的 MAC 帧，该 MAC 帧格式如图 9.7 所示。

表 9.1 终端和路由器接口 MAC 地址

终端或路由器接口	MAC 地址
PC0	0001.96A7.3948
PC5	00D0.584B.7A2B
FastEthernet0/0（连接 VLAN 2 接口）	0009.7C68.4D01
FastEthernet1/0（连接 VLAN 4 接口）	0005.5E8C.E16C

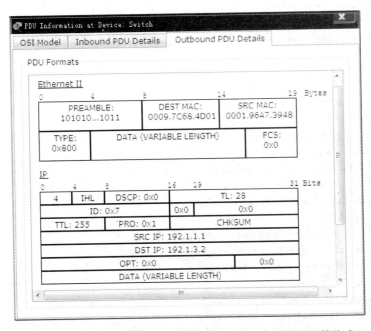

图 9.6 PC0→PC5 IP 分组 PC0 至 Router 这一段的 MAC 帧格式

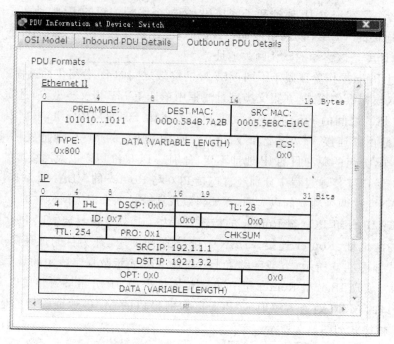

图 9.7 PC0→PC5 IP 分组 Router 至 PC5 这一段的 MAC 帧格式

9.1.4 命令行配置过程

1. 交换机 Switch 命令行配置过程

```
Switch> enable
Switch# configure terminal
Switch(config) # vlan 2
Switch(config - vlan) # name vlan2
Switch(config - vlan) # exit
Switch(config) # vlan 3
Switch(config - vlan) # name vlan3
Switch(config - vlan) # exit
Switch(config) # vlan 4
Switch(config - vlan) # name vlan4
Switch(config - vlan) # exit
Switch(config) # interface FastEthernet0/1
Switch(config - if) # switchport mode access
Switch(config - if) # switchport access vlan 2
Switch(config - if) # exit
Switch(config) # interface FastEthernet0/2
Switch(config - if) # switchport mode access
Switch(config - if) # switchport access vlan 2
Switch(config - if) # exit
Switch(config) # interface FastEthernet0/3
Switch(config - if) # switchport mode access
Switch(config - if) # switchport access vlan 2
```

```
Switch(config - if) # exit
Switch(config) # interface FastEthernet0/4
Switch(config - if) # switchport mode access
Switch(config - if) # switchport access vlan 3
Switch(config - if) # exit
Switch(config) # interface FastEthernet0/5
Switch(config - if) # switchport mode access
Switch(config - if) # switchport access vlan 3
Switch(config - if) # exit
Switch(config) # interface FastEthernet0/6
Switch(config - if) # switchport mode access
Switch(config - if) # switchport access vlan 3
Switch(config - if) # exit
Switch(config) # interface FastEthernet0/7
Switch(config - if) # switchport mode access
Switch(config - if) # switchport access vlan 4
Switch(config - if) # exit
Switch(config) # interface FastEthernet0/8
Switch(config - if) # switchport mode access
Switch(config - if) # switchport access vlan 4
Switch(config - if) # exit
Switch(config) # interface FastEthernet0/9
Switch(config - if) # switchport mode access
Switch(config - if) # switchport access vlan 4
Switch(config - if) # exit
```

2. 路由器 Router 命令行配置过程

```
Router > enable
Router # configure terminal
Router(config) # interface FastEthernet0/0
Router(config - if) # ip address 192.1.1.254 255.255.255.0
Router(config - if) # no shutdown
Router(config - if) # exit
Router(config) # interface FastEthernet0/1
Router(config - if) # ip address 192.1.2.254 255.255.255.0
Router(config - if) # no shutdown
Router(config - if) # exit
Router(config) # interface FastEthernet1/0
Router(config - if) # ip address 192.1.3.254 255.255.255.0
Router(config - if) # no shutdown
Router(config - if) # exit
```

9.2 三层交换机三层接口实验

9.2.1 实验目的

一是验证三层交换机的 IP 分组转发机制。二是掌握三层交换机三层接口配置过程。

三是体会三层交换机三层接口等同于路由器以太网接口的含义。四是学会区分三层接口与 VLAN 对应的 IP 接口之间的差别。

9.2.2 实验原理

互连网络结构如图 9.8 所示,该实验和 9.1 节多端口路由器互连 VLAN 实验相似,只是用三层交换机取代路由器。三层交换机是一种具有交换和路由功能的设备,但如果去掉交换功能,就是一台多个以太网端口的路由器。图 9.8 中的三层交换机完全作为多个以太网端口的路由器使用,每一个交换机端口等同于路由器物理接口,将这样的三层交换机端口称为三层接口,以此区别三层交换机中具有二层交换功能的端口。不同的三层接口必须连接不同的 VLAN。三层交换机实现三层接口之间的 IP 分组转发,VLAN 内的 MAC 帧传输过程必须由二层交换机实现,因此,图 9.8 中除了三层交换机,还需有实现 VLAN 内 MAC 帧传输过程的二层交换机。图 9.8 中用三个三层交换机的三层接口连接二层交换机的端口 3、端口 6 和端口 9,二层交换机的端口 3、端口 6 和端口 9 的配置和 9.1 节多端口路由器互连 VLAN 实验相同,必须配置成非标记端口(Access 端口),三层交换机的三个三层接口按照图 9.8 所示分别配置三个网络号不同的 IP 地址和子网掩码。该实验的主要目的是加深领会普通路由器与同时具有交换和路由功能的三层交换机之间的区别,先完成一个仅仅用三层交换机实现路由功能的实验,在 9.4 节三层交换机 IP 接口实验中将完成一个用三层交换机实现交换和路由功能的实验,以此体会它们之间的区别。

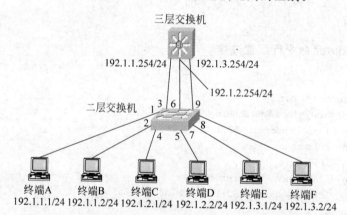

图 9.8 三层交换机三层接口互连 VLAN 网络结构

9.2.3 关键命令说明

1. 定义三层接口

```
Switch(config)# interface FastEthernet0/1
Switch(config-if)# no switchport
```

no switchport 是接口配置模式下使用的命令,该命令的作用是取消指定交换机端口(这里是交换机端口 FastEthernet0/1)的交换功能。一旦取消某个三层交换机端口的交换功能,该三层交换机端口完全等同于路由器物理接口。

2. 启动三层交换机的路由功能

Switch(config)# ip routing

ip routing 是全局模式下使用的命令,该命令的作用是启动三层交换机的 IP 分组路由功能,默认状态下三层交换机只有 MAC 帧转发功能,如果需要三层交换机具有 IP 分组转发功能,用该命令启动三层交换机的 IP 分组路由功能。路由器由于默认状态下已经具有 IP 分组路由功能,因此,无需使用该命令。

9.2.4 实验步骤

(1) 启动 Packet Tracer,在逻辑工作区根据图 9.8 所示的互连网络结构放置和连接设备,逻辑工作区完成设备放置和连接后的界面如图 9.9 所示。

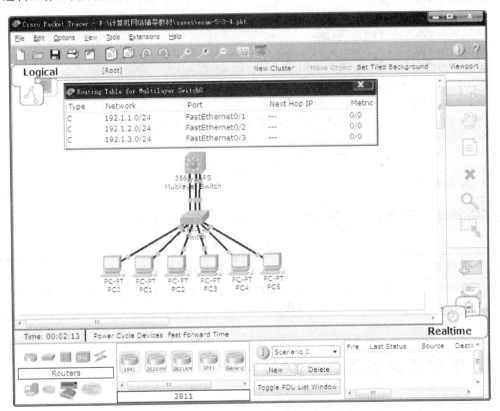

图 9.9 放置和连接设备后的逻辑工作区界面及路由表

(2) 二层交换机 Switch 的配置过程与 9.1 节多端口路由器互连 VLAN 实验完全相同。

(3) 将三层交换机端口 FastEthernet0/1、FastEthernet0/2 和 FastEthernet0/3 配置为三层接口,三层交换机端口一旦配置为三层接口,完全等同于路由器物理接口,只能实现路由功能。分别为这三个三层接口分配 IP 地址和子网掩码 192.1.1.254/24、192.1.2.254/24 和 192.1.3.254/24。完成三层接口的 IP 地址和子网掩码配置后,生成如图 9.9 所示的直连路由项。图 9.9 所示的三层交换机的路由表证明了三层接口 FastEthernet0/1、

FastEthernet0/2 和 FastEthernet0/3 完全等同于路由器物理接口。

（4）完成 PC0～PC5 的 IP 地址、子网掩码和默认网关地址配置后，用 Ping 操作验证连接在不同 VLAN 上的终端之间的通信过程。

9.2.5 命令行配置过程

1. 三层交换机 Multilayer Switch 命令行配置过程

```
Switch>enable
Switch#configure terminal
Switch(config)#interface FastEthernet0/1
Switch(config-if)#no switchport
Switch(config-if)#ip address 192.1.1.254 255.255.255.0
Switch(config-if)#exit
Switch(config)#interface FastEthernet0/2
Switch(config-if)#no switchport
Switch(config-if)#ip address 192.1.2.254 255.255.255.0
Switch(config-if)#exit
Switch(config)#interface FastEthernet0/3
Switch(config-if)#no switchport
Switch(config-if)#ip address 192.1.3.254 255.255.255.0
Switch(config-if)#exit
Switch(config)#ip routing
```

2. 命令列表

交换机命令行配置过程中使用的命令及功能说明如表 9.2 所示。

表 9.2 命令列表

命令格式	功能和参数说明
no switchport	取消某个交换机端口的交换功能，将该交换机端口定义为三层接口（路由接口）
ip routing	启动 IP 分组路由功能

9.3 单臂路由器互连 VLAN 实验

9.3.1 实验目的

一是验证用单个路由器物理接口实现 VLAN 互连的机制。二是掌握单臂路由器的配置过程。三是掌握 VLAN 划分过程。四是验证 VLAN 间 IP 分组传输过程。

9.3.2 实验原理

本实验在 3.2 节跨交换机 VLAN 配置实验的基础上进行，路由器 R 物理接口 1 连接交换机 S2 端口 6。对于交换机 S2 端口 6，一是必须被所有 VLAN 共享，二是必须存在至所有终端的交换路径。对于路由器 R 物理接口 1,一是必须划分为多个逻辑接口,每一个逻辑接口对应一个 VLAN;二是除本地 VLAN 外,所有 VLAN 发送给逻辑接口的 MAC 帧,和逻辑接口发送给 VLAN 的 MAC 帧必须携带 VLAN ID,路由器和交换机通过 VLAN ID 确定该 MAC 帧对应的逻辑接口和该 MAC 帧所属的 VLAN。

每一个逻辑接口需要分配 IP 地址和子网掩码,为某个逻辑接口分配的 IP 地址和子网掩码确定了该逻辑接口对应的 VLAN 的网络地址,连接在该逻辑接口对应的 VLAN 上的终端以该逻辑接口的 IP 地址为默认网关地址。

为所有逻辑接口分配 IP 地址和子网掩码后,路由器 R 自动生成如图 9.10 所示的路由表。由路由器 R 实现连接在不同 VLAN 上的终端之间通信过程。对于终端 A 至终端 F 的 IP 分组传输过程,先将 IP 分组封装为以终端 A 的 MAC 地址为源地址、以路由器 R 物理接口 1 的 MAC 地址为目的地址、VLAN ID=2 的 MAC 帧,该 MAC 帧经过 VLAN 2 内终端 A 至路由器 R 物理接口之间的交换路径到达路由器 R。路由器 R 重新将 IP 分组封装为以路由器 R 物理接口 1 的 MAC 地址为源地址、以终端 F 的 MAC 地址为目的地址、VLAN ID=3 的 MAC 帧,该 MAC 帧经过 VLAN 3 内路由器 R 物理接口至终端 F 之间的交换路径到达终端 F。路由器 R 通过 IP 分组的目的地址确定输出该 IP 分组的逻辑接口,通过逻辑接口与 VLAN 之间的对应关系确定目的终端连接的 VLAN,通过将 MAC 帧中 VLAN ID 转换为目的终端连接的 VLAN 对应的 VLAN ID 实现终端 A 至终端 F 之间的 IP 分组传输过程。

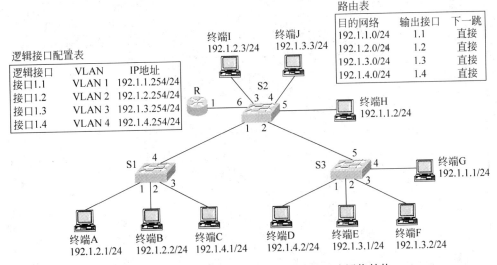

图 9.10 单臂路由器实现 VLAN 互连的互连网络结构

9.3.3 关键命令说明

```
Router(config)# interface FastEthernet0/0.2
Router(config-subif)# encapsulation dot1q 2
```

interface FastEthernet0/0.2 是全局模式下使用的命令,该命令的作用是在物理接口 FastEthernet0/0 基础上定义子接口编号为 2 的逻辑接口,并进入逻辑接口配置模式。用

FastEthernet0/0.2 表示在物理接口 FastEthernet0/0 基础上定义的子接口编号为 2 的逻辑接口。Router(config-subif)♯是逻辑接口配置模式下的命令提示符。

encapsulation dot1q 2 是逻辑接口配置模式下使用的命令,该命令的作用将通过该逻辑接口输入/输出的 MAC 帧的封装格式指定为 VLAN ID=2 的 802.1Q 封装格式。同时建立逻辑接口 FastEthernet0/0.2 与 VLAN 2 之间的对应关系。

路由器实现连接在不同 VLAN 上的终端之间的通信过程的关键是能够完成源终端所属 VLAN 对应的 802.1Q 封装格式与目的终端所属 VLAN 对应的 802.1Q 封装格式之间的相互转换。路由器完成两种封装格式之间转换的前提是建立逻辑接口与 MAC 帧 802.1Q 封装格式和 VLAN 之间的关联。上述两条命令的作用就是建立逻辑接口与 MAC 帧 802.1Q 封装格式和 VLAN 之间的关联。

9.3.4 实验步骤

(1) 启动 Packet Tracer,在逻辑工作区根据图 9.10 所示的互连网络结构放置和连接设备,逻辑工作区完成设备放置和连接后的界面如图 9.11 所示。

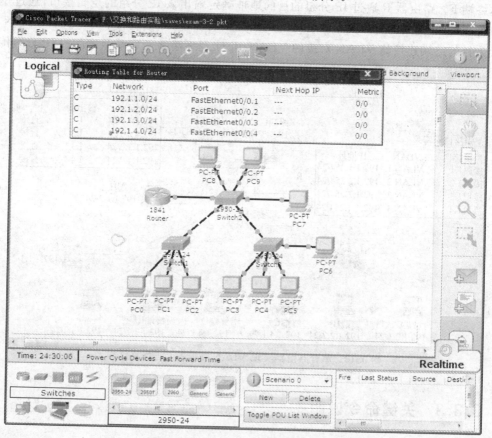

图 9.11 放置和连接设备后的逻辑工作区界面及路由表

(2) 根据 3.2 节跨交换机 VLAN 配置实验给出的实验步骤完成交换式以太网 VLAN 配置过程。将图 9.11 中的交换机 Switch2 的端口 FastEthernet0/6 配置成被 VLAN1、

VLAN2、VLAN3 和 VLAN4 共享的共享端口,为每一个 VLAN 分配端口的过程必须保证连接在任何 VLAN 上的终端都存在与交换机 Switch2 端口 FastEthernet0/6 之间的交换路径。配置交换机 Switch2 端口 FastEthernet0/6 的界面如图 9.12 所示。

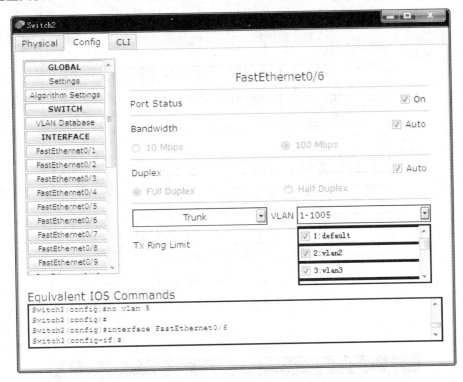

图 9.12　Switch2 端口 FastEthernet0/6 配置界面

(3) 路由器 Router 连接交换式以太网的物理接口 FastEthernet0/0 被划分为 4 个逻辑接口 FastEthernet0/0.1、FastEthernet0/0.2、FastEthernet0/0.3 和 FastEthernet0/0.4。建立 4 个逻辑接口与 VLAN 之间的关联,同时为这 4 个逻辑接口分配 IP 地址和子网掩码。对路由器逻辑接口的配置必须通过命令行接口进行。路由器完成逻辑接口 IP 地址和子网掩码配置后,生成如图 9.11 所示的路由表,每一项路由项的输出接口都是逻辑接口。

(4) 根据图 9.10 所示的终端配置信息完成对终端 IP 地址、子网掩码和默认网关地址配置。与终端连接的 VLAN 关联的逻辑接口的 IP 地址就是该终端的默认网关地址。

(5) 用 Ping 操作验证属于不同 VLAN 的终端之间的通信过程。

(6) 进入模拟操作模式,截获 PC0 传输给 PC5 的 IP 分组,在 Switch2 至 Router 这一段,IP 分组被封装成以 PC0 的 MAC 地址为源地址、Router 物理接口 FastEthernet0/0 的 MAC 地址为目的地址、VLAN ID=2 的 MAC 帧,MAC 帧格式如图 9.13 所示。在 Router 至 Switch2 这一段,IP 分组被封装成以 Router 物理接口 FastEthernet0/0 的 MAC 地址为源地址、PC5 的 MAC 地址为目的地址、VLAN ID=3 的 MAC 帧,MAC 帧格式如图 9.14 所示。PC0、PC5 和 Router 物理接口 FastEthernet0/0 的 MAC 地址如表 9.3 所示。

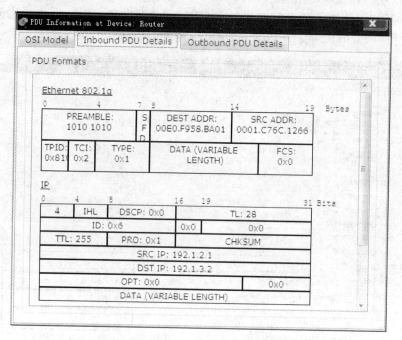

图 9.13　PC0→PC5 IP 分组 Switch2 至 Router 这一段 MAC 帧格式

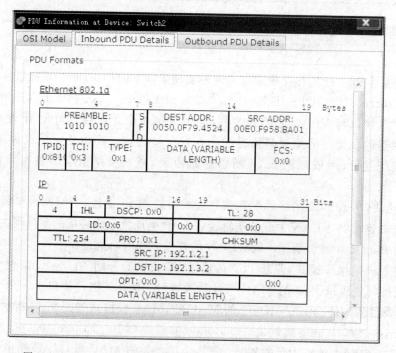

图 9.14　PC0→PC5 IP 分组 Router 至 Switch2 这一段 MAC 帧格式

表 9.3 终端和路由器接口 MAC 地址

终端或路由器接口	MAC 地址
PC0	0001.C76C.1266
PC5	0050.0F79.4524
FastEthernet0/0	00E0.F958.BA01

9.3.5 命令行配置过程

1. 交换机 Switch2 端口 6 命令行配置过程

```
Switch2(config)#interface FastEthernet0/6
Switch2(config-if)#switchport mode trunk
Switch2(config-if)#switchport trunk allowed vlan 1,2,3,4
Switch2(config-if)#exit
```

2. 路由器 Router 命令行配置过程

```
Router>enable
Router#configure terminal
Router(config)#interface FastEthernet0/0.1
Router(config-subif)#encapsulation dot1q 1
Router(config-subif)#ip address 192.1.1.254 255.255.255.0
Router(config-subif)#exit
Router(config)#interface FastEthernet0/0.2
Router(config-subif)#encapsulation dot1q 2
Router(config-subif)#ip address 192.1.2.254 255.255.255.0
Router(config-subif)#exit
Router(config)#interface FastEthernet0/0.3
Router(config-subif)#encapsulation dot1q 3
Router(config-subif)#ip address 192.1.3.254 255.255.255.0
Router(config-subif)#exit
Router(config)#interface FastEthernet0/0.4
Router(config-subif)#encapsulation dot1q 4
Router(config-subif)#ip address 192.1.4.254 255.255.255.0
Router(config-subif)#exit
```

3. 命令列表

路由器命令行配置过程中使用的命令及功能说明如表 9.4 所示。

表 9.4 命令列表

命 令 格 式	功能和参数说明
interface *type number* . *subinterface-number*	定义逻辑接口,并进入逻辑接口配置模式,参数 *type number* 用于指定物理接口,参数 *subinterface-number* 是子接口编号,允许将单个物理接口划分为多个子接口编号不同的逻辑接口
encapsulation dot1q *vlan-id*	将通过某个逻辑接口输入/输出的 **MAC** 帧格式定义为由参数 *vlan-id* 指定的 VLAN 对应的 802.1Q 格式。同时建立该逻辑接口与由参数 *vlan-id* 指定的 VLAN 之间的关联

9.4 三层交换机 IP 接口实验

9.4.1 实验目的

一是验证三层交换机的路由功能。二是验证三层交换机的交换功能。三是验证三层交换机实现 VLAN 间通信的过程。四是区分 VLAN 关联的 IP 接口与路由器接口的差别。

9.4.2 实验原理

图 9.15(a)中的交换机 S1 是一个三层交换机，它的二层交换功能用于实现属于同一 VLAN 的终端之间通信，它的三层路由功能用于实现属于不同 VLAN 的终端之间通信。图 9.15(b)是逻辑结构,三层交换机的路由模块能够为每一个 VLAN 定义一个 IP 接口,并为该 IP 接口分配 IP 地址和子网掩码,该 IP 接口的 IP 地址和子网掩码确定了该 IP 接口关联的 VLAN 的网络地址。连接在每一个 VLAN 上的终端与该 VLAN 关联的 IP 接口之间必须建立交换路径,并将与某个 VLAN 关联的 IP 接口的 IP 地址作为连接在该 VLAN 上的终端的默认网关地址。为每一个 VLAN 定义的 IP 接口在实现 VLAN 间 IP 分组转发功能方面等同于路由器逻辑接口,由于三层交换机中可以定义大量 VLAN,因此,三层交换机的路由模块可以看作是存在大量逻辑接口的路由器,且接口数量随着需要定义 IP 接口的 VLAN 数量变化而变化。

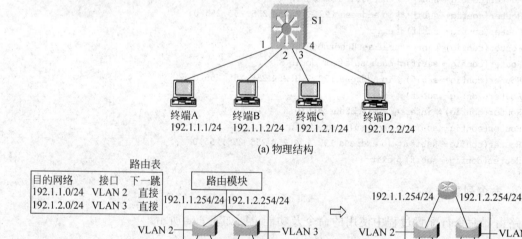

图 9.15 三层交换机互连 VLAN 网络结构

9.4.3 关键命令说明

```
Switch(config)# interface vlan 2
Switch(config-if)# ip address 192.1.1.254 255.255.255.0
```

interface vlan 2 是全局模式下使用的命令,该命令的作用是定义 VLAN 2 对应的 IP 接口,并进入 IP 接口配置模式。如果将三层交换机的路由模块看作是路由器,则 IP 接口等同于路由器的逻辑接口。路由模块通过不同的 IP 接口连接不同的 VLAN,连接在某个 VLAN 上的终端必须建立与该 VLAN 对应的 IP 接口之间的交换路径,该终端发送给连接在其他 VLAN 上的终端的 IP 分组,封装成 MAC 帧后,通过 VLAN 内该终端与 IP 接口之间的交换路径发送给 IP 接口。

9.4.4 实验步骤

(1) 启动 Packet Tracer,在逻辑工作区根据图 9.15(a)所示的互连网络结构放置和连接设备,逻辑工作区完成设备放置和连接后的界面如图 9.16 所示。

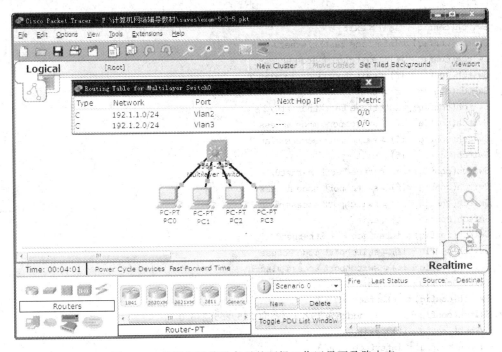

图 9.16 放置和连接设备后的逻辑工作区界面及路由表

(2) 在三层交换机 Multilayer Switch 中创建编号分别为 2 和 3 的两个 VLAN(VLAN 2 和 VLAN 3),将端口 FastEthernet0/1、FastEthernet0/2 作为非标记端口(Access 端口)分配给 VLAN 2,将端口 FastEthernet0/3、FastEthernet0/4 作为非标记端口(Access 端口)分配给 VLAN 3。

(3) 分别为编号为 2 和 3 的 VLAN 定义 IP 接口,为这两个 IP 接口配置 IP 地址和子网掩码。完成所有 IP 接口配置后,Multilayer Switch 生成的路由表如图 9.16 所示,每一项路由项的输出接口是与 VLAN 关联的 IP 接口。

(4) 根据图 9.15 所示的终端配置信息为终端配置 IP 地址、子网掩码和默认网关地址,IP 接口配置的 IP 地址和子网掩码确定该 IP 接口关联的 VLAN 的网络地址,与终端连接的 VLAN 关联的 IP 接口地址就是该终端的默认网关地址。

（5）通过 Ping 操作验证属于同一 VLAN 的终端之间、属于不同 VLAN 的终端之间的通信过程。

9.4.5 命令行配置过程

1. 三层交换机命令行配置过程

```
Switch > enable
Switch # configure terminal
Switch(config) # vlan 2
Switch(config - vlan) # name vlan2
Switch(config - vlan) # exit
Switch(config) # vlan 3
Switch(config - vlan) # name vlan3
Switch(config - vlan) # exit
Switch(config) # interface FastEthernet0/1
Switch(config - if) # switchport mode access
Switch(config - if) # switchport access vlan 2
Switch(config - if) # exit
Switch(config) # interface FastEthernet0/2
Switch(config - if) # switchport mode access
Switch(config - if) # switchport access vlan 2
Switch(config - if) # exit
Switch(config) # interface FastEthernet0/3
Switch(config - if) # switchport mode access
Switch(config - if) # switchport access vlan 3
Switch(config - if) # exit
Switch(config) # interface FastEthernet0/4
Switch(config - if) # switchport mode access
Switch(config - if) # switchport access vlan 3
Switch(config - if) # exit
Switch(config) # interface vlan 2
Switch(config - if) # ip address 192.1.1.254 255.255.255.0
Switch(config - if) # exit
Switch(config) # interface vlan 3
Switch(config - if) # ip address 192.1.2.254 255.255.255.0
Switch(config - if) # exit
Switch(config) # ip routing
```

2. 命令列表

三层交换机命令行配置过程中使用的命令及功能说明如表 9.5 所示。

表 9.5 命令列表

命令格式	功能和参数说明
interface vlan *vlan-id*	定义 IP 接口，并进入接口配置模式，参数 *vlan-id* 用于指定与 IP 接口关联的 VLAN。三层交换机路由模块的 IP 接口等同于路由器的逻辑接口

9.5 两个三层交换机互连实验一

9.5.1 实验目的

一是进一步理解三层交换机的二层交换功能。二是区分 IP 接口与逻辑接口之间的差别。三是区分三层交换机与路由器之间的差别。四是了解跨交换机 VLAN 与 IP 接口组合带来的便利。

9.5.2 实验原理

互连网络结构如图 9.17(a)所示，S1 和 S2 是三层交换机，要求终端 A 和终端 C 属于 VLAN 2，终端 B 和终端 D 属于 VLAN 3，可以通过在单个三层交换机上定义 VLAN 2 和 VLAN 3 对应的 IP 接口，实现属于同一 VLAN 的终端之间通信和属于不同 VLAN 的终端之间通信的功能。

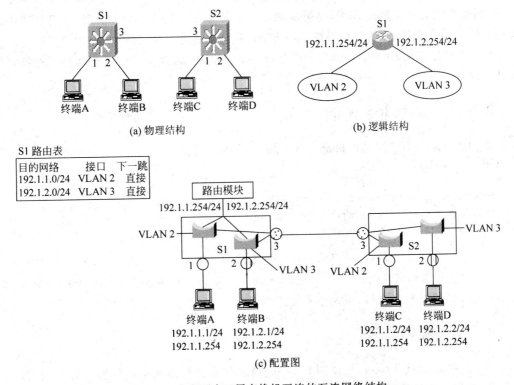

图 9.17 实现两个三层交换机互连的互连网络结构一

将 IP 接口集中到单个三层交换机的逻辑结构如图 9.17(b)所示，由于 VLAN 2 和 VLAN 3 对应的 IP 接口定义在三层交换机 S1 中，因此，属于同一 VLAN 的终端之间必须建立交换路径，属于 VLAN 2 和 VLAN 3 的终端必须建立与三层交换机 S1 之间的交换路径。图 9.17(c)给出了交换机 S1 和交换机 S2 的 VLAN 配置，三层交换机 S1 作为三层交换机使用,定义分别对应 VLAN 2 和 VLAN 3 的 IP 接口,并为这两个 IP 接口分配 IP 地址和子网掩码,为这两个 IP 接口分配 IP 地址和子网掩码后,建立如图 9.17(c) 所示的路由表。三层交换机 S2 作为普通二层交换机使用,用于建立属于同一 VLAN 的终端之间的交换路径和连接在三层交换机 S2 上的终端与三层交换机 S1 之间的交换路径。交换机 S1 和交换机 S2 的 VLAN 端口配置如表 9.6 所示。

表 9.6 VLAN 端口配置

交换机	VLAN 2		VLAN 3	
	非标记端口	标记端口	非标记端口	标记端口
交换机 S1	1.1	1.3	1.2	1.3
交换机 S2	2.1	2.3	2.2	2.3

注:1.1 表示三层交换机 S1 端口 1,其他类推。

如果图 9.17(c) 中终端 C 向终端 D 发送 IP 分组,终端 C 将 IP 分组封装成以终端 C 的 MAC 地址为源地址、以指明接收端是交换机 S1 的路由模块的特殊 MAC 地址为目的地址的 MAC 帧,该 MAC 帧沿着 VLAN 2 内终端 C 至交换机 S1 路由模块的交换路径到达交换机 S1 路由模块。由交换机 S1 路由模块确定目的终端所在的 VLAN,将 IP 分组封装成以指明发送端是交换机 S1 的路由模块的特殊 MAC 地址为源地址、以终端 D 的 MAC 地址为目的地址的 MAC 帧,该 MAC 帧沿着 VLAN 3 内交换机 S1 路由模块至终端 D 的交换路径到达终端 D。

9.5.3 关键命令说明

下述命令用于为三层交换机定义共享端口,并指定输入/输出共享端口的 MAC 帧的封装格式。

```
Switch(config)# interface FastEthernet0/3
Switch(config-if)# switchport trunk encapsulation dot1q
Switch(config-if)# switchport mode trunk
```

switchport trunk encapsulation dot1q 是接口配置模式下使用的命令,该命令的作用是指定 802.1Q 封装格式作为经过标记端口(trunk 端口)输入/输出的 MAC 帧的封装格式。对于三层交换机的标记端口,该命令不能省略。

9.5.4 实验步骤

(1) 启动 Packet Tracer,根据图 9.17(a) 所示的互连网络结构在逻辑工作区放置和连接设备,放置和连接设备后的逻辑工作区界面如图 9.18 所示。

(2) 按照表 9.6 所示内容创建 VLAN,并为每一个 VLAN 分配端口。在三层交换机 Multilayer Switch1 中定义两个分别对应 VLAN 2 和 VLAN 3 的 IP 接口,并为这两个 IP 接口分配 IP 地址和子网掩码。完成 IP 接口配置后,三层交换机 Multilayer Switch1 自动生成图 9.18 所示的路由表。

(3) 进入模拟操作模式,观察 PC2 至 PC3 IP 分组传输过程。PC2 至 PC3 传输路径由

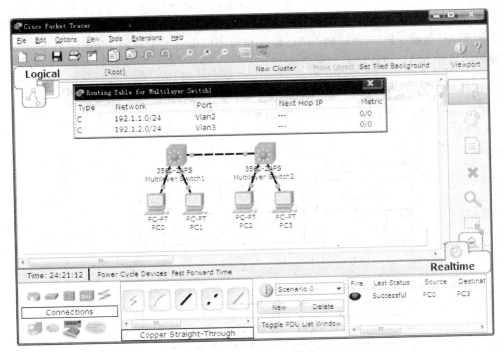

图 9.18 放置和连接设备后的逻辑工作区界面及路由表

两段路径组成,一是 PC2 至三层交换机 Multilayer Switch1 这一段路径,经过这一段路径传输的 MAC 帧格式如图 9.19 所示,源地址是 PC2 的 MAC 地址、目的地址是表明接收端是三层交换机 Multilayer Switch1 路由模块的特殊 MAC 地址。二是三层交换机 Multilayer Switch1 至 PC3 这一段路径,经过这一段路径传输的 MAC 帧格式如图 9.20 所示,源地址

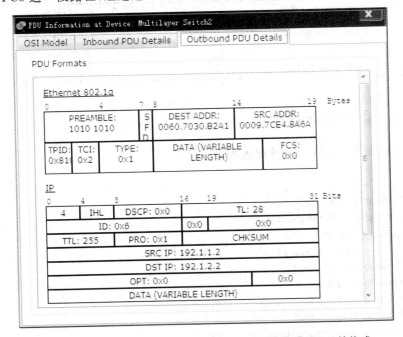

图 9.19 PC2→PC3 IP 分组 PC2 至 Switch1 这一段 MAC 帧格式

是表明发送端是三层交换机 Multilayer Switch1 路由模块的特殊 MAC 地址、目的地址是 PC3 的 MAC 地址。PC2、PC3 的 MAC 地址和用于标识三层交换机 Multilayer Switch1 路由模块的特殊 MAC 地址如表 9.7 所示。

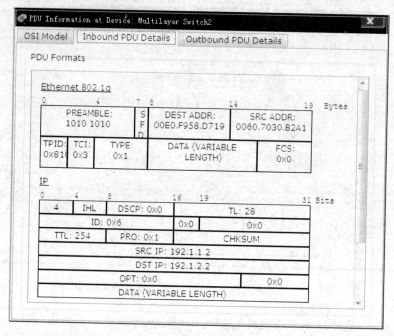

图 9.20 PC2→PC3 IP 分组 Switch1 至 PC3 这一段 MAC 帧格式

表 9.7 PC2、PC3 的 MAC 地址和特殊 MAC 地址

终端或路由模块	MAC 地址
PC2	0009.7CE4.8A6A
PC3	00E0.F958.D719
三层交换机 Multilayer Switch1 路由模块	0060.7030.B2A1

9.5.5 命令行配置过程

1. Multilayer Switch1 命令行配置过程

```
Switch > enable
Switch # configure terminal
Switch(config) # hostname Switch1
Switch1(config) # vlan 2
Switch1(config - vlan) # name vlan2
Switch1(config - vlan) # exit
Switch1(config) # vlan 3
Switch1(config - vlan) # name vlan3
Switch1(config - vlan) # exit
Switch1(config) # interface FastEthernet0/1
Switch1(config - if) # switchport mode access
```

```
Switch1(config-if)#switchport access vlan 2
Switch1(config-if)#exit
Switch1(config)#interface FastEthernet0/2
Switch1(config-if)#switchport mode access
Switch1(config-if)#switchport access vlan 2
Switch1(config-if)#exit
Switch1(config)#interface FastEthernet0/3
Switch1(config-if)#switchport trunk encapsulation dot1q
Switch1(config-if)#switchport mode trunk
Switch1(config-if)#exit
Switch1(config)#interface vlan 2
Switch1(config-if)#ip address 192.1.1.254 255.255.255.0
Switch1(config-if)#exit
Switch1(config)#interface vlan 3
Switch1(config-if)#ip address 192.1.2.254 255.255.255.0
Switch1(config-if)#exit
Switch1(config)#ip routing
```

2. Multilayer Switch2 命令行配置过程

```
Switch>enable
Switch#configure terminal
Switch(config)#hostname Switch2
Switch2(config)#vlan 2
Switch2(config-vlan)#name vlan2
Switch2(config-vlan)#exit
Switch2(config)#vlan 3
Switch2(config-vlan)#name vlan3
Switch2(config-vlan)#exit
Switch2(config)#interface FastEthernet0/1
Switch2(config-if)#switchport mode access
Switch2(config-if)#switchport access vlan 2
Switch2(config-if)#exit
Switch2(config)#interface FastEthernet0/2
Switch2(config-if)#switchport mode access
Switch2(config-if)#switchport access vlan 2
Switch2(config-if)#exit
Switch2(config)#interface FastEthernet0/3
Switch2(config-if)#switchport trunk encapsulation dot1q
Switch2(config-if)#switchport mode trunk
Switch2(config-if)#exit
```

3. 命令列表

三层交换机命令行配置过程中使用的命令及功能说明如表 9.8 所示。

表 9.8 命令列表

命 令 格 式	功能和参数说明
switchport trunk encapsulation dot1q	将经过标记端口输入/输出的 MAC 帧封装格式指定为 802.1Q 封装格式。三层交换机标记端口不能省略该命令

9.6 两个三层交换机互连实验二

9.6.1 实验目的

一是进一步理解三层交换机的二层交换功能。二是区分 IP 接口与逻辑接口之间的差别。三是区分三层交换机与路由器之间的差别。四是了解跨交换机 VLAN 与 IP 接口组合带来的便利。五是掌握终端默认网关地址配置与 IP 分组传输路径之间的关系。

9.6.2 实验原理

互连网络结构中终端与 VLAN 之间关系如图 9.21 所示,可以通过在三层交换机 S1 和三层交换机 S2 上同时定义 VLAN 2 和 VLAN 3 对应的 IP 接口,实现属于同一 VLAN 的终端之间通信和属于不同 VLAN 的终端之间通信的功能。

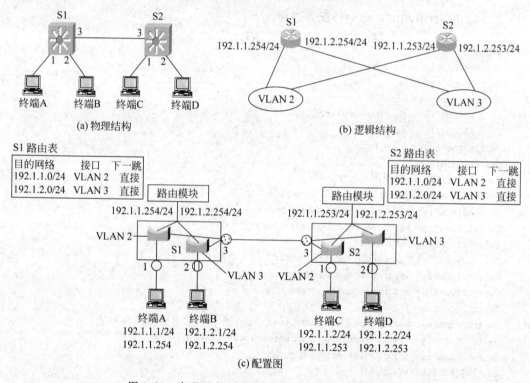

图 9.21 实现两个三层交换机互连的互连网络结构二

在两个三层交换机上同时定义 VLAN 2 和 VLAN 3 对应的 IP 接口的逻辑结构如图 9.21(b)所示,由于三层交换机 S1 和三层交换机 S2 中同时定义 VLAN 2 和 VLAN 3 对应的 IP 接口,因此,属于同一 VLAN 的终端之间必须建立交换路径,属于 VLAN 2 和 VLAN 3 的终端必须建立与三层交换机 S1 和三层交换机 S2 之间的交换路径。

图 9.21(c)给出了三层交换机 S1 和三层交换机 S2 的 VLAN 配置,三层交换机 S1 和三层交换机 S2 均作为三层交换机使用,分别定义对应 VLAN 2 和 VLAN 3 的 IP 接口,并

为 IP 接口分配 IP 地址和子网掩码。完成 IP 接口定义与 IP 地址和子网掩码分配后,建立图 9.21(c)所示的路由表。三层交换机 S1 和交换机 S2 同时具有普通二层交换机功能,用于建立属于同一 VLAN 的终端之间交换路径和连接在一个三层交换机上的终端与另一个三层交换机之间的交换路径。交换机 S1 和交换机 S2 的 VLAN 配置如表 9.6 所示。对于图 9.21(c)所示的 IP 接口配置,属于 VLAN 2 的终端可以任意选择 192.1.1.254 或 192.1.1.253 作为默认网关地址,同样,属于 VLAN 3 的终端可以任意选择 192.1.2.254 或 192.1.2.253 作为默认网关地址。

终端配置的默认网关地址与该终端发送的 IP 分组的传输路径有关,对于终端 C,如果采用图 9.21(c)的配置信息,终端 C 至终端 D 的 IP 分组传输路径局限在三层交换机 S2 内,如果终端 C 的默认网关地址改为 192.1.1.254,终端 C 至终端 D 的 IP 分组传输路径需要经过三层交换机 S1。

9.6.3 实验步骤

(1) 启动 Packet Tracer,按照图 9.21(a)所示互连网络结构放置和连接设备,完成设备放置和连接后的逻辑工作区界面如图 9.22 所示。

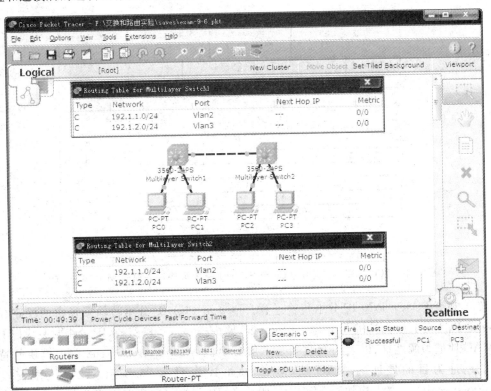

图 9.22 放置和连接设备后的逻辑工作区界面及路由表

(2) 按照表 9.6 所示内容创建 VLAN,并为每一个 VLAN 分配端口。在三层交换机 Multilayer Switch1 和 Multilayer Switch2 中定义两个分别对应 VLAN 2 和 VLAN 3 的 IP 接口,为在三层交换机 Multilayer Switch1 中定义的两个 IP 接口分别分配 IP 地址和子网掩码 192.1.1.254/24 和 192.1.2.254/24。为在三层交换机 Multilayer Switch2 中定义的两个 IP 接口分别分配 IP 地址和子网掩码 192.1.1.253/24 和 192.1.2.253/24。完成 IP 接口配置后，三层交换机 Multilayer Switch1 和 Multilayer Switch2 自动生成图 9.22 所示的路由表。

（3）进入模拟操作模式，观察 PC0 至 PC3 IP 分组传输过程。PC0 至 PC3 IP 分组传输路径由两段路径组成，一是 PC0 至三层交换机 Multilayer Switch1 路由模块这一段路径，IP 分组封装成以 PC0 的 MAC 地址为源地址、以表明接收端是三层交换机 Multilayer Switch1 路由模块的特殊 MAC 地址为目的地址的 MAC 帧，MAC 帧格式如图 9.23 所示。二是三层交换机 Multilayer Switch1 路由模块至 PC3 这一段路径，IP 分组封装成以表明发送端是三层交换机 Multilayer Switch1 路由模块的特殊 MAC 地址为源地址、以 PC3 的 MAC 地址为目的地址的 MAC 帧，MAC 帧格式如图 9.24 所示。

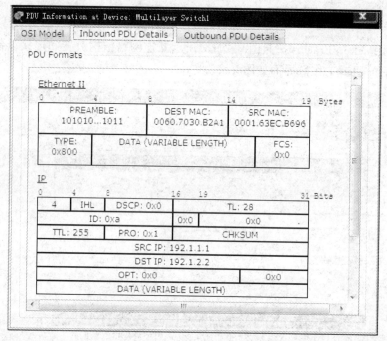

图 9.23　PC0→PC3 IP 分组 PC0 至 Switch1 路由模块这一段的 MAC 帧格式

（4）观察 PC3 至 PC0 IP 分组传输过程。PC3 至 PC0 IP 分组传输路径由两段路径组成，一是 PC3 至三层交换机 Multilayer Switch2 路由模块这一段路径，IP 分组封装成以 PC3 的 MAC 地址为源地址、以表明接收端是三层交换机 Multilayer Switch2 路由模块的特殊 MAC 地址为目的地址的 MAC 帧，MAC 帧格式如图 9.25 所示。二是三层交换机 Multilayer Switch2 路由模块至 PC0 这一段路径，IP 分组封装成以表明发送端是三层交换机 Multilayer Switch2 路由模块的特殊 MAC 地址为源地址、以 PC0 的 MAC 地址为目的地址的 MAC 帧，MAC 帧格式如图 9.26 所示。PC0、PC3 的 MAC 地址和用于标识三层交换机 Multilayer Switch1 和 Multilayer Switch2 路由模块的特殊 MAC 地址如表 9.9 所示。

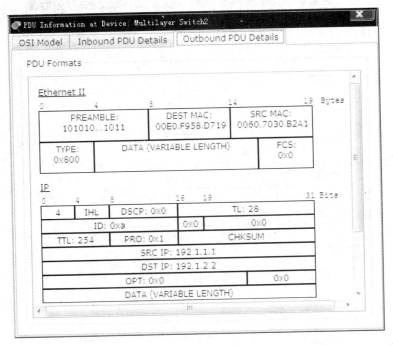

图 9.24 PC0→PC3 IP 分组 Switch1 路由模块至 PC3 这一段的 MAC 帧格式

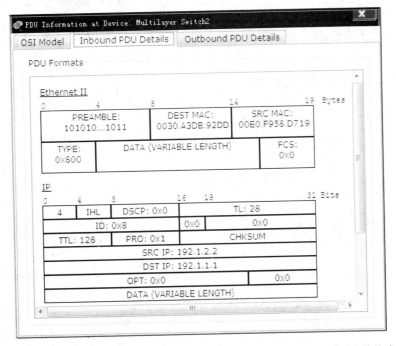

图 9.25 PC3→PC0 IP 分组 PC3 至 Switch2 路由模块这一段的 MAC 帧格式

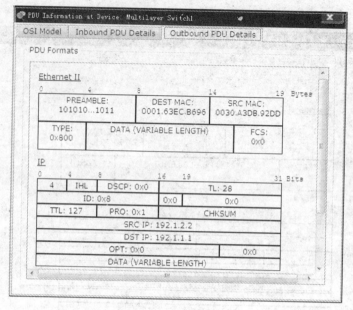

图 9.26 PC3→PC0 IP 分组 Switch2 路由模块至 PC0 这一段的 MAC 帧格式

表 9.9 PC0、PC3 的 MAC 地址和特殊 MAC 地址

终端或路由模块	MAC 地址
PC0	0001.63EC.B696
PC3	00E0.F958.D719
三层交换机 Multilayer Switch1 路由模块	0060.7030.B2A1
三层交换机 Multilayer Switch2 路由模块	0030.A3DB.92DD

9.6.4 命令行配置过程

Multilayer Switch1 的命令行配置过程与 9.5 节两个三层交换机互连实验一完全相同，Multilayer Switch2 命令行配置过程只需在 9.5 节的基础上增加如下命令序列。

```
Switch2(config)# interface vlan 2
Switch2(config-if)# ip address 192.1.1.253 255.255.255.0
Switch2(config-if)# exit
Switch2(config)# interface vlan 3
Switch2(config-if)# ip address 192.1.2.253 255.255.255.0
Switch2(config-if)# exit
Switch2(config)# ip routing
```

9.7 两个三层交换机互连实验三

9.7.1 实验目的

一是进一步理解三层交换机的二层交换和三层路由功能。二是区分三层交换机与路由器之间的差别。三是了解跨交换机 VLAN 与 IP 接口组合带来的便利。四是验证 IP 分组逐跳转发过程。五是掌握三层交换机 RIP 配置过程。

9.7.2 实验原理

互连网络结构中终端与 VLAN 之间关系如图 9.27 所示,通过分别在三层交换机 S1 上定义 VLAN 2 对应的 IP 接口,在三层交换机 S2 上定义 VLAN 3 对应的 IP 接口,实现属于同一 VLAN 的终端之间通信,属于不同 VLAN 的终端之间通信的功能。

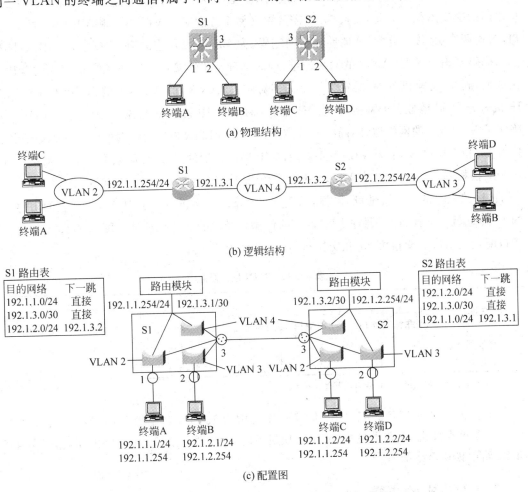

图 9.27 实现两个三层交换机互连的互连网络结构三

两个三层交换机分别定义两个 VLAN 对应的 IP 接口的逻辑结构如图 9.27(b)所示,其中 VLAN 2 直接和交换机 S1 相连,VLAN 3 直接和交换机 S2 相连,为了实现 VLAN 2 和 VLAN 3 之间通信,需要用 VLAN 4 互连交换机 S1 和交换机 S2。和两个路由器互连三个 VLAN 不同,VLAN 2 包含物理上连接在交换机 S2 上的终端 C,因此对于 VLAN 2 和终端 C,交换机 S2 是一个二层交换机,用于创建终端 C 至交换机 S1 中 VLAN 2 对应的 IP 接口和终端 A 之间的交换路径。同理,对于 VLAN 3 和终端 B,交换机 S1 是一个二层交换机,用于创建终端 B 至交换机 S2 中 VLAN 3 对应的 IP 接口和终端 D 之间的交换路径。这是三层交换机和路由器的本质区别,即既可建立属于同一 VLAN 的终端之间的交换路径,又可建立不同 VLAN 之间的 IP 传输路径。

交换机 S1 和交换机 S2 的 VLAN 配置如表 9.10 所示,这样配置的目的是为了保证:一建立属于同一 VLAN 的终端之间的交换路径,二建立所有属于 VLAN 2 的终端至交换机 S1 的交换路径,三建立所有属于 VLAN 3 的终端至交换机 S2 的交换路径。同时,通过 VLAN 4 建立交换机 S1 中 VLAN 2 对应的 IP 接口至交换机 S2 中 VLAN 3 对应的 IP 接口之间的交换路径。为此,交换机 S1 需要定义两个分别对应 VLAN 2 和 VLAN 4 的 IP 接口,为这两个 IP 接口分配 IP 地址和子网掩码,为 VLAN 2 对应的 IP 接口分配的 IP 地址和子网掩码既确定了 VLAN 2 的网络地址,同时又确定了连接在 VLAN 2 上的终端的默认网关地址,同样,交换机 S2 需要定义两个分别对应 VLAN 3 和 VLAN 4 的 IP 接口,为这两个 IP 接口分配 IP 地址和子网掩码,为 VLAN 3 对应的 IP 接口分配的 IP 地址和子网掩码既确定了 VLAN 3 的网络地址,同时又确定了连接在 VLAN 3 上的终端的默认网关地址。交换机 S1 和交换机 S2 中为 VLAN 4 对应的 IP 接口分配的 IP 地址必须属于同一网络地址,对于交换机 S1,交换机 S2 中 VLAN 4 对应的 IP 接口的 IP 地址就是交换机 S1 通往 VLAN 3 的传输路径上的下一跳地址,同样,对于交换机 S2,交换机 S1 中 VLAN 4 对应的 IP 接口的 IP 地址就是交换机 S2 通往 VLAN 2 的传输路径上的下一跳地址。图 9.27(c)给出了 IP 接口配置及对应的交换机 S1 和交换机 S2 的路由表。

表 9.10 VLAN 端口配置

交换机	VLAN 2		VLAN 3		VLAN 4	
	非标记端口	标记端口	非标记端口	标记端口	非标记端口	标记端口
交换机 S1	1.1	1.3	1.2	1.3		1.3
交换机 S2	2.1	2.3	2.2	2.3		2.3

注:1.1 表示三层交换机 S1 端口 1,其他类推。

对应图 9.27(c)所示的配置图,终端 A 至终端 B IP 分组传输路径由三段路径组成,一是终端 A 至交换机 S1 路由模块,二是交换机 S1 路由模块至交换机 S2 路由模块,三是交换机 S2 路由模块至终端 B。

9.7.3 实验步骤

(1) 启动 Packet Tracer,在逻辑工作区根据图 9.27(a)所示的互连网络结构放置和连接设备,逻辑工作区完成设备放置和连接后的界面如图 9.28 所示。

(2) 按照表 9.10 内容在 Multilayer Switch1 和 Multilayer Switch2 中创建 VLAN,并为各个 VLAN 分配交换机端口。

(3) 在三层交换机 Multilayer Switch1 中定义与 VLAN 2 和 VLAN 4 关联的 IP 接口,为这两个 IP 接口配置 IP 地址和子网掩码 192.1.1.254/24 和 192.1.3.1/30。在三层交换机 Multilayer Switch2 中定义与 VLAN 3 和 VLAN 4 关联的 IP 接口,为这两个 IP 接口配

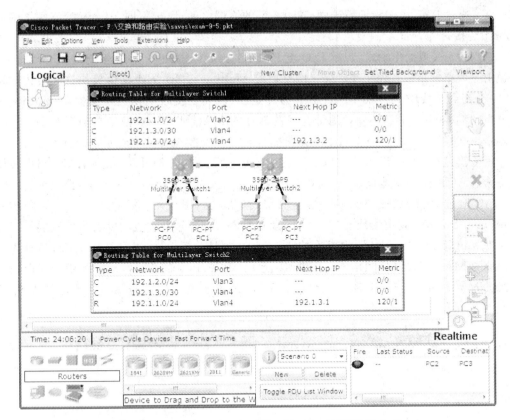

图 9.28 放置和连接设备后的逻辑工作区界面及路由表

置 IP 地址和子网掩码 192.1.2.254/24 和 192.1.3.2/30。这样配置的目的是用 VLAN 4 互连分别定义在三层交换机 Multilayer Switch1 和 Multilayer Switch2 中与 VLAN 2 和 VLAN 3 关联的 IP 接口。对于三层交换机 Multilayer Switch1，三层交换机 Multilayer Switch2 中与 VLAN 4 关联的 IP 接口就是通往 VLAN 3 的传输路径上的下一跳，同理，对于三层交换机 Multilayer Switch2，三层交换机 Multilayer Switch1 中与 VLAN 4 关联的 IP 接口就是通往 VLAN 2 的传输路径上的下一跳。值得指出的是，三层交换机 Multilayer Switch1 中的 PC1 通过 VLAN 3 内的交换路径连接到三层交换机 Multilayer Switch2 中与 VLAN 3 关联的 IP 接口，同样，三层交换机 Multilayer Switch2 中的 PC2 通过 VLAN 2 内的交换路径连接到三层交换机 Multilayer Switch1 中与 VLAN 2 关联的 IP 接口。这是三层交换机和路由器的差别所在，对于同一 VLAN 内终端之间，或终端与 IP 接口之间的交换路径，三层交换机等同于二层交换机。

（4）完成三层交换机 Multilayer Switch1 和 Multilayer Switch2 RIP 相关配置。Multilayer Switch1 参与 RIP 创建动态路由项的网络有 192.1.1.0/24 和 192.1.3.0/24。Multilayer Switch2 参与 RIP 创建动态路由项的网络有 192.1.2.0/24 和 192.1.3.0/24。完成 RIP 配置后，三层交换机 Multilayer Switch1 和 Multilayer Switch2 生成的完整路由表如图 9.28 所示。

（5）根据图 9.27(c)所示终端配置信息完成各个终端 IP 地址、子网掩码和默认网关地址配置。

(6) 通过 Ping 操作验证属于同一 VLAN 的终端之间，属于不同 VLAN 的终端之间的 IP 分组传输过程。

(7) 进入模拟操作模式，观察 PC0 至 PC1 IP 分组传输过程。PC0 至 PC1 IP 分组传输路径由三段路径组成，一是 PC0 至三层交换机 Multilayer Switch1 路由模块这一段传输路径，IP 分组封装成以 PC0 的 MAC 地址为源地址、以表明接收端是三层交换机 Multilayer Switch1 路由模块的特殊 MAC 地址为目的地址的 MAC 帧，MAC 帧格式如图 9.29 所示。二是三层交换机 Multilayer Switch1 路由模块至三层交换机 Multilayer Switch2 路由模块这一段传输路径，IP 分组封装成以表明发送端是三层交换机 Multilayer Switch1 路由模块的特殊 MAC 地址为源地址、以表明接收端是三层交换机 Multilayer Switch2 路由模块的特殊 MAC 地址为目的地址的 MAC 帧，MAC 帧格式如图 9.30 所示。三是三层交换机 Multilayer Switch2 路由模块至 PC1 这一段传输路径，IP 分组封装成以表明发送端是三层交换机 Multilayer Switch2 路由模块的特殊 MAC 地址为源地址、以 PC1 的 MAC 地址为目的地址的 MAC 帧，MAC 帧格式如图 9.31 所示。PC0、PC1 的 MAC 地址和用于标识三层交换机 Multilayer Switch1 和 Multilayer Switch2 路由模块的特殊 MAC 地址如表 9.11 所示。

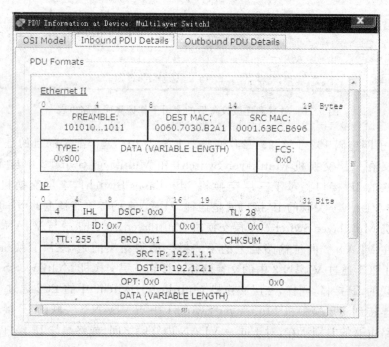

图 9.29 PC0→PC1 IP 分组 PC0 至 Switch1 路由模块这一段的 MAC 帧格式

表 9.11 PC0、PC1 的 MAC 地址和特殊 MAC 地址

终端或路由模块	MAC 地址
PC0	0001.63EC.B696
PC1	0001.6430.6364
三层交换机 Multilayer Switch1 路由模块	0060.7030.B2A1
三层交换机 Multilayer Switch2 路由模块	0030.A3DB.92DD

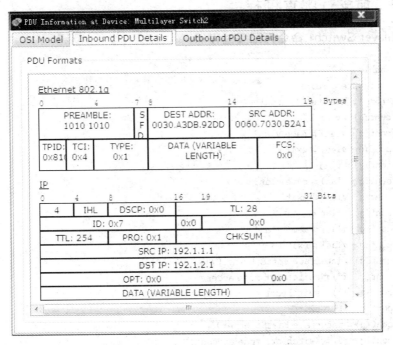

图 9.30　PC0→PC1 IP 分组 Switch1 路由模块至 Switch2 路由模块这一段的 MAC 帧格式

图 9.31　PC0→PC1 IP 分组 Switch2 路由模块至 PC1 这一段的 MAC 帧格式

9.7.4 命令行配置过程

1. Multilayer Switch1 命令行配置过程

Switch>enable
Switch#configure terminal
Switch(config)#hostname Switch1
Switch1(config)#vlan 2
Switch1(config-vlan)#name vlan2
Switch1(config-vlan)#exit
Switch1(config)#vlan 3
Switch1(config-vlan)#name vlan3
Switch1(config-vlan)#exit
Switch1(config)#vlan 4
Switch1(config-vlan)#name vlan4
Switch1(config-vlan)#exit
Switch1(config)#interface FastEthernet0/1
Switch1(config-if)#switchport mode access
Switch1(config-if)#switchport access vlan 2
Switch1(config-if)#exit
Switch1(config)#interface FastEthernet0/2
Switch1(config-if)#switchport mode access
Switch1(config-if)#switchport access vlan 2
Switch1(config-if)#exit
Switch1(config)#interface FastEthernet0/3
Switch1(config-if)#switchport trunk encapsulation dot1q
Switch1(config-if)#switchport mode trunk
Switch1(config-if)#exit
Switch1(config)#interface vlan 2
Switch1(config-if)#ip address 192.1.1.254 255.255.255.0
Switch1(config-if)#exit
Switch1(config)#interface vlan 4
Switch1(config-if)#ip address 192.1.3.1 255.255.255.252
Switch1(config-if)#exit
Switch1(config)#router rip
Switch1(config-router)#version 2
Switch1(config-router)#no auto-summary
Switch1(config-router)#network 192.1.1.0
Switch1(config-router)#network 192.1.3.0
Switch1(config-router)#exit
Switch1(config)#ip routing

2. Multilayer Switch2 命令行配置过程

Switch>enable
Switch#configure terminal
Switch(config)#hostname Switch2
Switch2(config)#vlan 2
Switch2(config-vlan)#name vlan2
Switch2(config-vlan)#exit

```
Switch2(config)#vlan 3
Switch2(config-vlan)#name vlan3
Switch2(config-vlan)#exit
Switch2(config)#vlan 4
Switch2(config-vlan)#name vlan4
Switch2(config-vlan)#exit
Switch2(config)#interface FastEthernet0/1
Switch2(config-if)#switchport mode access
Switch2(config-if)#switchport access vlan 2
Switch2(config-if)#exit
Switch2(config)#interface FastEthernet0/2
Switch2(config-if)#switchport mode access
Switch2(config-if)#switchport access vlan 2
Switch2(config-if)#exit
Switch2(config)#interface FastEthernet0/3
Switch2(config-if)#switchport trunk encapsulation dot1q
Switch2(config-if)#switchport mode trunk
Switch2(config-if)#exit
Switch2(config)#interface vlan 3
Switch2(config-if)#ip address 192.1.2.254 255.255.255.0
Switch2(config-if)#exit
Switch2(config)#interface vlan 4
Switch2(config-if)#ip address 192.1.3.2 255.255.255.252
Switch(config-if)#exit
Switch2(config)#router rip
Switch2(config-router)#version 2
Switch2(config-router)#no auto-summary
Switch2(config-router)#network 192.1.2.0
Switch2(config-router)#network 192.1.3.0
Switch2(config-router)#exit
Switch2(config)#ip routing
```

9.8 三层交换机链路聚合实验

9.8.1 实验目的

一是进一步理解三层交换机的二层交换和三层路由功能。二是区分三层交换机三层接口与 IP 接口之间的差别。三是掌握三层交换机三层接口的端口通道配置过程。四是掌握三层交换机共享端口的端口通道配置过程。五是掌握三层交换机三层接口和 IP 接口的配置过程。六是验证 IP 分组 VLAN 间传输过程。

9.8.2 实验原理

互连网络结构如图 9.32 所示,三层交换机 S1 和交换机 S2 的端口 3～端口 5 构成端口通道,这一对端口通道作为实现交换机 S1 和交换机 S2 互连的三层接口。由于这一对端口通道被定义为三层接口,无法通过这一对端口通道实现属于同一 VLAN 的终端之间的通信过程。因此,如果在交换机 S1 定义 VLAN 2 对应的 IP 接口,在交换机 S2 定义 VLAN 3 对应的 IP 接口,且使得终端 A 和终端 C 属于 VLAN 2,终端 B 和终端 D 属于 VLAN 3,在只用三层接口实现交换机 S1 和交换机 S2 互连的情况下,由于无法建立跨交换机的交换路径,只能实现终端 A 和终端 D 之间的通信过程。

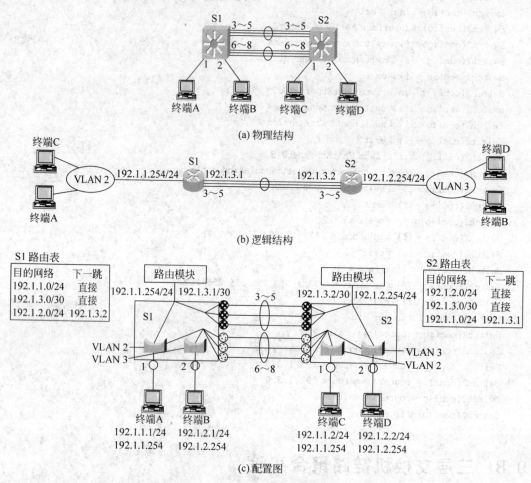

图 9.32 实现三层交换机链路聚合的互连网络结构

为了建立跨交换机的交换路径,必须增加交换机 S1 和交换机 S2 之间的二层交换路径,三层交换机 S1 和交换机 S2 的端口 6~8 端口构成另一对端口通道,这一对端口通道作为实现交换机 S1 和交换机 S2 互连的共享端口,允许所有 VLAN 在这一对端口通道之间的聚合链路上建立跨交换机的交换路径。

用三层交换机三层接口实现交换机 S1 和交换机 S2 互连的逻辑结构如图 9.32(b)所示,三层交换机三层接口等同于路由器物理接口,一是三层接口无需与 VLAN 绑定,二是三层接口只能接收、发送不携带 VLAN ID 的 MAC 帧,三是不能建立跨三层接口的 VLAN。

根据图 9.32(b)所示的配置图,终端 A 至终端 D IP 分组传输路径由三段路径组成:一是终端 A 至交换机 S1 路由模块;二是交换机 S1 路由模块至交换机 S2 路由模块,这一段路径只经过两个三层接口之间的聚合链路;三是交换机 S2 路由模块至终端 D。终端 A 至终端 D IP 分组传输路径无需经过交换机 S1 和交换机 S2 之间的二层交换路径。终端 A 至终端 B IP 分组传输路径也由三段路径组成：一是终端 A 至交换机 S1 路由模块；二是交换机 S1 路由模块至交换机 S2 路由模块，这一段路径只经过两个三层接口之间的聚合链路；三是交换机 S2 路由模块至终端 B，这一段路径需要经过交换机 S1 和交换机 S2 之间的二层交换路径。

9.8.3 实验步骤

（1）启动 Packet Tracer，在逻辑工作区中根据图 9.32(a) 所示互连网络结构放置和连接设备，完成设备放置和连接后的逻辑工作区界面如图 9.33 所示。

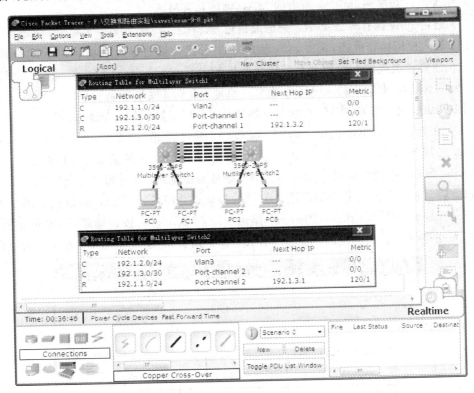

图 9.33　放置和连接设备后的逻辑工作区界面及路由表

（2）以和 9.7 节两个三层交换机互连实验三相同的步骤创建 VLAN，为每一个 VLAN 分配端口，在三层交换机 Multilayer Switch1 和 Multilayer Switch2 上分别定义 VLAN 2 和 VLAN 3 对应的 IP 接口，为 IP 接口分配 IP 地址和子网掩码。

（3）在三层交换机 Multilayer Switch1 中创建端口通道 1（Port-channel 1），将端口 FastEthernet0/3～FastEthernet0/6 分配给端口通道 1，将端口通道 1 定义为三层接口，并分配 IP 地址和子网掩码 192.1.3.1/30。在三层交换机 Multilayer Switch2 中创建端口通道 2（Port-channel 2），将端口 FastEthernet0/3～FastEthernet0/6 分配给端口通道 2，将端口通道 2 定义为三层接口，并分配 IP 地址和子网掩码 192.1.3.2/30。

（4）在三层交换机 Multilayer Switch1 和 Multilayer Switch2 上完成 RIP 相关配置，

Multilayer Switch1 和 Multilayer Switch2 建立如图 9.33 所示的路由表。

(5) 根据图 9.32(c)所示的终端配置信息完成各个终端 IP 地址、子网掩码和默认网关地址配置，通过 Ping 操作验证终端 A 和终端 D 之间的通信过程，验证其他终端之间无法完成通信过程。

(6) 在三层交换机 Multilayer Switch1 中创建端口通道 2(Port-channel 2)，将端口 FastEthernet0/6~FastEthernet0/8 分配给端口通道 2，将端口通道 2 定义为共享端口，并指定 802.1Q MAC 帧格式作为经过共享端口输入/输出的 MAC 帧的封装格式。在三层交换机 Multilayer Switch2 中创建端口通道 3(Port-channel 3)，将端口 FastEthernet0/6~FastEthernet0/8 分配给端口通道 3，将端口通道 3 定义为共享端口，并指定 802.1Q MAC 帧格式作为经过共享端口输入/输出的 MAC 帧的封装格式。

(7) 通过 Ping 操作验证终端之间的通信过程。

(8) 进入模拟操作模式，观察 PC0 至 PC1 IP 分组传输过程。PC0 至 PC1 IP 分组传输路径由三段路径组成：一是 PC0 至三层交换机 Multilayer Switch1 路由模块这一段传输路径，IP 分组封装成以 PC0 的 MAC 地址为源地址、以表明接收端是三层交换机 Multilayer Switch1 路由模块的特殊 MAC 地址为目的地址的 MAC 帧，MAC 帧格式如图 9.34 所示；二是三层交换机 Multilayer Switch1 三层接口（端口通道 1）至三层交换机 Multilayer Switch2 三层接口（端口通道 2）这一段传输路径，IP 分组封装成以表明三层交换机 Multilayer Switch1 端口通道 1 的特殊 MAC 地址为源地址、以表明三层交换机 Multilayer Switch2 端口通道 2 的特殊 MAC 地址为目的地址的 MAC 帧，MAC 帧格式如图 9.35 所示；三是三层交换机 Multilayer Switch2 路由模块至 PC1 这一段传输路径，IP 分组封装成以表明发送端是三层交换机 Multilayer Switch2 路由模块的特殊 MAC 地址为源地址、以

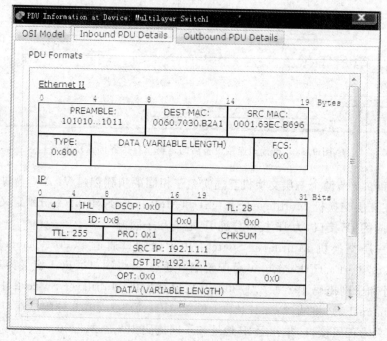

图 9.34　PC0→PC1 IP 分组 PC0 至 Switch1 路由模块这一段的 MAC 帧格式

PC1 的 MAC 地址为目的地址的 MAC 帧,MAC 帧格式如图 9.36 所示。PC0、PC1 的 MAC 地址,用于标识三层交换机 Multilayer Switch1 和 Multilayer Switch2 路由模块的特殊 MAC 地址和用于标识三层交换机 Multilayer Switch1 端口通道 1 和 Multilayer Switch2 端口通道 2 的特殊 MAC 地址如表 9.12 所示。

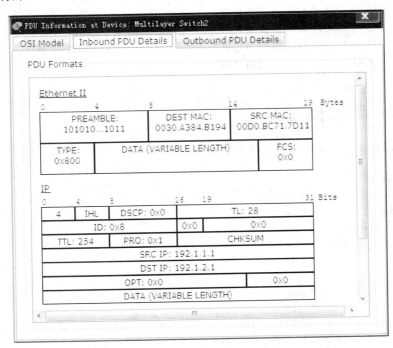

图 9.35　PC0→PC1 IP 分组 Switch1 端口通道 1 至 Switch2 端口通道 2 这一段的 MAC 帧格式

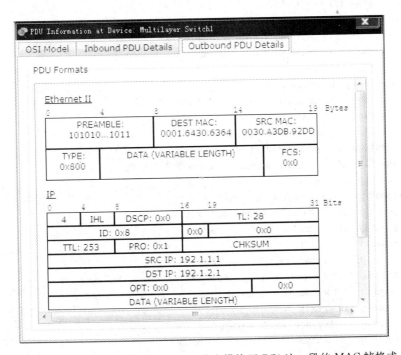

图 9.36　PC0→PC1 IP 分组 Switch2 路由模块至 PC1 这一段的 MAC 帧格式

表 9.12 PC0、PC1 的 MAC 地址和特殊 MAC 地址

终端、路由模块或端口通道	MAC 地址
PC0	0001.63EC.B696
PC1	0001.6430.6364
三层交换机 Multilayer Switch1 路由模块	0060.7030.B2A1
三层交换机 Multilayer Switch2 路由模块	0030.A3DB.92DD
三层交换机 Multilayer Switch1 端口通道 1	00D0.BC71.7D11
三层交换机 Multilayer Switch2 端口通道 2	0030.A384.B194

9.8.4 命令行配置过程

1. Multilayer Switch1 命令行配置过程

```
Switch> enable
Switch# configure terminal
Switch(config)# hostname Switch1
Switch1(config)# vlan 2
Switch1(config-vlan)# name vlan2
Switch1(config-vlan)# exit
Switch1(config)# vlan 3
Switch1(config-vlan)# name vlan3
Switch1(config-vlan)# exit
Switch1(config)# interface FastEthernet0/1
Switch1(config-if)# switchport mode access
Switch1(config-if)# switchport access vlan 2
Switch1(config-if)# exit
Switch1(config)# interface FastEthernet0/2
Switch1(config-if)# switchport mode access
Switch1(config-if)# switchport access vlan 3
Switch1(config-if)# exit
Switch1(config)# interface vlan 2
Switch1(config-if)# ip address 192.1.1.254 255.255.255.0
Switch1(config-if)# exit
Switch1(config)# interface port-channel 1
Switch1(config-if)# no switchport
Switch1(config-if)# ip address 192.1.3.1 255.255.255.252
Switch1(config-if)# exit
Switch1(config)# interface FastEthernet0/3
Switch1(config-if)# channel-group 1 mode active
Switch1(config-if)# channel-protocol lacp
Switch1(config-if)# exit
Switch1(config)# interface FastEthernet0/4
Switch1(config-if)# channel-group 1 mode active
Switch1(config-if)# channel-protocol lacp
Switch1(config-if)# exit
Switch1(config)# interface FastEthernet0/5
Switch1(config-if)# channel-group 1 mode active
Switch1(config-if)# channel-protocol lacp
```

```
Switch1(config-if)#exit
Switch1(config)#interface FastEthernet0/6
Switch1(config-if)#channel-group 2 mode active
Switch1(config-if)#channel-protocol lacp
Switch1(config-if)#exit
Switch1(config)#interface FastEthernet0/7
Switch1(config-if)#channel-group 2 mode active
Switch1(config-if)#channel-protocol lacp
Switch1(config-if)#exit
Switch1(config)#interface FastEthernet0/8
Switch1(config-if)#channel-group 2 mode active
Switch1(config-if)#channel-protocol lacp
Switch1(config-if)#exit
Switch1(config)#interface port-channel 2
Switch1(config-if)#switchport trunk encapsulation dot1q
Switch1(config-if)#switchport mode trunk
Switch1(config-if)#exit
Switch1(config)#router rip
Switch1(config-router)#version 2
Switch1(config-router)#no auto-summary
Switch1(config-router)#network 192.1.1.0
Switch1(config-router)#network 192.1.3.0
Switch1(config-router)#exit
Switch1(config)#ip routing
```

2. Multilayer Switch2 命令行配置过程

```
Switch>enable
Switch#configure terminal
Switch(config)#hostname Switch2
Switch2(config)#vlan 2
Switch2(config-vlan)#name vlan2
Switch2(config-vlan)#exit
Switch2(config)#vlan 3
Switch2(config-vlan)#name vlan3
Switch2(config-vlan)#exit
Switch2(config)#interface FastEthernet0/1
Switch2(config-if)#switchport mode access
Switch2(config-if)#switchport access vlan 2
Switch2(config-if)#exit
Switch2(config)#interface FastEthernet0/2
Switch2(config-if)#switchport mode access
Switch2(config-if)#switchport access vlan 3
Switch2(config-if)#exit
Switch2(config)#interface vlan 3
Switch2(config-if)#ip address 192.1.2.254 255.255.255.0
Switch2(config-if)#exit
Switch2(config)#interface port-channel 2
Switch2(config-if)#no switchport
Switch2(config-if)#ip address 192.1.3.2 255.255.255.252
Switch2(config-if)#exit
```

```
Switch2(config)# interface FastEthernet0/3
Switch2(config-if)# channel-group 2 mode active
Switch2(config-if)# channel-protocol lacp
Switch2(config-if)# exit
Switch2(config)# interface FastEthernet0/4
Switch2(config-if)# channel-group 2 mode active
Switch2(config-if)# channel-protocol lacp
Switch2(config-if)# exit
Switch2(config)# interface FastEthernet0/5
Switch2(config-if)# channel-group 2 mode active
Switch2(config-if)# channel-protocol lacp
Switch2(config-if)# exit
Switch2(config)# interface FastEthernet0/6
Switch2(config-if)# channel-group 3 mode active
Switch2(config-if)# channel-protocol lacp
Switch2(config-if)# exit
Switch2(config)# interface FastEthernet0/7
Switch2(config-if)# channel-group 3 mode active
Switch2(config-if)# channel-protocol lacp
Switch2(config-if)# exit
Switch2(config)# interface FastEthernet0/8
Switch2(config-if)# channel-group 3 mode active
Switch2(config-if)# channel-protocol lacp
Switch2(config-if)# exit
Switch2(config)# interface port-channel 3
Switch2(config-if)# switchport trunk encapsulation dot1q
Switch2(config-if)# switchport mode trunk
Switch2(config-if)# exit
Switch2(config)# router rip
Switch2(config-router)# version 2
Switch2(config-router)# no auto-summary
Switch2(config-router)# network 192.1.2.0
Switch2(config-router)# network 192.1.3.0
Switch2(config-router)# exit
Switch2(config)# ip routing
```

第10章 IPv6实验

通过 IPv6 实验,深刻理解 IPv6 网络工作原理,掌握 IPv6 路由协议建立路由表过程,掌握 IPv6 分组逐跳转发过程,掌握 IPv4 网络和 IPv6 网络互连技术。

10.1 基本配置实验

10.1.1 实验目的

一是掌握路由器接口 IPv6 地址和前缀长度配置过程。二是验证链路本地地址生成过程。三是验证邻站发现协议工作过程。四是验证 IPv6 网络的连通性。

10.1.2 实验原理

IPv6 互连网络结构如图 10.1 所示,路由器 R 的两个接口分别连接两个以太网,启动路由器接口的 IPv6 功能后,两个路由器接口自动生成链路本地地址。终端一旦选择自动配置选项,能够生成链路本地地址。在手工配置两个路由器接口的全球 IPv6 地址和前缀长度后,终端通过邻站发现协议获取和该终端连接在相同以太网上的路由器接口的全球 IPv6 地址前缀和链路本地地址,终端根据该路由器接口的全球 IPv6 地址前缀生成全球 IPv6 地址,以该路由器接口的链路本地地址为默认网关地址,在此基础上实现和其他终端之间的通信过程。

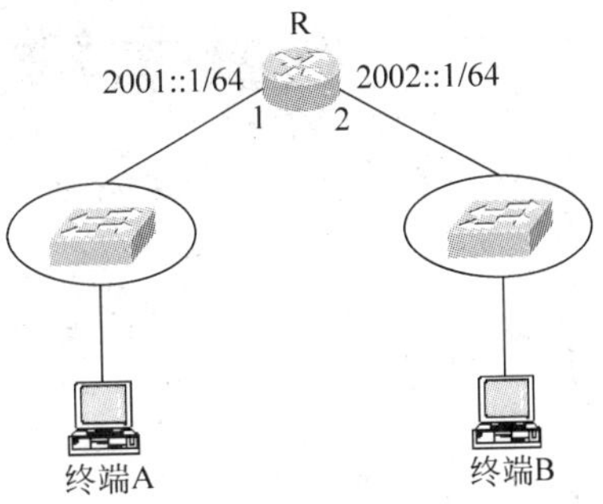

图 10.1 IPv6 互连网络结构

10.1.3 关键命令说明

1. 配置 IPv6 地址和启动路由器接口的 IPv6 功能

```
Router3(config)# interface FastEthernet0/0
Router3(config-if)# no shutdown
Router3(config-if)# ipv6 address 2001::1/64
Router3(config-if)# ipv6 enable
```

ipv6 address 2001::1/64 是接口配置模式下使用的命令,该命令的作用是为指定接口(这里是接口 FastEthernet0/0)配置全球 IPv6 地址 2001::1 和地址前缀长度 64。如果需要配合终端的自动配置功能,地址前缀长度必须为 64。

ipv6 enable 是接口配置模式下使用的命令,该命令的作用是启动指定接口(这里是接口 FastEthernet0/0)的 IPv6 功能。一旦启动接口的 IPv6 功能,该接口将自动生成链路本地地址。为路由器接口配置 IPv6 地址的过程将自动启动该接口的 IPv6 功能。路由器默认功能是路由 IPv4 分组,因此,需要路由器路由 IPv6 分组时,通过手工配置启动路由器和路由器接口的 IPv6 功能。

2. 启动 IPv6 分组转发功能

Router(config)# ipv6 unicast-routing

ipv6 unicast-routing 是全局模式下使用的命令,该命令的作用是启动路由器转发单播 IPv6 分组的功能,执行该命令后,路由器才能路由 IPv6 分组。

10.1.4 实验步骤

(1) 启动 Packet Tracer,在逻辑工作区根据图 10.1 所示的互连网络结构放置和连接设备,逻辑工作区完成设备放置和连接后的界面如图 10.2 所示。

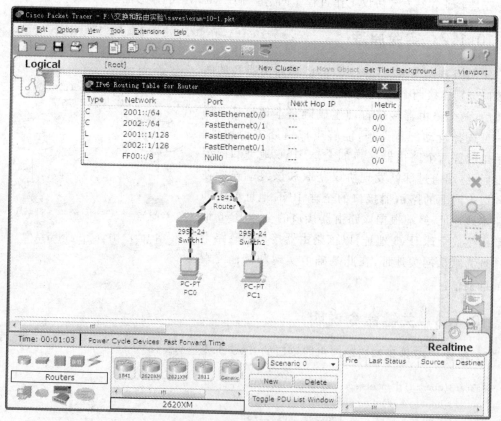

图 10.2 放置和连接设备后的逻辑工作区界面及路由表

(2) 为路由器接口配置全球 IPv6 地址和前缀长度,为接口 FastEthernet0/0 配置 IPv6 地址和前缀长度 2001::1/64,其中 2001::1 是接口的全球 IPv6 地址,64 是前缀长度。为接口 FastEthernet0/1 配置全球 IPv6 地址和前缀长度 2002::1/64。

(3) 开启路由器转发单播 IPv6 分组的功能。

(4) 选择终端的自动配置模式。终端 PC0 自动生成的链路本地地址和通过自动配置模式获得的全球 IPv6 地址如图 10.3 所示。终端 PC0 通过自动配置模式获得的路由器接口 FastEthernet0/0 的链路本地地址如图 10.4 所示,该路由器接口的链路本地地址成为终端 PC0 的默认网关地址。终端 PC0、终端 PC1 和路由器接口 FastEthernet0/0、FastEthernet0/1 的 MAC 地址如表 10.1 所示。终端 PC0 的链路本地地址通过终端 PC0 的 MAC 地址导出,终端 PC0 的全球 IPv6 地址通过路由器接口 FastEthernet0/0 的 64 位全球 IPv6 地址前缀和终端 PC0 的 MAC 地址导出。同样路由器接口 FastEthernet0/0 的链路本地地址通过该接口的 MAC 地址导出。

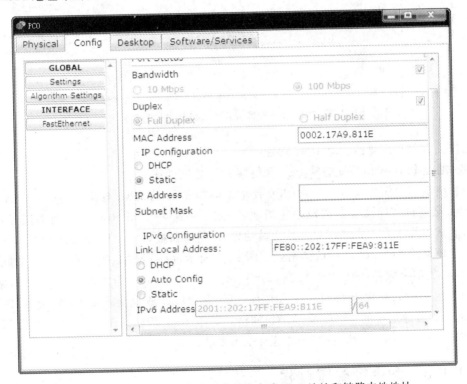

图 10.3 PC0 自动配置方式下获得的全球 IPv6 地址和链路本地地址

表 10.1 终端和路由器接口 MAC 地址

终端或路由器接口	MAC 地址	终端或路由器接口	MAC 地址
PC0	0002.17A9.811E	FastEthernet0/0	0001.9660.C501
PC1	0030.F229.8B00	FastEthernet0/1	0001.9660.C502

(5) 完成路由器接口配置后,路由器自动生成如图 10.2 所示的路由表,其中类型 C 表示直连路由项,用于指明通往直接连接的 IPv6 网络的传输路径,L 表示本地接口地址,用于

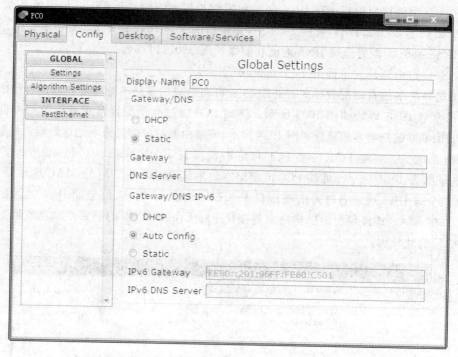

图10.4　PC0 自动配置方式下获得的默认网关地址

给出为路由器接口配置的全球 IPv6 地址。

（6）通过 Ping 操作验证终端 PC0 和终端 PC1 之间的连通性。

（7）在模拟操作模式截获终端 PC0 传输给终端 PC1 的 IPv6 分组。终端 PC0 至终端 PC1 IPv6 分组的传输路径由两段路径组成，一段是终端 PC0 至 Router 的传输路径，IPv6 分组封装成以终端 PC0 的 MAC 地址为源地址、以路由器接口 FastEthernet0/0 的 MAC 地址为目的地址的 MAC 帧，MAC 帧格式如图 10.5 所示，由于 MAC 帧数据字段中的数据是 IPv6 分组，类型字段值为十六进制值 86DD。另一段是 Router 至终端 PC1 的传输路径，IPv6 分组封装成以路由器接口 FastEthernet0/1 的 MAC 地址为源地址、以终端 PC1 的 MAC 地址为目的地址的 MAC 帧，MAC 帧格式如图 10.6 所示。IPv6 分组由终端 PC0 至终端 PC1 传输过程中，源和目的 IPv6 地址是不变的。

10.1.5　命令行配置过程

1. 路由器命令行配置过程

```
Router > enable
Router # configure terminal
Router(config) # interface FastEthernet0/0
Router(config - if) # no shutdown
Router(config - if) # ipv6 address 2001::1/64
Router(config - if) # ipv6 enable
Router(config - if) # exit
Router(config) # interface FastEthernet0/1
```

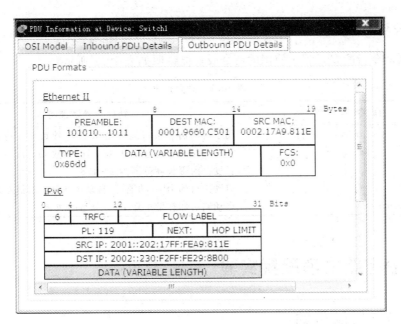

图 10.5　PC0→PC1 IPv6 分组 PC0 至 Router 这一段 MAC 帧格式

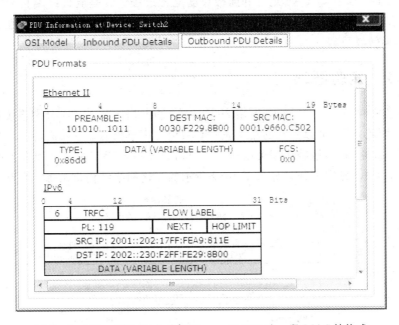

图 10.6　PC0→PC1 IPv6 分组 Router 至 PC1 这一段 MAC 帧格式

```
Router(config-if)#no shutdown
Router(config-if)#ipv6 address 2002::1/64
Router(config-if)#ipv6 enable
Router(config-if)#exit
Router(config)#ipv6 unicast-routing
```

2. 命令列表

路由器命令行配置过程中使用的命令及功能说明如表 10.2 所示。

表 10.2 命令列表

命令格式	功能和参数说明
ipv6 address *ipv6-address/prefix-length*	用于为路由器接口配置全球 IPv6 地址和前缀长度。参数 *ipv6-address* 是全球 IPv6 地址,参数 *prefix-length* 是前缀长度。前缀长度范围为 1~128
ipv6 enable	启动接口的 IPv6 功能,并自动生成接口的链路本地地址
ipv6 unicast-routing	启动路由器转发单播 IPv6 分组的功能

10.2 静态路由项配置实验

10.2.1 实验目的

一是掌握路由器接口 IPv6 地址和前缀长度配置过程。二是验证终端自动获取配置信息过程。三是掌握路由器静态路由项配置过程。四是验证 IPv6 网络的连通性。五是掌握 IPv6 分组逐跳转发过程。

10.2.2 实验原理

互连网络结构如图 10.7 所示,网络 2001::/64 和网络 2002::/64 分别连接在两个不同的路由器上,因此,每一个路由器的路由表中必须包含用于指明通往没有与其直接连接的网络的传输路径的路由项,该路由项可以通过路由协议生成或手工配置。如果采取手工配置静态路由项的方式,则需要通过分析图 10.7 所示的互连网络结构得出每一个路由器通往没

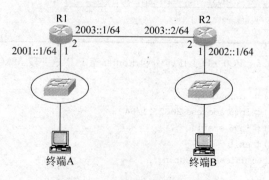

图 10.7 IPv6 互连网络结构

有与其直接连接的网络的最短路径,并获得该最短路径上的下一跳路由器的 IPv6 地址。对于路由器 R1,得出路由器 R1 通往网络 2002::/64 的最短路径为路由器 R1→路由器 R2→网络 2002::/64,下一跳路由器的 IPv6 地址为 2003::2,并因此得出图 10.7 所示的路由器 R1 路由表中目的网络地址为 2002::/64 的静态路由项。

和 IPv4 互连网络相同,终端 A 至终端 B 的 IPv6 分组传输路径由三段路径组成,分别是终端 A 至路由器 R1,路由器 R1 至路由器 R2 和路由器 R2 至终端 B,IPv6 分组经过这三段路径传输时,源和目的 IPv6 地址保持不变,但封装该 IPv6 分组的 MAC 帧的源和目的地址分别是这三段路径始结点和终结点的 MAC 地址。如 IPv6 分组经过终端 A 至路由器 R1 这一段路径传输时,封装该 IPv6 分组的 MAC 帧的源 MAC 地址是终端 A 的 MAC 地址,目的 MAC 地址是路由器 R1 接口 1 的 MAC 地址。

10.2.3 关键命令说明

```
Router(config)# ipv6 route 2002::/64 2003::2
```

ipv6 route 2002::/64 2003::2 是全局模式下使用的命令,该命令的作用是配置静态路由项,其中 2002::/64 是目的网络地址,2003::2 是下一跳路由器地址,目的网络地址中 2002:: 是地址前缀,64 是前缀长度。

10.2.4 实验步骤

(1) 启动 Packet Tracer,在逻辑工作区根据图 10.7 所示的互连网络结构放置和连接设备,逻辑工作区完成设备放置和连接后的界面如图 10.8 所示。

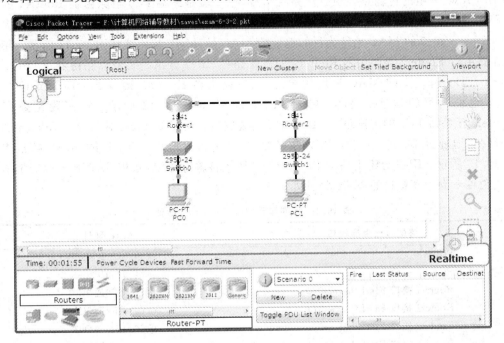

图 10.8 放置和连接设备后的逻辑工作区界面

（2）按照图 10.7 所示配置信息完成各个路由器接口的 IPv6 地址和前缀长度的配置。在各个路由器中手工配置用于指明通往没有与其直接连接的网络的传输路径的静态路由项。完成上述配置后，路由器 Router1 和路由器 Router2 的路由表分别如图 10.9 和图 10.10 所示，类型 S 表示静态路由项。

Type	Network	Port	Next Hop IP	Metric
C	2001::/64	FastEthernet0/0	---	0/0
C	2003::/64	FastEthernet0/1	---	0/0
L	2001::1/128	FastEthernet0/0	---	0/0
L	2003::1/128	FastEthernet0/1	---	0/0
L	FF00::/8	Null0	---	0/0
S	2002::/64	---	2003::2	1/0

图 10.9　路由器 Router1 路由表

Type	Network	Port	Next Hop IP	Metric
C	2002::/64	FastEthernet0/0	---	0/0
C	2003::/64	FastEthernet0/1	---	0/0
L	2002::1/128	FastEthernet0/0	---	0/0
L	2003::2/128	FastEthernet0/1	---	0/0
L	FF00::/8	Null0	---	0/0
S	2001::/64	---	2003::1	1/0

图 10.10　路由器 Router2 路由表

（3）通过 Ping 操作验证终端 PC0 和终端 PC1 之间的连通性。

（4）在模拟操作模式截获终端 PC0 传输给终端 PC1 的 IPv6 分组。终端 PC0 至终端 PC1 的 IPv6 分组的传输路径由三段路径组成，第一段是终端 PC0 至路由器 Router1 的传输路径，IPv6 分组封装成以终端 PC0 的 MAC 地址为源地址、以路由器 Router1 接口 FastEthernet0/0 的 MAC 地址为目的地址的 MAC 帧，MAC 帧格式如图 10.11 所示。第二段是路由器 Router1 至路由器 Router2 的传输路径，IPv6 分组封装成以路由器 Router1 接口 FastEthernet0/1 的 MAC 地址为源地址、以路由器 Router2 接口 FastEthernet0/1 的 MAC 地址为目的地址的 MAC 帧，MAC 帧格式如图 10.12 所示。第三段是路由器 Router2 至终端 PC1 的传输路径，IPv6 分组封装成以路由器 Router2 接口 FastEthernet0/0 的 MAC 地址为源地址、以终端 PC1 的 MAC 地址为目的地址的 MAC 帧，MAC 帧格式如图 10.13 所示。IPv6 分组由终端 PC0 至终端 PC1 传输过程中，源和目的 IPv6 地址是不变的。终端和路由器接口的 MAC 地址如表 10.3 所示。

表 10.3　终端和路由器接口 MAC 地址

终端或路由器接口	MAC 地址
PC0	00E0.F759.8B7D
PC1	0009.7C9C.3068
Router1 接口 FastEthernet0/0	000C.CF2E.3C01
Router1 接口 FastEthernet0/1	000C.CF2E.3C02
Router2 接口 FastEthernet0/0	0060.4733.8D01
Router2 接口 FastEthernet0/1	0060.4733.8D02

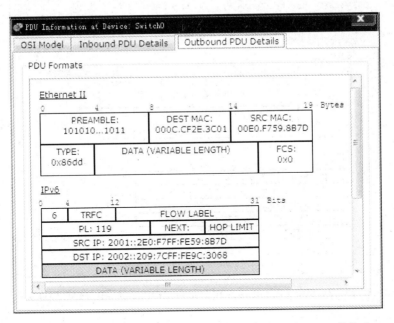

图 10.11 PC0→PC1 IPv6 分组 PC0 至 Router1 这一段 MAC 帧格式

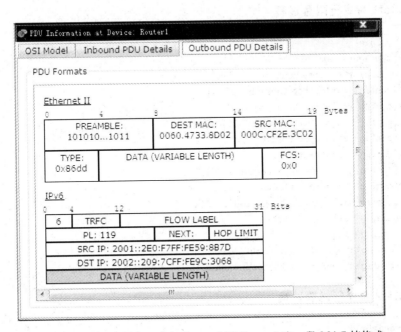

图 10.12 PC0→PC1 IPv6 分组 Router1 至 Router2 这一段 MAC 帧格式

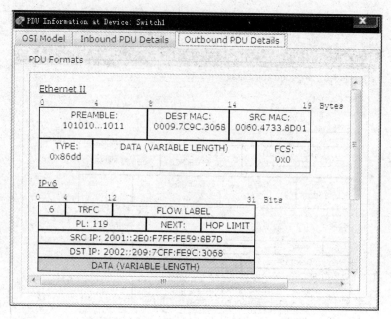

图 10.13 PC0→PC1 IPv6 分组 Router2 至 PC1 这一段 MAC 帧格式

10.2.5 命令行配置过程

1. Router1 命令行配置过程

```
Router > enable
Router # configure terminal
Router(config) # hostname Router1
Router1(config) # interface FastEthernet0/0
Router1(config - if) # no shutdown
Router1(config - if) # ipv6 address 2001::1/64
Router1(config - if) # ipv6 enable
Router1(config - if) # exit
Router1(config) # interface FastEthernet0/1
Router1(config - if) # no shutdown
Router1(config - if) # ipv6 address 2003::1/64
Router1(config - if) # ipv6 enable
Router1(config - if) # exit
Router1(config) # ipv6 unicast - routing
Router1(config) # ipv6 route 2002::/64 2003::2
```

2. Router2 命令行配置过程

```
Router > enable
Router # configure terminal
Router(config) # hostname Router2
Router2(config) # interface FastEthernet0/0
Router2(config - if) # no shutdown
Router2(config - if) # ipv6 address 2002::1/64
```

```
Router2(config-if)#ipv6 enable
Router2(config-if)#exit
Router2(config)#interface FastEthernet0/1
Router2(config-if)#no shutdown
Router2(config-if)#ipv6 address 2003::2/64
Router2(config-if)#ipv6 enable
Router2(config-if)#exit
Router2(config)#ipv6 unicast-routing
Router2(config)#ipv6 route 2001::/64 2003::1
```

3. 命令列表

路由器命令行配置过程中使用的命令及功能说明如表 10.4 所示。

表 10.4 命令列表

命令格式	功能和参数说明
ipv6 route $ipv6$-$prefix/prefix$-$length$ $ipv6$-$address$	配置静态路由项，参数 $ipv6$-$prefix/prefix$-$length$ 用于指定目的网络地址，其中 $ipv6$-$prefix$ 是地址前缀，$prefix$-$length$ 是前缀长度。参数 $ipv6$-$address$ 用于指定下一跳路由器地址

10.3 RIP 配置实验

10.3.1 实验目的

一是掌握路由器接口 IPv6 地址和前缀长度的配置过程。二是验证终端自动获取配置信息的过程。三是掌握路由器 RIP 配置过程。四是验证 RIP 建立动态路由项过程。五是验证 IPv6 网络的连通性。

10.3.2 实验原理

互连网络结构如图 10.14 所示，路由器 R1、路由器 R2 和路由器 R3 分别连接网络 2001::/64、2002::/64 和 2003::/64，用网络 2004::/64 互连三个路由器，每一个路由器通过 RIP 建立用于指明通往其他两个没有与其直接连接的网络的传输路径的路由项。终端 D 可以选择三个路由器连接网络 2004::/64 的三个接口中的任何一个接口的链路本地地址作为默认网关地址。

10.3.3 关键命令说明

1. 启动 RIP 路由进程

```
Router(config)#ipv6 router rip a1
Router(config-rtr)#
```

ipv6 router rip a1 是全局模式下使用的命令，该命令的作用是启动 RIP 路由进程，并进

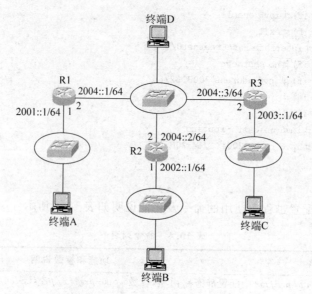

图 10.14 互连网络结构

入 RIP 配置模式，a1 是 RIP 进程标识符，用于唯一标识启动的 RIP 路由进程。Router(config-rtr)#是 RIP 配置模式下的命令提示符。

2. 指定参与 RIP 创建动态路由项过程的接口

```
Router(config)# interface FastEthernet0/0
Router(config-if)# ipv6 rip a1 enable
```

ipv6 rip a1 enable 是接口配置模式下使用的命令，该命令的作用是指定参与 RIP 创建动态路由项过程的接口(这里是路由器接口 FastEthernet0/0)，一旦某个接口参与 RIP 创建动态路由项的过程，一是其他路由器将创建用于指明通往该接口连接的网络的传输路径的动态路由项，二是该接口将发送、接收 RIP 路由消息。a1 是 RIP 进程标识符，表明该接口参与进程标识符为 a1 的 RIP 路由进程创建动态路由项的过程。进程标识符由启动 RIP 路由进程的命令分配。

10.3.4 实验步骤

(1) 启动 Packet Tracer，在逻辑工作区根据图 10.14 所示的互连网络结构放置和连接设备，逻辑工作区完成设备放置和连接后的界面如图 10.15 所示。

(2) 按照图 10.14 所示配置信息完成各个路由器接口的 IPv6 地址和前缀长度的配置。

(3) 在各个路由器中启动 RIP 路由进程，指定参与 RIP 路由进程创建动态路由项过程的接口。完成上述配置后，路由器 Router1、路由器 Router2 和路由器 Router3 分别建立如图 10.16、图 10.17 和图 10.18 所示的完整路由表，类型为 R 的路由项是由 RIP 建立的动态路由项。表 10.5 给出了三个路由器连接网络 2004::/64 的接口的 MAC 地址，类型为 R 的路由项中的下一跳地址是这些路由器接口的链路本地地址。

第10章 IPv6实验

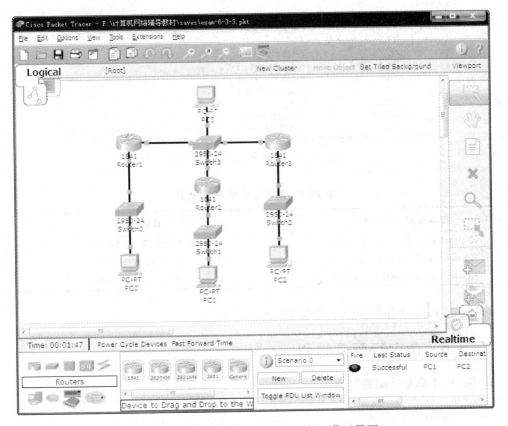

图 10.15　放置和连接设备后的逻辑工作区界面

图 10.16　路由器 Router1 路由表

Type	Network	Port	Next Hop IP	Metric
C	2001::/64	FastEthernet0/0	---	0/0
C	2004::/64	FastEthernet0/1	---	0/0
L	2001::1/128	FastEthernet0/0	---	0/0
L	2004::1/128	FastEthernet0/1	---	0/0
L	FF00::/8	Null0		
R	2002::/64	FastEthernet0/1	FE80::201:43FF:FE62:DB02	120/2
R	2003::/64	FastEthernet0/1	FE80::250:FFF:FEAA:B802	120/2

图 10.17　路由器 Router2 路由表

Type	Network	Port	Next Hop IP	Metric
C	2002::/64	FastEthernet0/0	---	0/0
C	2004::/64	FastEthernet0/1	---	0/0
L	2002::1/128	FastEthernet0/0	---	0/0
L	2004::2/128	FastEthernet0/1	---	0/0
L	FF00::/8	Null0		
R	2001::/64	FastEthernet0/1	FE80::2E0:F7FF:FE73:9A02	120/2
R	2003::/64	FastEthernet0/1	FE80::250:FFF:FEAA:B802	120/2

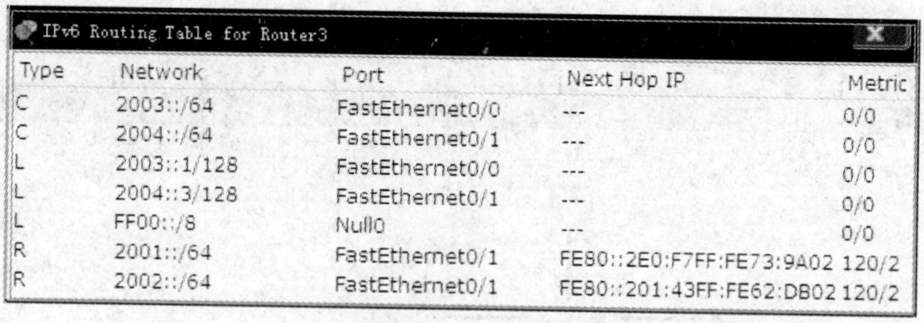

```
┌─────────────────────────────────────────────────────────────┐
│ IPv6 Routing Table for Router3                          ☒   │
│ Type  Network        Port             Next Hop IP      Metric│
│ C     2003::/64      FastEthernet0/0  ---              0/0  │
│ C     2004::/64      FastEthernet0/1  ---              0/0  │
│ L     2003::1/128    FastEthernet0/0  ---              0/0  │
│ L     2004::3/128    FastEthernet0/1  ---              0/0  │
│ L     FF00::/8       Null0            ---              0/0  │
│ R     2001::/64      FastEthernet0/1  FE80::2E0:F7FF:FE73:9A02 120/2│
│ R     2002::/64      FastEthernet0/1  FE80::201:43FF:FE62:DB02 120/2│
└─────────────────────────────────────────────────────────────┘
```

图 10.18 路由器 Router3 路由表

表 10.5 路由器接口 MAC 地址

终端或路由器接口	MAC 地址
Router1 接口 FastEthernet0/1	00E0.F773.9A02
Router2 接口 FastEthernet0/1	0001.4362.DB02
Router3 接口 FastEthernet0/1	0050.0FAA.B802

(4) 通过 Ping 操作验证各个终端之间的连通性。

10.3.5 命令行配置过程

1. Router1 命令行配置过程

```
Router>enable
Router#configure terminal
Router(config)#hostname Router1
Router1(config)#interface FastEthernet0/0
Router1(config-if)#no shutdown
Router1(config-if)#ipv6 address 2001::1/64
Router1(config-if)#ipv6 enable
Router1(config-if)#exit
Router1(config)#interface FastEthernet0/1
Router1(config-if)#no shutdown
Router1(config-if)#ipv6 address 2004::1/64
Router1(config-if)#ipv6 enable
Router1(config-if)#exit
Router1(config)#ipv6 unicast-routing
Router1(config)#ipv6 router rip a1
Router1(config-rtr)#exit
Router1(config)#interface FastEthernet0/0
Router1(config-if)#ipv6 rip a1 enable
Router1(config-if)#exit
Router1(config)#interface FastEthernet0/1
Router1(config-if)#ipv6 rip a1 enable
Router1(config-if)#exit
```

Router2 和 Router3 命令行配置过程与 Router1 相似,不再赘述。

2. 命令列表

路由器命令行配置过程中使用的命令及功能说明如表 10.6 所示。

表 10.6 命令列表

命令格式	功能和参数说明
ipv6 router rip *word*	启动路由器 RIP 路由进程,并进入 RIP 配置模式。参数 *word* 是用户分配的 RIP 路由进程标识符
ipv6 rip *name* **enable**	指定参与 RIP 路由进程创建动态路由项过程的接口,参数 *name* 是 RIP 路由进程标识符,由启动 RIP 路由进程的命令分配

10.4 单区域 OSPF 配置实验

10.4.1 实验目的

一是掌握路由器接口 IPv6 地址和前缀长度配置过程。二是验证终端自动获取配置信息的过程。三是掌握路由器 OSPF 配置过程。四是验证 OSPF 建立动态路由项过程。五是验证 IPv6 网络的连通性。

10.4.2 实验原理

互连网络结构如图 10.19 所示,四个路由器构成一个区域:area 1,路由器 R11 和路由器 R13 连接 IPv6 网络 2001::/64 和 2002::/64 的接口需要配置全球 IPv6 地址 2001::1/64 和 2002::1/64,路由器其他接口只需启动 IPv6 功能,某个路由器接口一旦启动 IPv6 功能,将自动生成链路本地地址。可以用路由器接口的链路本地地址实现相邻路由器之间 OSPF 报文传输和解析下一跳链路层地址的功能。

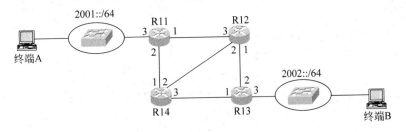

图 10.19 互连网络结构

10.4.3 关键命令说明

1. 启动 OSPF 路由进程并分配路由器标识符

```
Router(config)# ipv6 router ospf 11
Router(config-rtr)# router-id 192.1.1.11
```

ipv6 router ospf 11 是全局模式下使用的命令,该命令的作用是启动 OSPF 路由进程,并进入 OSPF 配置模式,11 是用户分配的进程标识符。Router(config-rtr)# 是 OSPF 配置模式的命令提示符。

router-id 192.1.1.11 是 OSPF 配置模式下使用的命令,该命令的作用是为路由器分配标识符 192.1.1.11,每一个路由器的标识符必须是唯一的。Packet Tracer 只支持 IPv4 地址作为路由器标识符。

2. 指定参与 OSPF 创建动态路由项过程的接口

```
Router(config)# interface FastEthernet0/0
Router(config-if)# ipv6 ospf 11 area 1
```

ipv6 ospf 11 area 1 是接口配置模式下使用的命令,该命令的作用是指定参与 OSPF 路由进程创建动态路由项过程的接口(这里是路由器接口 FastEthernet0/0),并确定该接口所属的 OSPF 区域。一旦某个接口参与 OSPF 路由进程创建动态路由项的过程,一是其他路由器将创建用于指明通往该接口连接的网络的传输路径的动态路由项,二是该接口将发送、接收 OSPF 路由消息。11 是 OSPF 路由进程标识符,表明该接口参与进程标识符为 11 的 OSPF 路由进程创建动态路由项的过程。进程标识符由启动 OSPF 路由进程的命令分配。1 是区域标识符,表明该接口属于区域 1。

10.4.4 实验步骤

(1) 启动 Packet Tracer,在逻辑工作区根据图 10.19 所示的互连网络结构放置和连接设备,逻辑工作区完成设备放置和连接后的界面如图 10.20 所示。

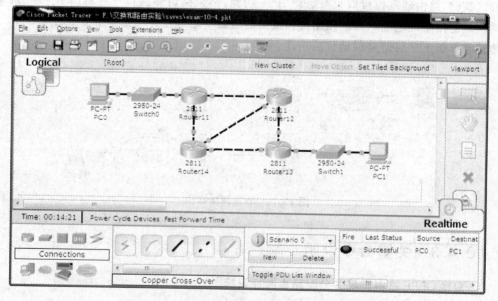

图 10.20 放置和连接设备后的逻辑工作区界面

(2) 完成路由器接口 IPv6 地址和前缀长度配置,只需对连接末梢网络的接口配置 IPv6 地址和前缀长度,其他路由器接口只需启动 IPv6 功能,某个路由器接口一旦启动 IPv6 功能,将自动生成链路本地地址。

(3) 完成路由器 OSPF 相关配置,一是启动 OSPF 路由进程,并在 OSPF 配置模式下为路由器分配唯一的路由器标识符。二是指定参与 OSPF 路由进程创建动态路由项过程的接口。必须在启动路由器转发单播 IPv6 分组功能后,进行 OSPF 相关配置。

(4) 完成 OSPF 配置后,路由器 Router11、路由器 Router12、路由器 Router13 和路由器 Router14 建立如图 10.21～图 10.24 所示的完整路由表。类型为 O 的路由项是 OSPF 建立的动态路由项,对于路由器 Router11,两项不同的路由项指明了两条下一跳不同,但距离相同的通往 IPv6 网络 2002::/64 的传输路径,路由器 Router11 可以将目的网络为 2002::/64 的 IPv6 分组均衡地分配到这两条路径上。

Type	Network	Port	Next Hop IP	Metric
C	2001::/64	FastEthernet0/0	---	0/0
L	2001::1/128	FastEthernet0/0	---	0/0
L	FF00::/8	Null0	---	0/0
O	2002::/64	FastEthernet0/1	FE80::201:C7FF:FE6B:6901	110/3
O	2002::/64	FastEthernet0/1	FE80::20B:BEFF:FE16:CD01	110/3

图 10.21 路由器 Router11 路由表

Type	Network	Port	Next Hop IP	Metric
L	FF00::/8	Null0	---	0/0
O	2001::/64	FastEthernet0/0	FE80::209:7CFF:FE33:2402	110/2
O	2002::/64	FastEthernet0/1	FE80::230:F2FF:FE94:BE01	110/2

图 10.22 路由器 Router12 路由表

Type	Network	Port	Next Hop IP	Metric
C	2002::/64	FastEthernet0/0	---	0/0
L	2002::1/128	FastEthernet0/0	---	0/0
L	FF00::/8	Null0	---	0/0
O	2001::/64	FastEthernet0/1	FE80::201:C7FF:FE6B:6902	110/3
O	2001::/64	FastEthernet1/0	FE80::20B:BEFF:FE16:CD02	110/3

图 10.23 路由器 Router13 路由表

Type	Network	Port	Next Hop IP	Metric
L	FF00::/8	Null0	---	0/0
O	2001::/64	FastEthernet0/0	FE80::20C:CFFF:FEE5:1601	110/2
O	2002::/64	FastEthernet0/1	FE80::20A:41FF:FED1:8302	110/2

图 10.24 路由器 Router14 路由表

（5）通过 Ping 操作验证终端 PC0 和终端 PC1 之间的连通性。

10.4.5 命令行配置过程

1. Router11 命令行配置过程

Router > enable
Router # configure terminal
Router(config) # hostname Router11
Router11(config) # interface FastEthernet0/0
Router11(config-if) # no shutdown
Router11(config-if) # ipv6 address 2001::1/64
Router11(config-if) # ipv6 enable
Router11(config-if) # exit
Router11(config) # interface FastEthernet0/1
Router11(config-if) # no shutdown
Router11(config-if) # ipv6 enable
Router11(config-if) # exit
Router11(config) # interface FastEthernet1/0
Router11(config-if) # no shutdown
Router11(config-if) # ipv6 enable
Router11(config-if) # exit
Router11(config) # ipv6 unicast-routing
Router11(config) # ipv6 router ospf 11
Router11(config-rtr) # router-id 192.1.1.11
Router11(config-rtr) # exit
Router11(config) # interface FastEthernet0/0
Router11(config-if) # ipv6 ospf 11 area 1
Router11(config-if) # exit
Router11(config) # interface FastEthernet0/1
Router11(config-if) # ipv6 ospf 11 area 1
Router11(config-if) # exit
Router11(config) # interface FastEthernet1/0
Router11(config-if) # ipv6 ospf 11 area 1
Router11(config-if) # exit

2. Router12 命令行配置过程

Router > enable
Router # configure terminal
Router(config) # hostname Router12
Router12(config) # interface FastEthernet0/0
Router12(config-if) # no shutdown
Router12(config-if) # ipv6 enable
Router12(config-if) # exit
Router12(config) # interface FastEthernet0/1
Router12(config-if) # no shutdown
Router12(config-if) # ipv6 enable
Router12(config-if) # exit
Router12(config) # interface FastEthernet1/0

```
Router12(config-if)#no shutdown
Router12(config-if)#ipv6 enable
Router12(config-if)#exit
Router12(config)#ipv6 unicast-routing
Router12(config)#ipv6 router ospf 12
Router12(config-rtr)#router-id 192.1.1.12
Router12(config-rtr)#exit
Router12(config)#interface FastEthernet0/0
Router12(config-if)#ipv6 ospf 12 area 1
Router12(config-if)#exit
Router12(config)#interface FastEthernet0/1
Router12(config-if)#ipv6 ospf 12 area 1
Router12(config-if)#exit
Router12(config)#interface FastEthernet1/0
Router12(config-if)#ipv6 ospf 12 area 1
Router12(config-if)#exit
```

其他路由器命令行配置过程与此相似,不再赘述。

3. 命令列表

路由器命令行配置过程中使用的命令及功能说明如表10.7所示。

表10.7 命令列表

命令格式	功能和参数说明
ipv6 router ospf *process-id*	启动路由器 OSPF 路由进程,并进入 OSPF 配置模式。参数 *process-id* 是用户分配的 OSPF 路由进程标识符
ipv6 ospf *process-id* area *area-id*	指定参与 OSPF 路由进程创建动态路由项过程的接口,参数 *process-id* 是 OSPF 路由进程标识符,由启动 OSPF 路由进程的命令分配。参数 *area-id* 是区域标识符,用于指定接口所属的区域
router-id *ip-address*	为路由器分配唯一标识符,参数 *ip-address* 是 IPv4 地址格式的路由器标识符

10.5 双协议栈配置实验

10.5.1 实验目的

一是掌握路由器接口 IPv4 地址和子网掩码与 IPv6 地址和前缀长度的配置过程。二是掌握路由器 IPv4 静态路由项和 IPv6 静态路由项的配置过程。三是验证 IPv4 网络和 IPv6 网络共存于一个物理网络的工作机制。四是分别验证 IPv4 网络和 IPv6 网络终端之间的连通性。

10.5.2 实验原理

实现双协议栈的互连网络结构如图 10.25 所示,路由器每一个接口同时配置 IPv4 地址和子网掩码与IPv6地址和前缀长度，以此表示路由器接口同时连接IPv4网络和IPv6网络。图10.25中的每一个物理路由器相当于被划分为两个逻辑路由器，每一个逻辑路由器用于转发IPv4分组或IPv6分组，因此，路由器分别启动IPv4和IPv6路由进程，分别建立IPv4和IPv6路由表。同一物理路由器中的两个逻辑路由器是相互透明的，因此，图10.25所示物理互连网络结构完全等同于两个逻辑互连网络，其中一个逻辑互连网络实现IPv4网络互连，另一个逻辑互连网络实现IPv6网络互连。

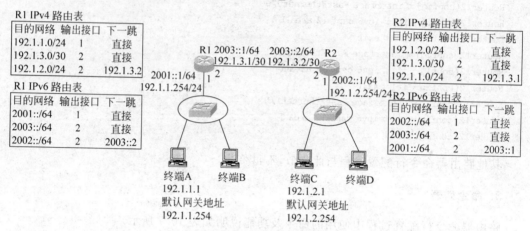

图 10.25 实现双协议栈的互连网络结构

图10.25中的终端A和终端C分别连接在两个不同的IPv4网络上，终端B和终端D分别连接在两个不同的IPv6网络上。当路由器工作在双协议栈工作机制时，图10.25所示的IPv4网络和IPv6网络是相互独立的网络，因此，属于IPv4网络的终端和属于IPv6网络的终端之间不能通信。当然，如果某个终端也支持双协议栈，同时配置IPv4网络和IPv6网络相关信息，该终端既可以与属于IPv4网络的终端通信，又可以与属于IPv6网络的终端通信。

10.5.3 实验步骤

（1）启动Packet Tracer，在逻辑工作区根据图10.25所示的互连网络结构放置和连接设备，逻辑工作区完成设备放置和连接后的界面如图10.26所示。

（2）根据图10.25所示配置信息完成路由器各个接口的IPv4地址和子网掩码与IPv6地址和前缀长度的配置。

（3）路由器Router1分别配置用于指明通往IPv4网络192.1.2.0/24和IPv6网络2002::/64的传输路径的静态路由项，路由器Router2分别配置用于指明通往IPv4网络192.1.1.0/24和IPv6网络2001::/64的传输路径的静态路由项。完成上述配置后的路由器Router1、路由器Router2的IPv4路由表如图10.27和图10.28所示。路由器Router1、路由器Router2的IPv6路由表如图10.29和图10.30所示。

（4）为终端PC0和终端PC2手工配置IPv4地址、子网掩码和默认网关地址。终端PC1和终端PC3通过自动配置方式获得全球IPv6地址和默认网关地址。

（5）通过Ping操作验证IPv4网络内终端之间的连通性，IPv6网络内终端之间的连通性。

第10章 IPv6实验

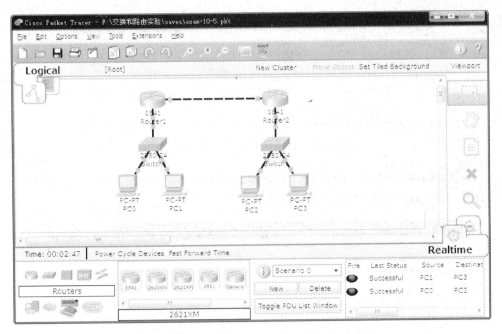

图 10.26 放置和连接设备后的逻辑工作区界面

图 10.27 路由器 Router1 IPv4 路由表

图 10.28 路由器 Router2 IPv4 路由表

图 10.29 路由器 Router1 IPv6 路由表

```
IPv6 Routing Table for Router2
Type  Network       Port              Next Hop IP   Metric
C     2002::/64     FastEthernet0/0   ---           0/0
C     2003::/64     FastEthernet0/1   ---           0/0
L     2002::1/128   FastEthernet0/0   ---           0/0
L     2003::2/128   FastEthernet0/1   ---           0/0
L     FF00::/8      Null0             ---           0/0
S     2001::/64     ---               2003::1       1/0
```

图 10.30　路由器 Router2 IPv6 路由表

（6）可以同时为终端 PC0 配置 IPv4 网络和 IPv6 网络的相关信息，如图 10.31 和图 10.32 所示，这样，终端 PC0 可以同时与 IPv4 网络和 IPv6 网络中的终端通信。

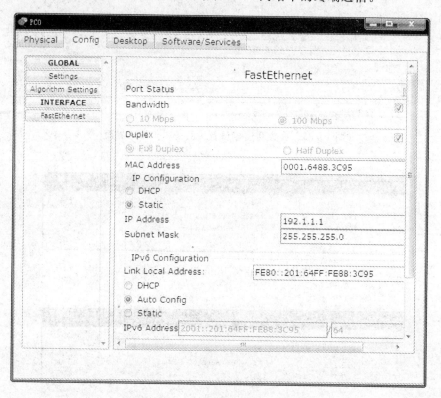

图 10.31　PC0 IPv4 和 IPv6 地址

10.5.4　命令行配置过程

1. 路由器 Router1 命令行配置过程

Router>enable
Router#configure terminal
Router(config)#hostname Router1
Router1(config)#interface FastEthernet0/0
Router1(config-if)#no shutdown
Router1(config-if)#ip address 192.1.1.254 255.255.255.0

图 10.32 PC0 IPv4 和 IPv6 默认网关地址

```
Router1(config-if)#ipv6 address 2001::1/64
Router1(config-if)#ipv6 enable
Router1(config-if)#exit
Router1(config)#interface FastEthernet0/1
Router1(config-if)#no shutdown
Router1(config-if)#ip address 192.1.3.1 255.255.255.252
Router1(config-if)#ipv6 address 2003::1/64
Router1(config-if)#ipv6 enable
Router1(config-if)#exit
Router1(config)#ipv6 unicast-routing
Router1(config)#ip route 192.1.2.0 255.255.255.0 192.1.3.2
Router1(config)#ipv6 route 2002::/64 2003::2
```

2. 路由器 Router2 命令行配置过程

```
Router>enable
Router#configure terminal
Router(config)#hostname Router2
Router2(config)#interface FastEthernet0/0
Router2(config-if)#no shutdown
Router2(config-if)#ip address 192.1.2.254 255.255.255.0
Router2(config-if)#ipv6 address 2002::1/64
Router2(config-if)#ipv6 enable
Router2(config-if)#exit
```

```
Router2(config)#interface FastEthernet0/1
Router2(config-if)#no shutdown
Router2(config-if)#ip address 192.1.3.2 255.255.255.252
Router2(config-if)#ipv6 address 2003::2/64
Router2(config-if)#ipv6 enable
Router2(config-if)#exit
Router2(config)#ipv6 unicast-routing
Router2(config)#ip route 192.1.1.0 255.255.255.0 192.1.3.1
Router2(config)#ipv6 route 2001::/64 2003::1
```

10.6 IPv6 网络与 IPv4 网络互连实验一

10.6.1 实验目的

一是掌握路由器接口 IPv4 地址和子网掩码与 IPv6 地址和前缀长度的配置过程。二是掌握路由器静态路由项配置过程。三是掌握路由器有关网络地址和协议转换（Network Address Translation-Protocol Translation，NAT-PT）的配置过程。四是验证 IPv6 网络和 IPv4 网络之间单向访问过程。五是验证 IPv4 分组和 IPv6 分组之间的转换过程。

10.6.2 实验原理

互连网络结构如图 10.33 所示，本实验只允许 IPv6 网络终端发起访问 IPv4 网络终端的访问过程。实现 IPv6 网络终端访问 IPv4 网络终端的过程必须做到三点：一是在 IPv6 网络中用 IPv6 地址标识 IPv4 网络中需要访问的终端；二是 IPv6 网络能够将以标识 IPv4 网络终端的 IPv6 地址为目的地址的 IPv6 分组传输给地址和协议转换器——路由器 R2；

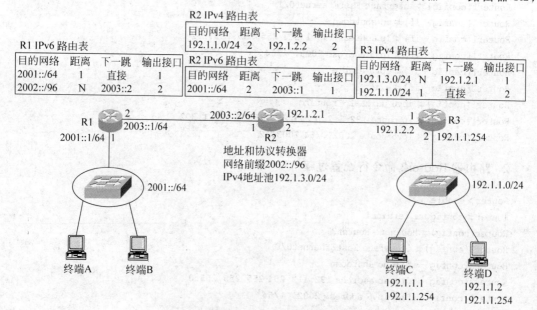

图 10.33 实现 IPv4 网络与 IPv6 网络互连的互连网络结构

三是路由器 R2 能够实现 IPv6 分组至 IPv4 分组的转换。为了实现这三点,一是用 96 位前缀 2002::‖IPv4 网络内终端的 IPv4 地址的方式构成 IPv6 网络唯一标识 IPv4 网络内终端的 IPv6 地址。二是 IPv6 网络中各个路由器必须将目的 IPv6 地址的 96 位前缀为 2002::/96 的 IPv6 分组传输给路由器 R2。三是在路由器 R2 中定义 IPv4 地址池,一旦接收到源 IP 地址属于需要进行地址转换的 IPv6 地址范围的 IPv6 分组,在 IPv4 地址池中选择一个未分配的 IPv4 地址,并在地址转换表建立该 IPv4 地址与 IPv6 分组源 IPv6 地址之间的映射,将该 IPv6 分组转换成 IPv4 分组时,以该 IPv4 地址作为 IPv4 分组的源 IP 地址。四是指定 IPv6 分组目的地址转换方式,将该 IPv6 分组转换成 IPv4 分组时,用 IPv6 分组目的 IPv6 地址的低 32 位作为 IPv4 分组的目的 IP 地址。

路由器 R2 必须支持双协议栈,接口 1 连接 IPv6 网络,接口 2 连接 IPv4 网络。由于路由器 R2 用网络地址 192.1.3.0/24 作为 IPv4 地址池中的一组 IPv4 地址,IPv4 网络必须将以属于网络地址 192.1.3.0/24 的 IPv4 地址为目的地址的 IPv4 分组传输给路由器 R2。

本实验要求由 IPv6 网络终端发起访问 IPv4 网络终端的过程。当 IPv6 网络终端向 IPv4 网络终端发送 IPv6 分组时,源 IPv6 地址是 IPv6 网络内终端的全球 IPv6 地址,目的 IPv6 地址是 96 位前缀 2002::‖IPv4 网络内终端的 IPv4 地址,IPv6 网络必须将这样的 IPv6 分组传输给路由器 R2。路由器 R2 将该 IPv6 分组转换成 IPv4 分组时,在配置的 IPv4 地址池中选择一个没有分配的 IPv4 地址作为源 IPv4 地址,并建立该 IPv4 地址和源 IPv6 地址之间的映射。用目的 IPv6 地址的低 32 位作为目的 IPv4 地址。当 IPv4 网络内的终端向 IPv6 网络内的终端发送 IPv4 分组时,源 IPv4 地址是 IPv4 网络内终端的 IPv4 地址,目的 IPv4 地址是与 IPv6 网络内终端的全球 IPV6 地址建立映射的 IPv4 地址池中的 IPv4 地址。IPv4 网络必须将这样的 IPv4 分组传输给路由器 R2。路由器 R2 将该 IPv4 分组转换成 IPv6 分组时,在地址转换表中检索目的 IPv4 地址对应的地址转换项,用该地址转换项中的 IPv6 地址作为 IPv6 分组的目的 IPv6 地址,以 2002::‖源 IPv4 地址方式构建的 IPv6 地址作为 IPv6 分组的源 IPv6 地址。

10.6.3 关键命令说明

1. 建立源 IPv6 地址与源 IPv4 地址之间的关联

```
Router(config)#ipv6 nat v6v4 pool a1 192.1.3.1 192.1.3.100 prefix-length 24
Router(config)#ipv6 access-list a2
Router(config-ipv6-acl)#permit ipv6 2001::/64 any
Router(config-ipv6-acl)#exit
Router(config)#ipv6 nat v6v4 source list a2 pool a1
```

ipv6 nat v6v4 pool a1 192.1.3.1 192.1.3.100 prefix-length 24 是全局模式下使用的命令,该命令的作用是指定 IPv4 地址 192.1.3.1~192.1.3.100 为 IPv4 地址池中的一组 IPv4 地址,其中 a1 是 IPv4 地址池名,192.1.3.1 是起始地址,192.1.3.100 是结束地址,24 是前缀长度。

```
Router(config)#ipv6 access-list a2
Router(config-ipv6-acl)#permit ipv6 2001::/64 any
Router(config-ipv6-acl)#exit
```

这一组命令是指定允许进行源 IPv6 地址至 IPv4 地址转换的 IPv6 分组范围,其中命令 ipv6 access-list a2 定义名为 a2 的访问控制列表,并进入访问控制列表配置模式,permit ipv6 2001::/64 any 指定允许进行源 IPv6 地址至 IPv4 地址转换的 IPv6 分组范围为源 IPv6 地址属于 2001::/64、目的 IPv6 地址任意的 IPv6 分组。

ipv6 nat v6v4 source list a2 pool a1 是全局模式下使用的命令,该命令的作用是建立允许进行源 IPv6 地址至 IPv4 地址转换的 IPv6 分组范围与 IPv4 地址池之间的关联。

执行上述命令后,一旦接收到源 IPv6 地址属于 2001::/64、目的 IPv6 地址任意的 IPv6 分组,在由一组 IPv4 地址 192.1.3.1~192.1.3.100 构成的 IPv4 地址池中选择一个未分配的 IPv4 地址,建立该 IPv4 地址与该 IPv6 分组中源 IPv6 地址之间的映射,并在进行 IPv6 分组至 IPv4 分组转换时,用该 IPv4 地址作为 IPv4 分组的源 IPv4 地址。

2. 指定目的 IPv6 地址转换方式

```
Router(config)# ipv6 nat prefix 2002::/96
Router(config)# interface FastEthernet0/0
Router(config-if)# ipv6 nat prefix 2002::/96 v4-mapped a2
```

ipv6 nat prefix 2002::/96 是全局模式下使用的命令,该命令的作用是指定允许进行 IPv6 分组至 IPv4 分组转换的 IPv6 分组范围是目的 IPv6 地址的前缀为 2002::/96 的 IPv6 分组。该命令指定的条件与通过定义访问控制列表指定的条件是与关系,综合得出允许进行 IPv6 分组至 IPv4 分组转换的 IPv6 分组范围是源 IPv6 地址属于 2001::/64、目的 IPv6 地址的前缀为 2002::/96 的 IPv6 分组。

ipv6 nat prefix 2002::/96 v4-mapped a2 是接口配置模式下使用的命令,该命令的作用一是指定允许进行 IPv6 分组至 IPv4 分组转换的 IPv6 分组范围是源 IPv6 地址属于 2001::/64、目的 IPv6 地址的前缀为 2002::/96 的 IPv6 分组,二是给出目的 IPv6 地址至 IPv4 地址的转换方式是直接将目的 IPv6 地址的低 32 位作为 IPv4 地址。

3. 指定触发分组格式转换过程的接口

```
Router(config)# interface FastEthernet0/0
Router(config-if)# ipv6 nat
```

ipv6 nat 是接口配置模式下使用的命令,该命令的作用是将指定接口(这里为接口 FastEthernet0/0)定义为触发分组格式转换过程的接口,路由器只对通过这样的接口接收到的 IPv6 分组或 IPv4 分组进行分组格式转换条件匹配操作,并在满足分组格式转换条件的前提下,进行分组格式转换操作。

10.6.4 实验步骤

(1) 启动 Packet Tracer,在逻辑工作区根据图 10.33 所示的互连网络结构放置和连接设备,逻辑工作区完成设备放置和连接后的界面如图 10.34 所示。

(2) 根据图 10.33 所示配置信息完成路由器各个接口 IPv4 地址和子网掩码、IPv6 地址和前缀长度的配置。

(3) 在路由器 Router2 中完成 NAT-PT 相关配置,一是建立允许进行 IPv6 分组至

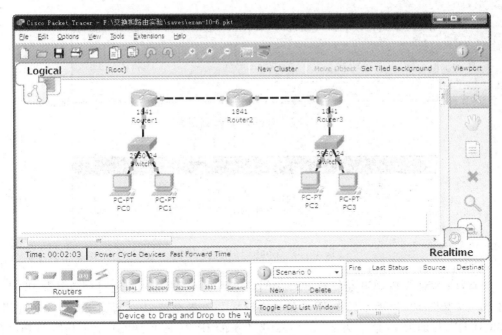

图 10.34 放置和连接设备后的逻辑工作区界面

IPv4 分组转换的 IPv6 分组范围与 IPv4 地址池之间的关联,并因此确定 IPv6 分组源 IPv6 地址至 IPv4 地址的转换方式。二是指定 IPv6 分组目的 IPv6 地址至 IPv4 地址的转换方式。三是指定触发分组格式转换过程的路由器接口。

(4) 虽然 IPv6 网络中没有前缀为 2002::/96 的网络,但需在路由器 Router1 配置实现将目的 IPv6 地址的 96 位前缀为 2002::/96 的 IPv6 分组传输给 Router2 的静态路由项。同样,需在路由器 Router3 配置实现将目的网络为 192.1.3.0/24 的 IPv4 分组传输给 Router2 的静态路由项。Router1 的 IPv6 路由表如图 10.35 所示,Router2 的 IPv4 和 IPv6 路由表分别如图 10.36 和图 10.37 所示,Router3 的 IPv4 路由表如图 10.38 所示。

Type	Network	Port	Next Hop IP	Metric
C	2001::/64	FastEthernet0/0	---	0/0
C	2003::/64	FastEthernet0/1	---	0/0
L	2001::1/128	FastEthernet0/0	---	0/0
L	2003::1/128	FastEthernet0/1	---	0/0
L	FF00::/8	Null0	---	0/0
S	2002::/96	---	2003::2	1/0

图 10.35 Router1 IPv6 路由表

Type	Network	Port	Next Hop IP	Metric
C	192.1.2.0/24	FastEthernet0/1	---	0/0
S	192.1.1.0/24	---	192.1.2.2	1/0

图 10.36 Router2 IPv4 路由表

```
IPv6 Routing Table for Router2
Type    Network         Port            Next Hop IP     Metric
C       2003::/64       FastEthernet0/0 ---             0/0
L       2003::2/128     FastEthernet0/0 ---             0/0
L       FF00::/8        Null0           ---             0/0
S       2001::/64       ---             2003::1         1/0
```

图 10.37　Router2 IPv6 路由表

```
Routing Table for Router3
Type    Network         Port            Next Hop IP     Metric
C       192.1.1.0/24    FastEthernet0/0 ---             0/0
C       192.1.2.0/24    FastEthernet0/1 ---             0/0
S       192.1.3.0/24    ---             192.1.2.1       1/0
```

图 10.38　Router3 IPv4 路由表

（5）为了验证终端 PC0 与终端 PC2 之间的连通性，在终端 PC0 通过创建复杂 PDU 工具生成一个如图 10.39 所示的源 IPv6 地址为终端 PC0 的全球 IPv6 地址 2001::240:BFF:FE39:B8DE、目的 IPv6 地址为 2002::192.1.1.1 的 IPv6 分组，192.1.1.1 是终端 PC2 的 IPv4 地址。

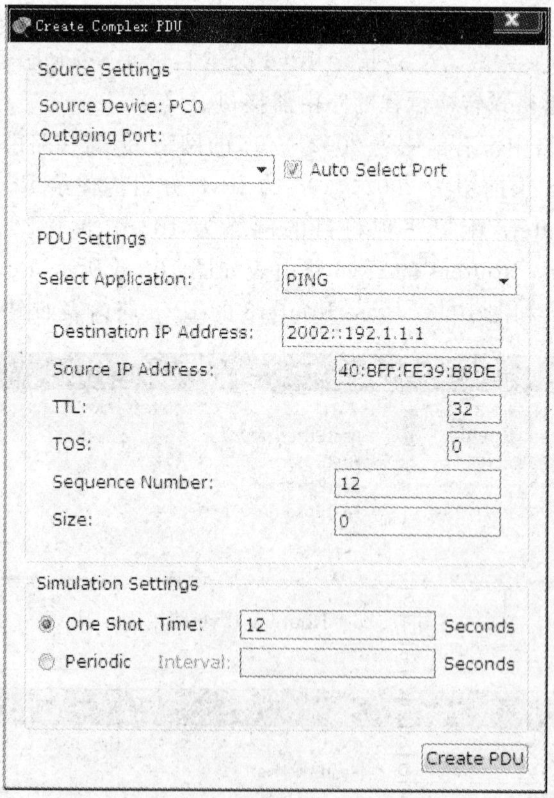

```
Create Complex PDU
Source Settings
Source Device: PC0
Outgoing Port:
[          ▼]  ☑ Auto Select Port

PDU Settings
Select Application:     PING        ▼
Destination IP Address: 2002::192.1.1.1
Source IP Address:      40:BFF:FE39:B8DE
TTL:                    32
TOS:                    0
Sequence Number:        12
Size:                   0

Simulation Settings
● One Shot  Time:     12        Seconds
○ Periodic  Interval:           Seconds

                                    Create PDU
```

图 10.39　复杂 PDU 工具创建的终端 PC0 至终端 PC2 的 IPv6 分组

（6）进入模拟操作模式，截获终端 PC0 发送给终端 PC2 的分组，终端 PC0 至终端 PC2 传输路径由两段分别属于 IPv6 网络和 IPv4 网络的路径组成，终端 PC0 至 Router2 是一段属于 IPv6 网络的路径，IPv6 分组格式如图 10.40 所示，源 IPv6 地址是终端 PC0 的 IPv6 地址 2001::240:BFF:FE39:B8DE、目的 IPv6 地址是以 96 位前缀 2002:: ‖ 终端 PC2 IPv4 地址形式的 IPv6 地址 2002::192.1.1.1（以 16 位为单位分段后的形式为 2002::C001：101）。Router2 至终端 PC2 是一段属于 IPv4 网络的路径，IPv4 分组格式如图 10.41 所示，源 IPv4 地址是 IPv4 地址池中选择的 IPv4 地址 192.1.3.1、目的 IPv4 地址是目的 IPv6 地址 2002::192.1.1.1 的低 32 位 192.1.1.1。终端 PC2 至终端 PC0 传输路径由两段分别属于 IPv4 网络和 IPv6 网络的路径组成，终端 PC2 至 Router2 是一段属于 IPv4 网络的路径，IPv4 分组格式如图 10.42 所示，源 IPv4 地址是终端 PC2 的 IPv4 地址 192.1.1.1、目的 IPv4 地址是与终端 PC0 的 IPv6 地址建立映射的 IPv4 地址 192.1.3.1。Router2 至终端 PC0 是一段属于 IPv6 网络的路径，IPv6 分组格式如图 10.43 所示，源 IPv6 地址是以 96 位前缀 2002:: ‖ PC2 IPv4 地址形式的 IPv6 地址 2002::192.1.1.1（以 16 位为单位分段后的形式为 2002::C001：101）、目的 IPv6 地址是与 IPv4 地址 192.1.3.1 建立映射的 IPv6 地址 2001::240:BFF:FE39:B8DE。

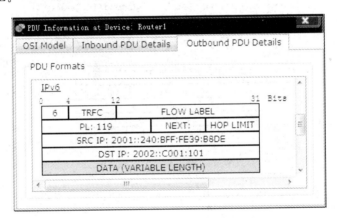

图 10.40　PC0→PC2 IP 分组终端 PC0 至 Router2 IPv6 分组格式

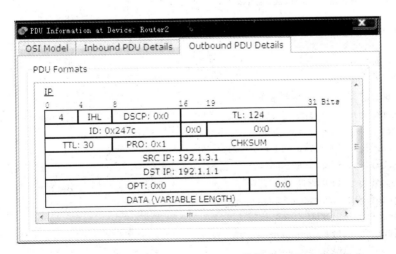

图 10.41　PC0→PC2 IP 分组 Router2 至终端 PC2 IPv4 分组格式

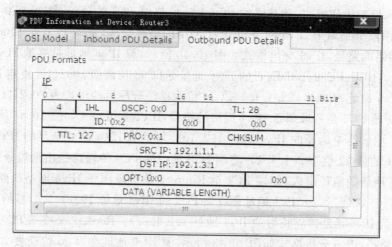

图 10.42　PC2→PC0 IP 分组 PC2 至 Router2 IPv4 分组格式

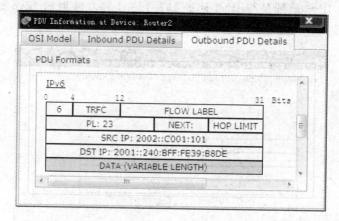

图 10.43　PC2→PC0 IP 分组 Router2 至 PC0 IPv6 分组格式

10.6.5　命令行配置过程

1. Router1 命令行配置过程

```
Router>enable
Router#configure terminal
Router(config)#hostname Router1
Router1(config)#interface FastEthernet0/0
Router1(config-if)#no shutdown
Router1(config-if)#ipv6 address 2001::1/64
Router1(config-if)#ipv6 enable
Router1(config-if)#exit
Router1(config)#interface FastEthernet0/1
Router1(config-if)#no shutdown
Router1(config-if)#ipv6 address 2003::1/64
Router1(config-if)#ipv6 enable
```

```
Router1(config-if)#exit
Router1(config)#ipv6 unicast-routing
Router1(config)#ipv6 route 2002::/96 2003::2
```

2. Router2 命令行配置过程

```
Router>enable
Router#configure terminal
Router(config)#hostname Router2
Router2(config)#interface FastEthernet0/0
Router2(config-if)#no shutdown
Router2(config-if)#ipv6 address 2003::2/64
Router2(config-if)#ipv6 enable
Router2(config-if)#ipv6 nat
Router2(config-if)#ipv6 nat prefix 2002::/96 v4-mapped a2
Router2(config-if)#exit
Router2(config)#interface FastEthernet0/1
Router2(config-if)#no shutdown
Router2(config-if)#ip address 192.1.2.1 255.255.255.0
Router2(config-if)#ipv6 nat
Router2(config-if)#exit
Router2(config)#ipv6 nat prefix 2002::/96
Router2(config)#ipv6 nat v6v4 pool a1 192.1.3.1 192.1.3.100 prefix-length 24
Router2(config)#ipv6 access-list a2
Router2(config-ipv6-acl)#permit ipv6 2001::/64 any
Router2(config-ipv6-acl)#exit
Router2(config)#ipv6 nat v6v4 source list a2 pool a1
Router2(config)#ip route 192.1.1.0 255.255.255.0 192.1.2.2
Router2(config)#ipv6 route 2001::/64 2003::1
```

3. Router3 命令行配置过程

```
Router>enable
Router#configure terminal
Router(config)#hostname Router3
Router3(config)#interface FastEthernet0/0
Router3(config-if)#no shutdown
Router3(config-if)#ip address 192.1.1.254 255.255.255.0
Router3(config-if)#exit
Router3(config)#interface FastEthernet0/1
Router3(config-if)#no shutdown
Router3(config-if)#ip address 192.1.2.2 255.255.255.0
Router3(config-if)#exit
Router3(config)#ip route 192.1.3.0 255.255.255.0 192.1.2.1
```

4. 命令列表

路由器命令行配置过程中使用的命令及功能说明如表 10.8 所示。

表 10.8 命令列表

命令格式	功能和参数说明
ipv6 nat	指定触发分组格式转换过程的接口
ipv6 nat prefix *ipv6-prefix/prefix-length*	将目的 IPv6 地址前缀等于指定值作为触发 IPv6 分组至 IPv4 分组转换过程的其中一个条件。参数 *ipv6-prefix* 是前缀，参数 *prefix-length* 是前缀长度
ipv6 nat prefix *ipv6-prefix* **v4-mapped** *access-list-name*	指定将目的 IPv6 地址转换成 IPv4 地址的方式及转换条件。参数 *ipv6-prefix* 是 96 位目的 IPv6 地址前缀，参数 *access-list-name* 是用于指定允许进行 IPv6 分组格式至 IPv4 分组格式转换的 IPv6 分组范围的访问控制列表名。该命令指定用目的 IPv6 地址的低 32 位作为 IPv4 地址
ipv6 nat v6v4 pool *name start-ipv4 end-ipv4* **prefix-length** *prefix-length*	指定构成 IPv4 地址池的一组 IPv4 地址。参数 *name* 是地址池名，参数 *start-ipv4* 是起始 IPv4 地址，参数 *end-ipv4* 是结束 IPv4 地址，参数 prefix-length 是前缀长度
ipv6 nat v6v4 source { **list** *access-list-name* **pool** *name* | *ipv6-address ipv4-address* }	将允许进行 IPv6 分组格式至 IPv4 分组格式转换的 IPv6 分组范围与 IPv4 地址池绑定在一起。或者建立 IPv6 地址与 IPv4 地址之间的静态映射。参数 *access-list-name* 是用于指定允许进行 IPv6 分组格式至 IPv4 分组格式转换的 IPv6 分组范围的访问控制列表名。参数 *name* 是 IPv4 地址池名。参数 *ipv6-address* 是建立静态映射的 IPv6 地址，参数 *ipv4-address* 是建立静态映射的 IPv4 地址
ipv6 access-list *access-list-name*	创建访问控制列表，并进入访问控制列表配置模式。参数 *access-list-name* 是访问控制列表名
permit *protocol* { *source-ipv6-prefix/prefix-length* | **any** | **host** *source-ipv6-address* } { *destination-ipv6-prefix/prefix-length* | **any** | **host** *destination-ipv6-address* }	定义允许进行 IPv6 分组至 IPv4 分组转换操作的 IPv6 分组范围。参数 *protocol* 用于指定协议，这里为 IPv6，参数 *source-ipv6-prefix/prefix-length* 指定源 IPv6 地址前缀，参数 *source-ipv6-address* 指定源 IPv6 地址，参数 *destination-ipv6-prefix/prefix-length* 指定目的 IPv6 地址前缀，参数 **destination-ipv6-address** 指定目的 IPv6 地址，**Any** 表示任意 IPv6 地址，**host** 表示单个主机地址

10.7 IPv6 网络与 IPv4 网络互连实验二

10.7.1 实验目的

一是掌握路由器接口 IPv4 地址和子网掩码与 IPv6 地址和前缀长度的配置过程。二是掌握路由器静态路由项配置过程。三是掌握路由器 NAT-PT 配置过程。四是验证 IPv6 网络和 IPv4 网络之间的双向访问过程。五是验证 IPv4 分组和 IPv6 分组之间的转换过程。

10.7.2 实验原理

实现 IPv6 网络和 IPv4 网络之间双向访问过程的互连网络结构如图 10.44 所示，为了实现 IPv6 网络终端发起访问 IPv4 网络终端的访问过程,定义用于实现 IPv6 分组源 IPv6 地址至 IPv4 地址转换过程的静态地址映射 2001::240:BFF:FE39:B8DE↔192.1.3.253,由于只建立了终端 A 的 IPv6 地址与 IPv4 地址之间的静态映射,因此,IPv6 网络中只允许终端 A 发起访问 IPv4 网络中的终端。另外,还定义用于实现 IPv6 分组目的 IPv6 地址至 IPv4 地址转换过程的静态地址映射 2004::99:192.1.1.1,由于只建立了 IPv4 网络中终端 C 的 IPv4 地址与 IPv6 地址之间的静态映射,因此,IPv6 网络中的终端 A 只能发起访问 IPv4 网络中的终端 C。

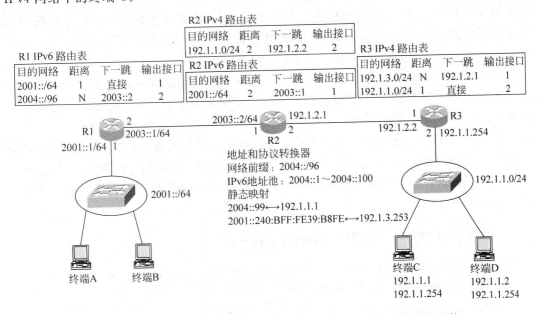

图 10.44 实现 IPv6 网络和 IPv4 网络之间双向访问过程的互连网络结构

为了实现 IPv4 网络终端发起访问 IPv6 网络终端的访问过程,定义了 IPv6 地址池,当路由器 R2 接收到允许进行 IPv4 分组至 IPv6 分组格式转换过程的 IPv4 分组时,在 IPv6 地址池中选择一个未分配的 IPv6 地址,并建立该 IPv6 地址与 IPv4 分组中源 IPv4 地址之间的映射。如果将允许进行 IPv4 分组至 IPv6 分组格式转换过程的 IPv4 分组范围定义为源 IPv4 地址属于网络 192.1.1.0/24 的 IPv4 分组,允许图 10.44 中的终端 C 和终端 D 发起访问 IPv6 网络中的终端。另外,还定义用于实现 IPv4 分组目的 IPv4 地址至 IPv6 地址转换过程的静态地址映射 2001::240:BFF:FE39:B8DE:192.1.3.253,由于只建立了 IPv6 网络中终端 A 的 IPv6 地址与 IPv4 地址之间的静态映射,因此,IPv4 网络中的终端只能发起访问 IPv6 网络中的终端 A。

10.7.3 关键命令说明

1. 建立源 IPv4 地址与 IPv6 地址之间的关联

```
Router2(config)# ipv6 nat v4v6 pool v6a2 2004::1 2004::100 prefix-length 96
Router2(config)# access-list 1 permit 192.1.1.0 0.0.0.255
Router2(config)# ipv6 nat v4v6 source list 1 pool v6a2
```

ipv6 nat v4v6 pool v6a2 2004::1 2004::100 prefix-length 96 是全局模式下使用的命令,该命令的作用是定义了由一组 2004::1～2004::100 IPv6 地址构成的 IPv6 地址池。其中 v6a2 是地址池名,2004::1 是起始 IPv6 地址,2004::100 是结束 IPv6 地址,96 是前缀长度。命令中关键词 v4v6 与 v6v4 的区别在于,v4v6 是用于实现源 IPv4 地址至 IPv6 地址转换过程的 IPv6 地址池,主要作用于 IPv4 网络终端发起访问 IPv6 网络终端的访问过程。v6v4 是用于实现源 IPv6 地址至 IPv4 地址转换过程的 IPv4 地址池,主要作用于 IPv6 网络终端发起访问 IPv4 网络终端的访问过程。IPv4 网络至 IPv6 网络传输过程中建立的源 IPv4 地址至 IPv6 地址之间的映射,用于实现 IPv6 网络至 IPv4 网络传输过程中目的 IPv6 地址至 IPv4 地址的转换过程,前提是,IPv6 网络至 IPv4 网络传输过程是由建立地址映射的 IPv4 网络至 IPv6 网络传输过程引起的。

access-list 1 permit 192.1.1.0 0.0.0.255 是全局模式下使用的命令,该命令的作用是将允许进行 IPv4 分组至 IPv6 分组转换过程的 IPv4 分组范围定义为所有源 IPv4 地址属于网络 192.1.1.0/24 的 IPv4 分组。

ipv6 nat v4v6 source list 1 pool v6a2 是全局模式下使用的命令,该命令的作用是将允许进行 IPv4 分组至 IPv6 分组转换过程的 IPv4 分组范围与 IPv6 地址池绑定在一起。1 是用于定义允许进行 IPv4 分组至 IPv6 分组转换过程的 IPv4 分组范围的访问控制列表编号,v6a2 是 IPv6 地址池名。

2. 建立 IPv4 地址与 IPv6 地址之间的静态映射

```
Router2(config)# ipv6 nat v6v4 source 2001::240:BFF:FE39:B8DE 192.1.3.253
Router2(config)# ipv6 nat v4v6 source 192.1.1.1 2004::99
```

ipv6 nat v6v4 source 2001::240:BFF:FE39:B8DE 192.1.3.253 是全局模式下使用的命令,该命令的作用是建立 IPv6 地址 2001::240:BFF:FE39:B8DE 与 IPv4 地址 192.1.3.253 之间的静态映射。关键词 v6v4 表明该地址映射或是用于实现 IPv6 网络至 IPv4 网络传输过程中源 IPv6 地址至 IPv4 地址的转换过程,或是用于实现 IPv4 网络至 IPv6 网络传输过程中目的 IPv4 地址至 IPv6 地址的转换过程。

ipv6 nat v4v6 source 192.1.1.1 2004::99 是全局模式下使用的命令,该命令的作用是建立 IPv4 地址 192.1.1.1 与 IPv6 地址 2004::99 之间的静态映射。关键词 v4v6 表明该地址映射或是用于实现 IPv4 网络至 IPv6 网络传输过程中源 IPv4 地址至 IPv6 地址的转换过程,或是用于实现 IPv6 网络至 IPv4 网络传输过程中目的 IPv6 地址至 IPv4 地址的转换过程。由于已经定义了用于实现 IPv4 网络至 IPv6 网络传输过程中源 IPv4 地址至 IPv6 地址转换过程的 IPv6 地址池,该命令的主要作用是用于实现 IPv6 网络至 IPv4 网络传输过程中目的 IPv6 地址至 IPv4 地址的转换过程。

10.7.4 实验步骤

(1) 启动 Packet Tracer,在逻辑工作区根据图 10.44 所示的互连网络结构放置和连接设备,逻辑工作区完成设备放置和连接后的界面如图 10.34 所示。

(2) 根据图 10.44 所示配置信息完成路由器各个接口 IPv4 地址和子网掩码,IPv6 地址和前缀长度的配置。

(3) 在路由器 Router2 中完成 NAT-PT 相关配置，一是建立允许进行 IPv4 分组至 IPv6 分组转换的 IPv4 分组范围与 IPv6 地址池之间的关联，并因此确定 IPv4 分组源 IPv4 地址至 IPv6 地址的转换方式。二是通过建立静态地址映射确定 IPv4 分组目的 IPv4 地址至 IPv6 地址的转换方式。三是通过建立静态地址映射确定 IPv6 分组源 IPv6 地址至 IPv4 地址、目的 IPv6 地址至 IPv4 地址的转换方式。四是指定触发分组格式转换过程的路由器接口。

(4) 虽然 IPv6 网络中没有前缀为 2004::/96 的网络，但需在路由器 Router1 配置实现将目的 IPv6 地址的 96 位前缀为 2004::/96 的 IPv6 分组传输给 Router2 的静态路由项。同样，需在路由器 Router3 配置实现将目的网络为 192.1.3.0/24 的 IPv4 分组传输给 Router2 的静态路由项。Router1 的 IPv6 路由表如图 10.45 所示，Router2 的 IPv4 和 IPv6 路由表分别如图 10.46 和图 10.47 所示，Router3 的 IPv4 路由表如图 10.48 所示。

Type	Network	Port	Next Hop IP	Metric
C	2001::/64	FastEthernet0/0	---	0/0
C	2003::/64	FastEthernet0/1	---	0/0
L	2001::1/128	FastEthernet0/0	---	0/0
L	2003::1/128	FastEthernet0/1	---	0/0
L	FF00::/8	Null0	---	0/0
S	2004::/96	---	2003::2	1/0

图 10.45　Router1 IPv6 路由表

Type	Network	Port	Next Hop IP	Metric
C	192.1.2.0/24	FastEthernet0/1	---	0/0
S	192.1.1.0/24	---	192.1.2.2	1/0

图 10.46　Router2 IPv4 路由表

Type	Network	Port	Next Hop IP	Metric
C	2003::/64	FastEthernet0/0	---	0/0
L	2003::2/128	FastEthernet0/0	---	0/0
L	FF00::/8	Null0	---	0/0
S	2001::/64	---	2003::1	1/0

图 10.47　Router2 IPv6 路由表

Type	Network	Port	Next Hop IP	Metric
C	192.1.1.0/24	FastEthernet0/0	---	0/0
C	192.1.2.0/24	FastEthernet0/1	---	0/0
S	192.1.3.0/24	---	192.1.2.1	1/0

图 10.48　Router3 IPv4 路由表

（5）为了验证 PC0 发起访问 PC2 的访问过程，在 PC0 通过创建复杂 PDU 工具生成一个如图 10.49 所示的源 IPv6 地址为 PC0 的全球 IPv6 地址 2001::240:BFF:FE39:B8DE、目的 IPv6 地址为 2004::99 的 IPv6 分组，2004::99 是与 192.1.1.1 建立静态映射的 IPv6 地址。进入模拟操作模式，截获 PC0 发送给 PC2 的分组，PC0 至 PC2 传输路径由两段分别属于 IPv6 网络和 IPv4 网络的路径组成，PC0 至 Router2 是一段属于 IPv6 网络的路径，IPv6 分组格式如图 10.50 所示，源 IPv6 地址是 PC0 的 IPv6 地址 2001::240:BFF:FE39:B8DE、目的 IPv6 地址是 2004::99。Router2 至 PC2 是一段属于 IPv4 网络的路径，IPv4 分组格式如图 10.51 所示，源 IPv4 地址是与 2001::240:BFF:FE39:B8DE 建立静态映射的 IPv4 地址 192.1.3.253、目的 IPv4 地址是与 2004::99 建立静态映射的 IPv4 地址 192.1.1.1。

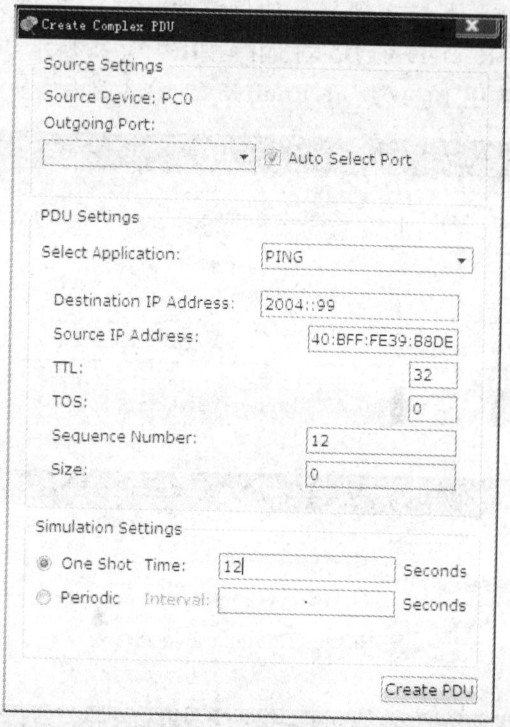

图 10.49　复杂 PDU 工具创建的 PC0 至 PC2 的 IPv6 分组

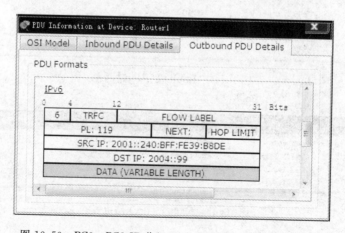

图 10.50　PC0→PC2 IP 分组 PC0 至 Router2 IPv6 分组格式

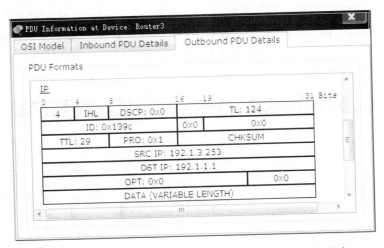

图 10.51　PC0→PC2 IP 分组 Router2 至 PC2 IPv4 分组格式

（6）为了验证 PC3 发起访问 PC0 的访问过程，在 PC3 通过创建复杂 PDU 工具生成一个如图 10.52 所示的源 IPv4 地址为 PC3 的 IPv4 地址 192.1.1.2、目的 IPv4 地址是与 PC0 的 IPv6 地址建立静态映射的 IPv4 地址 192.1.3.253。PC3 至 PC0 传输路径由两段分别属于 IPv4 网络和 IPv6 网络的路径组成，PC3 至 Router2 是一段属于 IPv4 网络的路径，IPv4 分组格式如图 10.53 所示，源 IPv4 地址是 PC3 的 IPv4 地址 192.1.1.2、目的 IPv4 地址是

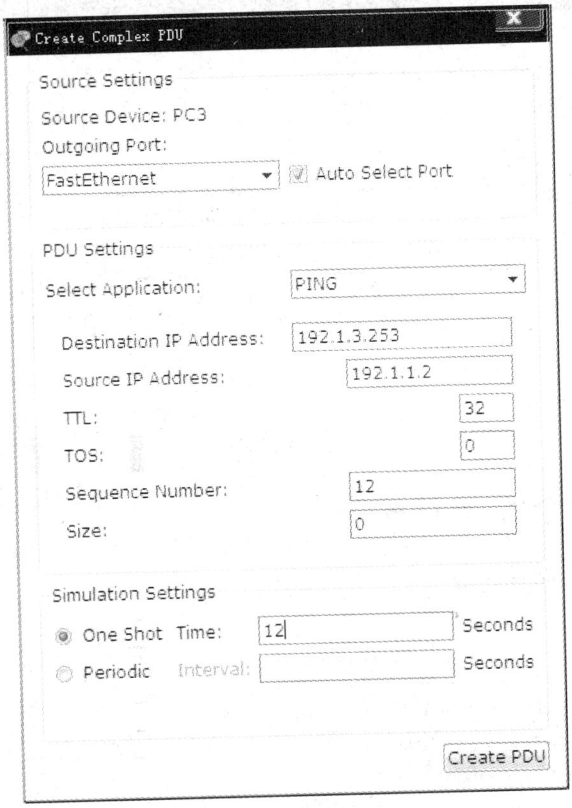

图 10.52　复杂 PDU 工具创建的 PC3 至 PC0 的 IPv4 分组

与 PC0 的 IPv6 地址建立映射的 IPv4 地址 192.1.3.253。Router2 至 PC0 是一段属于 IPv6 网络的路径，IPv6 分组格式如图 10.54 所示，源 IPv6 地址是 IPv6 地址池中选择的未分配的 IPv6 地址 2004::1，目的 IPv6 地址是与 IPv4 地址 192.1.3.253 建立映射的 IPv6 地址 2001::240:BFF:FE39:B8DE。

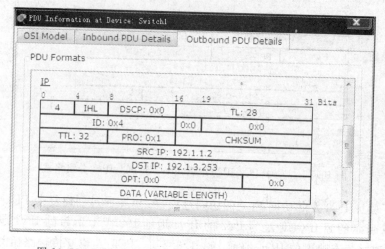

图 10.53　PC3→PC0 IP 分组 PC3 至 Router2 IPv4 分组格式

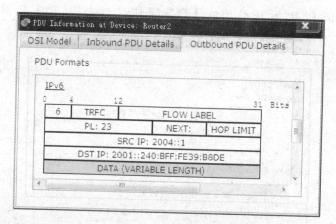

图 10.54　PC3→PC0 IP 分组 Router2 至 PC0 IPv6 分组格式

10.7.5　命令行配置过程

1. Router2 命令行配置过程

```
Router > enable
Router # configure terminal
Router(config) # hostname Router2
Router2(config) # interface FastEthernet0/0
Router2(config-if) # no shutdown
Router2(config-if) # ipv6 address 2003::2/64
Router2(config-if) # ipv6 enable
```

```
Router2(config-if)#ipv6 nat
Router2(config-if)#exit
Router2(config)#interface FastEthernet0/1
Router2(config-if)#no shutdown
Router2(config-if)#ip address 192.1.2.1 255.255.255.0
Router2(config-if)#ipv6 nat
Router2(config-if)#exit
Router2(config)#ipv6 nat prefix 2004::/96
Router2(config)#ipv6 nat v4v6 pool v6a2 2004::1 2004::100 prefix-length 96
Router2(config)#access-list 1 permit 192.1.1.0 0.0.0.255
Router2(config)#ipv6 nat v4v6 source list 1 pool v6a2
Router2(config)#ipv6 nat v6v4 source 2001::240:BFF:FE39:B8DE 192.1.3.253
Router2(config)#ipv6 nat v4v6 source 192.1.1.1 2004::99
Router2(config)#ip route 192.1.1.0 255.255.255.0 192.1.2.2
Router2(config)#ipv6 route 2001::/64 2003::1
```

Router3 的命令行配置过程与 10.6 节相同，Router1 的命令行配置过程除了静态路由项配置命令外，其他的与 10.6 节相同。

2．命令列表

路由器命令行配置过程中使用的命令及功能说明如表 10.9 所示。

表 10.9　命 令 列 表

命 令 格 式	功能和参数说明
ipv6 nat v4v6 pool *name start-ipv6 end-ipv6* **prefix-length** *prefix-length*	指定构成 IPv6 地址池的一组 IPv6 地址。参数 *name* 是地址池名，参数 *start-ipv6* 是起始 IPv6 地址，参数 *end-ipv6* 是结束 IPv6 地址，参数 *prefix-length* 是前缀长度
ipv6 nat v4v6 source {**list** *access-list-number* **pool** *name* | *ipv4-address ipv6-address*}	将允许进行 IPv4 分组格式至 IPv6 分组格式转换的 IPv4 分组范围与 IPv6 地址池绑定在一起。或者建立 IPv4 地址与 IPv6 地址之间的静态映射。参数 *access-list-number* 是用于指定允许进行 IPv4 分组格式至 IPv6 分组格式转换的 IPv4 分组范围的访问控制列表编号。参数 *name* 是 IPv6 地址池名。参数 *ipv4-address* 是建立静态映射的 IPv4 地址，参数 *ipv6-address* 是建立静态映射的 IPv6 地址

参 考 文 献

1. Larry L. Peterson, Bruce S. Davie Computer Networks, A Systems Approach Fourth Edition. 北京：机械工业出版社, 2008
2. Andrew S. Tanenbaum Computer Networks Fourth Edition. 北京：清华大学出版社, 2004
3. Kennedy Clark, Kevin Hamilton Cisco LAN Switching. 北京：人民邮电出版社, 2003
4. Jeff Doyle 著 TCP/IP 路由技术（第一卷）葛建立 吴剑章译. 北京：人民邮电出版社, 2003
5. Jeff Doyle, Jennifer DeHaven Carroll TCP/IP 路由技术（第二卷）. 北京：人民邮电出版社, 2003
6. 谢希仁. 计算机网络（第 5 版）. 北京：电子工业出版社, 2009
7. 沈鑫剡等. 计算机网络技术及应用. 北京：清华大学出版社, 2007
8. 沈鑫剡. 计算机网络. 北京：清华大学出版社, 2008
9. 沈鑫剡等. 计算机网络技术及应用（第 2 版）. 北京：清华大学出版社, 2010
10. 沈鑫剡. 计算机网络（第 2 版）. 北京：清华大学出版社, 2010
11. 沈鑫剡等. 计算机网络技术及应用学习辅导和实验指南. 北京：清华大学出版社, 2011
12. 沈鑫剡. 计算机网络学习辅导与实验指南. 北京：清华大学出版社, 2011